U0156908

宁波市哲学社会科学研究基地项目成果

调适性遵从

基层食品安全监管行为策略研究

应优优　著

上海三联书店

前言

“民以食为天”。食品安全关系千家万户百姓身体健康和生命安全，无论是公众抑或管理者都极为关注。确保食品安全关键是削弱或者规避食品安全风险，因为但凡出现任何一次食品安全事件，牵动的必定是无数家庭和管理者们的内心，引发的必定是全社会的热切关注。近来，国家对食品安全工作一如既往地重视，2019 年 5 月 9 日，中共中央　国务院发布《关于深化改革加强食品安全工作的意见》，对加强食品安全监管提出新的更高要求，即在实现国家治理体系和治理能力现代化进程中，以及在实施健康中国战略背景下，推动全社会高质量发展的目标下，深化食品安全改革，用最严谨的标准、最严格的监管、最严厉的处罚、最严肃的问责，进一步解决食品安全问题，以此来满足人民日益增长的美好生活需要，确保“舌尖上的安全”。“十四五”市场监管现代化规划中，明确了对于食品安全监管必须要坚守安全底线，以“四个最严”要求，统筹起发展和安全。

回顾我国食品安全监管体制改革，自 1992 年我国确立社会主义市场经济体制改革目标以来，食品安全监管领域改革开始同步进行。国家实行政企分开，让国有企业与政府部门脱钩，将其推向市场化。同时建立专业化市场监管机构嵌入地方，强化对市场的管理。国家逐渐摒弃以管控为主的市场控制模式，向以监管为主的治理方式转型，不断深化机构改革，提升国家监管能力。2018 年，国家以“监管综合”理念开展政府机构改革，整合原工商总局、质检总局、食药总局以及国家发展与改革委员会、商务部的部分监管职责，成立市场监管总局，并且推行综合执法体制改革，提高基层执法效率，增强基层监管效能。由此可以看出，新一轮政府机构改革将食品安全监管领域中的监管执法提高到了重要的位置，也试图通过加强基层监管执法，提升食品安全监管的治理能力和整体效能。

食品安全监管政策绩效的产生有赖于监管执行，对监管规则的执行直接影响监管政策有效性。李克强总理在 2019 年 6 月全国深化“放管服”改革电视电话会议上提到“简政放权就是把该放的权放给市场和社会，这样政府可以腾出更多力量来加强事中事后监管、提供公共服务，加强公正监管，切实管出公平”[①]，实现政府监管职能与简政放权职能相同步。2020 年 9 月李克强总理又再次强调政府监管，持续深化“放管服”改革，要从“严进宽管”向“宽进严管”转变，提高监管执法规范性和透明度，使监管既“无事不扰”又“无处不在”。[②] 对市场放权的同时，更需要通过强化监管形成对简政放权的有益补充。在高层不断强化监管职能的时代背景下，地方监管者如何执行监管政策从而完成任务，是直接影响监管政策成效的重要因素，打开基层监管者具体执行过程黑箱，成为值得进一步深入讨论的话题。

国家在食品安全监管领域改革层出不穷，为监管执行提供充足的制度供给。然而，在现有监管机构设置及监管制度安排下，我国监管执行仍然面临严峻挑战。如何让监管制度给群众带来更多获得感、效能感，这有赖于监管者的有效执行。正所谓，“我们缺的并不是法律，而是执行”。监管者本身是否遵从监管规则，有否落实监管的意愿，是影响执行有效性的关键，而且需要深入到具体监管行为过程中加以观察才能得知。本书主要以珠三角地区的 H 区作为案例，分析基层监管执行的内在逻辑。在现实监管情境中，基层监管执行变异往往成为一种常见现象，变异执行有时带来良好的监管效果，有时也会出现较差的结果。基层监管者存在着在不同时空条件下的监管行为差异，即对相同的监管规则，出现差异化的执行。具体体现在：在不同时期，监管者对相同类型被监管者行为出现差

① 李克强在全国深化“放管服”改革优化营商环境电视电话会议上发表重要讲话，2019 - 06 - 25. http://www.gov.cn/xinwen/2019-06/25/content_5403115.htm.

② 李克强在全国深化“放管服”改革优化营商环境电视电话会议上发表重要讲话，2020 - 9 - 11. http://www.chinanews.com/gn/2020/09-11/9288944.shtml.

异;在同一时期,对不同类型被监管者的行为也表现出明显不同。那么,监管者对监管规则的执行为何表现出差异性的监管行为?前置性的约束条件又是什么?分别有哪些特征不同的监管行为?带来何种影响?如何解释监管行为的差异性?

已有政府食品安全监管讨论中,形成四种竞争性解释:结构视角、制度视角、工具视角以及行为视角。结构视角从监管权配置的横向与纵向变动对监管效果进行解释。制度视角和工具视角则分别从法律制度供给的不完善和监管手段的不完备展开分析。行为视角尝试弥补以上三个视角相对宏观的分析局限,从组织维度及监管者个人角度分析由行为变异性而带来监管政策难以落地的原因。然而,上述四种解释都不同程度地存在缺陷。结构视角过于宏观,忽视监管过程具体微观运作,并且难以厘清监管权变动与监管绩效之间的因果关系。制度视角无法解释即使在增加制度供给情况下,食品违法事件仍然屡屡发生的事实。工具视角过多关注监管手段完备性,忽视具有多种角色和价值冲突的政府在使用工具时的行为选择。行为视角则忽视对监管者遵从行为的分析,尚未界定"变通"与"遵从"之间的边界。本书在现有研究基础上,结合在华南地区经济发达省份G省A市H区食品药品监督管理局开展为期半年之久的参与式观察,尝试性构建"调适性遵从"分析框架,发现基层监管执行者的特定监管行为是由科层组织内部任务因素与被监管对象目标群体因素共同作用下产生,即在任务敏感度和目标群体遵从度的不同组合中,形成具有显著不同特征的监管行为。

具体而言,第一,基层监管者的监管执行,受到宏观层面科层组织、中观层面监管任务特征以及微观层面被监管的目标群体异质性三方面因素共同影响。食品安全监管部门受到政府组织内部"条条"专项任务委托,"块块"综合性事务委托的同时,还承接来自外部社会公众因个人权益受到侵害的投诉任务。加之,目标群体在遵从监管的认同感和行动力方面存在显著差异,客观上组合形成四种不同遵从监管的类型:"合作型""抵抗型""应付型"和"服从型"。面对多重任务委托以及异质性目标群体,监管者依据不同任务间压力感知、激励强度、结果导向差异,策略性选择不同遵从度下目标群体,展开对监管任务执行,行使对监管规则自由裁量,从而呈现出“调适性遵从”的行为逻辑。

第二，任务敏感度与目标群体遵从度不同组合情境中，监管者采取特定行为策略，形成四种具有鲜明特征的监管行为：协商式、强制式、关照式和督促式，并带来差异化监管效果。协商式监管行为中，市场监管者采取正向激励的沟通对话策略，客观上促进监管双方之间信任型监管关系的培养。强制式监管行为中，监管者采取负向激励的命令控制策略，迫使被监管者被动遵从，却导致对抗型监管关系的产生。关照式监管行为中，监管者采取绕过规则的协调策略，却加剧合谋型监管关系产生的风险。督促式监管行为中，监管者采取严格执行监管的策略，促进严格检查从而达到实质性监管的目的。

第三，科层结构中不同任务压力牵引下，基层监管呈现出行为的波动性，这主要缘于我国监管执行是一种“内嵌性监管”。一方面，监管整体性和专业性被科层组织不同主体所约束。监管功能边界被科层组织任务所分割，监管目标被科层组织目标所重塑，监管规则的执行被科层组织激励所置换，从而导致基层监管力量处于分散化、零碎化的状态。另一方面，“内嵌性监管”带来现实监管效果的不稳定。监管方式上，监管者在运动式和常规化之间频繁更替，难以促成监管手段的统一性和持久性。监管资源分配上，在遵从能力强弱不均监管对象之间差异化的资源分配倾向，产生整体食品安全监管水平提升限度。监管关系塑造上，监管者与不同遵从取向目标群体间产生介于冲突与信任之间的多种关系，不利于形成稳定的相互信任的监管文化。

图表目录

第一章 绪 论

第一节 研究背景与研究问题

一、研究背景

20 世纪 80 年代中国进行市场经济体制改革，拉开以市场为导向的经济增长变革之路。[①] 具有"发展型政府"特征的地方政府通过向企业倾斜政策，激发企业发展动力，实现经济高速增长。[②] 与中国市场化改革进程同样夺人眼球的是，一场声势浩大的挑战传统公共行政模式的新公共管理变革席卷全球，呼吁以市场化的管理方式、技术、手段取代传统的行政命令控制模式。

以政府瘦身为导向的重塑政府、再造政府的改革运动，在经济性监管领域内掀起放松监管的改革浪潮。20 世纪 90 年代，"发展型政府"模式的外部性问题逐渐突显，因政府控制作用弱化产生的社会、市场方面的诸多挑战也开始出现。比如环境污染严重，食品药品安全事件频发等等。政府开始重新思考自身角色定位，逐渐从指令计划的发展模式向设立专业机构和制定行业标准过渡。一个以监管为重要特征的政府模式正在悄

---

① Nee V. A theory of Market Transition: From Redistribution to Markets in State Socialism, *American Sociological Review*, 1989(54): 663 - 681.

② Oi, J C, The Role of the Local State in Chinas Transitional Economy, *The China Quarterly*, 1995(144): 1132 - 1159.

然出现，[①]世界经济合作与发展组织也指出，中国的许多改革与西方国家所倡导的监管型政府改革十分相似。[②]

可以说，中国监管型政府建设是与市场化改革相同步的。许惠文(1995)指出市场化改革刺激地方政府经济发展动力，在一些经济性事务和维护社会稳定秩序方面的职能和权力有所增加，并且设置专业化机构进入城市社区民众生活之中，正在建立一个监管型政府。[③] 皮尔森(2005)对中国证券、保险、民航、电力等重要经济命脉产业的研究也得出同样结论，中国经济体制正处于一个从“指令发展型模式”向“独立监管型模式”转变。[④] 在民营化、放松管制口号下，政府管制市场力量有所减弱，经济性监管逐渐放松，但在社会性监管领域，政府监管逐步强化了。不同于经济性监管，政府社会性监管的重点在于规避可能发生的社会风险，比如在食品药品安全、生产安全、环境污染等领域，政府通过设立制度确立相应标准，限制和约束可能对公众健康、公共安全产生危害的行为。

不仅如此，中国市场监管改革发展与政府机构改革进程相伴而生。刘亚平等(2019)回溯新中国成立70年以来的市场监管机构变迁，总结市场监管机构改革探索经历了限制市场、有序竞争、宽准入严监管的变迁过程[⑤]。国家自1988年提出转变政府职能关键话语后，从重数量的组织变革转向政府职能转变。先后设立国家技术监督局、国家环境保护局、国家医药管理等专业化监管机构。虽然此时市场监管改革定位没有完全独立出来，仍然带有建设和培育市场的计划经济色彩，但新设立的监管机构发

① Wang Shaoguang. Regulating Death at Coalmines: Changing Mode of Governance in China. *Journal of Contemporary China*, 2006,15(46): 1-30.

② OECD. *China in the Global Economy: Governance in China*, Paris: OECD Publisher, 2005: 275-300.

③ Shue V. *State Sprawl: The Regulatiory State and Social Life in a small Chinese City*.// Davis D S, Kraus R, Naughton B, Perry E J, Hamilton L H. Urban Spaces in Contemporary China: The Potential for Autonomy and Community in Post-Mao China. New York: Cambridge University Press, 1995.

④ Pearson M M. The Business of Governing Business in China: Institutions and Norms of the Emerging Regulatory State. *World Politics*, 2005(57): 296-322.

⑤ 刘亚平，苏娇妮. 中国市场监管改革70年的变迁经验与演进逻辑. 中国行政管理，2019(05)：15—21.

挥一定程度的监管功能。[①] 1992 年我国确立社会主义市场经济体制改革目标,中央开始撤销工业经济部门,并设立大批具有独立监管职能的机构。1998 年政府职能转变再一次被提出,管理食品生产经营企业的权力下放给地方政府国有资产管理部门,政府不再过多干预食品生产经营企业的经济行为,而只对产品质量和安全进行监督管理。这标志着食品安全管理体制从政企合一转变为外部型、第三方的监管型体制。[②]

然而,我国政府市场监管改革脱胎于计划经济体制,缺乏对市场监管的经验,政府体系内部分散化的监管权力,不仅削弱监管机构能力,还弱化机构间的有效合作。[③] 如何在市场作用和政府作用之间找到平衡,成为我国走向监管型政府建设所要面对的新课题,目前仍面临众多困境和挑战。比如监管法规数量不断增多与监管效果之间仍存在巨大张力;政府在不断调整监管体系提高监管水平的同时,食品安全事故仍频发;政府对食品抽检合格率与公众安全感知之间仍存在较大差距。

食品安全监管作为一项公共产品[④],不断被纳入国家发展战略之中。2011 年,"健全食品药品安全监管机制"首次被纳入社会管理创新的重点工作[⑤]。2013 年,国务院副总理汪洋提出"构建企业自律、政府监管、社会协同、公众参与、法治保障"的食品安全社会共治格局。2017 年,十九大报告提出"实施食品安全战略,让人民吃得放心",食品安全监管被提高到前所未有的建设高度。从近年来国家颁布法律法规数量图景中亦可见一斑(图 1-1)[⑥],国家颁布的法律规范数量总体呈上升趋势。此外,颁布的《食品安全法》《餐饮服务食品安全监督管理办法》等多部法规对食品安

---

① 刘鹏. 中国市场经济监管体系改革：发展脉络与现实挑战. 中国行政管理,2017(11)：26—32.

② 刘鹏. 中国食品安全监管——基于体制变迁与绩效评估的实证研究. 公共管理学报,2010,7(02)：63—78.

③ Tam, W and Yang Dali. Food Safety and the Development of Regulatory Institutions in China. *Asian Perspective*, 2005,29(4)：5-36.

④ 曹正汉,周杰. 社会风险与地方分权——中国食品安全监管实行地方分级管理的原因. 社会学研究,2013,28(01)：182—205.

⑤ 胡锦涛,扎扎实实提高社会管理科学化水平 建设中国特色社会主义社会管理体系,中国青年报. http://zqb.cyol.com/html/2011-02/20/nw.D110000zgqnb_20110220_7-03.htm.

⑥ 资料来源：原国家食品药品监督管理总局 http://samr.sfda.gov.cn/WS01/CL0001/.

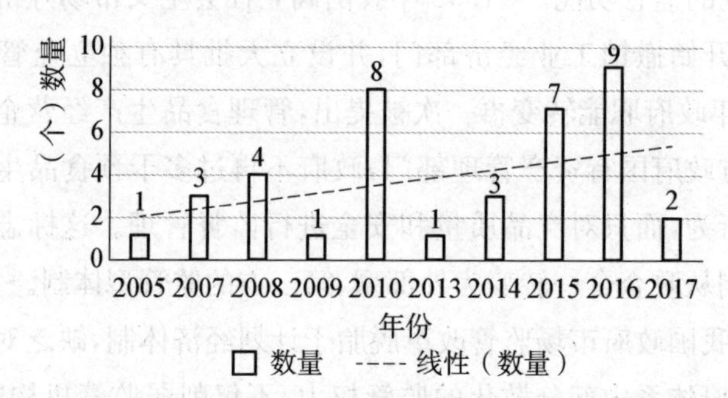

图 1-1 2005—2017 年国家在食品安全监管领域颁布的法律法规数量变化图

全标准规定愈加严格。

转向其他几幅图景。从报道的食物中毒事件和人数来看①（图 1-2），食物中毒事件数量在 2006 年达到顶峰后开始逐渐下降，直至 2013 年开始出现攀升，上升速度由缓变快。中毒事件从 2013 年的 152 起，增加至 2017 年的 348 起。中毒人数变化轨迹与中毒事件相似，由 2013 年的 5559 人，陡升至 2016 年的 8955 人。2017 年的中毒人数为 7389 人，尽管

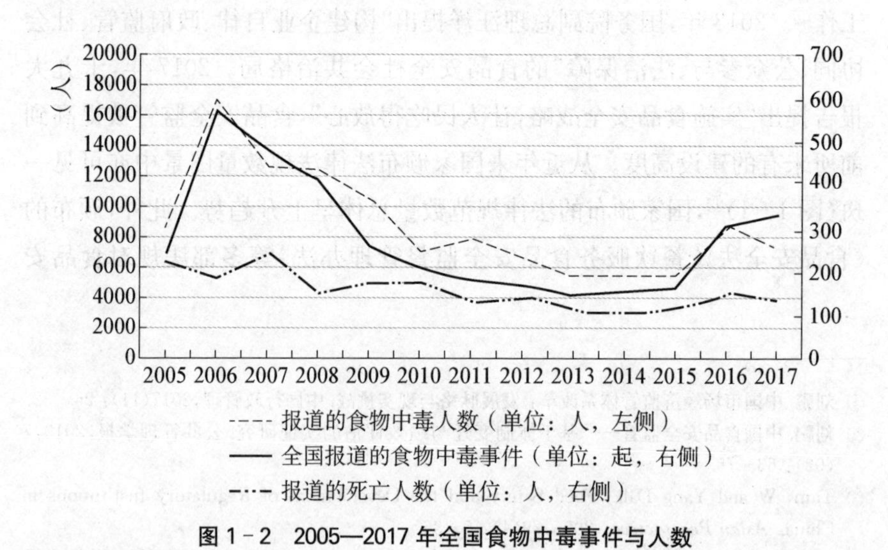

图 1-2 2005—2017 年全国食物中毒事件与人数

① 根据国家卫生计生委办公厅官方网站（2003—2015）http://www.nhfpc.gov.cn/公开数据以及王霄晔，任婧寰，王哲，翁熹君，王锐. 2017 年全国食物中毒事件流行特征分析.《疾病监测》，2018 年第 5 期整理得到。

与2016年相比有所下降，但仍比2013年增多1830人。总体来看，食物中毒事件与中毒人数非但没有呈现持续下降趋势，反而略有攀升。此外，据《中国食品安全发展报告2017》统计，2016年我国发生食品安全事件18614起，平均每天发生51起①，这一数据仍然让人触目惊心。

此外，从历年"3·15"曝光的情况来看，食品安全问题仍然屡禁不止。2022年曝光"土坑老坛酸菜""瘦肉精猪肉""木薯粉做的红薯粉丝"；2021年曝光"奶茶店抽检不合格"；2020年曝光"敌敌畏海参""偷工减料汉堡王"；2019年曝光"危险的辣条""化妆的土鸡蛋"；2018年曝光出大量的"山寨饮料"；2017年曝光"瘦肉精"；2016年曝光"黑心作坊""红参掺糖"等等。对公众而言，食品安全问题被多曝光一次，对食品质量本身的担心就会多一分。

从政府抽检合格率和公众安全感知来看，两者之间差距较大。2014至2017年的食品抽检合格率依次为94.7%、96.8%、96.8%、97.6%②，释放了食品安全稳中向好的态势。反观《中国食品安全发展报告(2018)》中2014至2017年我国城乡居民总体满意度依次为：54.94%、54.55%、58.03%、60.08%③。尽管公众满意度呈现缓慢上升趋势，但仍处于约60%相对低迷的水平，而与约95%的检测合格率之间存在较大差距，人们对政府食品安全监管方面的获得感并没有显著增强。换句话说，公众对食品安全检测的合格率并非与公众的安全感知相关。公众的安全感知并不是仅仅来自政府提供的技术检测结果，是受到多种因素的影响。此外，当前通过技术手段开展的食品安全检测大多基于日常的常规性检测，而数字化和智能化技术的发展，食品市场获得快速发展，呈现出多样化的食品业态，比如网络食品、网络餐饮的发展。这些客观存在的新业态也增加了食品安全问题的复杂性，同时也增加了食品安全监管的难度，使得有些食品安全问题无法通过常规性监管发现。

---

① 资料来源：纪博. 2016年我国食品安全状况总体趋势持续稳定向好. http://politics.gmw.cn/2017-12/18/content_27128322.htm.

② 资料来源：2017年总体抽检合格率为97.6%食品安全状况稳中向好. 人民健康网. http://health.people.com.cn/n1/2018/0124/c14739-29783994.html.

③ 尹世久，李锐，吴林海，陈秀娟等著. 中国食品安全发展报告(2018). 北京：北京大学出版社，2018：257.

正如前面所述，我们可以看到食品安全领域的政策法律法规不断完善，彰显出了政府在强化食品安全监管方面的决心和能力，但这些带给民众的获得感却并不强烈，这也同时反映出公众对食品安全并没有很大的信心。那么政府在食品安全监管各方面已经做出很多努力的情况下，为何仍然没有换得公众对食品安全监管的信心？也就是说，为什么我们国家的食品安全监管总是会被认为是低效的呢？尽管我们从一些数据上能够得到主观认知，但是关于一些原因的挖掘和逻辑的分析，无法仅仅只是从数据和文本上获得，而必须深入到政府具体监管过程和特定监管情境之中，挖掘基于中国情境的食品安全监管故事，这样才能够寻找到真实的答案。

二、问题缘起

2018 年 3 月，新的国家机构改革方案出台，除中央到省单独成立药品监督管理局外，省以下的药品监管不单设，食品药品监管与工商部门合并，成立大综合的市场监督管理局。市、县（区）的食品药品安全监管职责与其他市场监管职责相合并，统一监管权威，各个职能部门依据"三定方案"，各自履行本部门内的监管事务。与此同时，国家逐步强调基层监管的职责，鼓励地方开展综合执法体制改革探索。这也表明，国家在持续重视机构变革和职责调整基础上，对市场监管执行也越加重视了。尤其是对于县级以下的市场监管机构而言，更多的任务在于执行特定的监管政策和法规，通过监管执法对市场主体能够形成威慑作用，也试图通过监管提升食品安全监管的整体效能，将监管政策和监管规则助于执行环节，能够真正落地，获得来自社会整体的遵从。与此同时，国家之所以在这一届机构改革中强调监管执法，也正是对当前监管执法中存在问题的一种回应。笔者将结合自身调研经历，试图对基层监管执法的过程以及在特定监管情境中的监管行为进行细致刻画，进而能够分析出基层监管执法的行为逻辑。

（一）地方食品安全监管部门的组织结构变迁

H 区所在的 A 市是 G 省下辖的地级市，该地级市处于珠三角经济带，享受改革开放的最新政策。经济发展增速，市场体量不断增加，食品行业市场主体数量不断增多。可以说，政府面临较为艰巨的食品安全监管任务，近年来也进行了多次的机构改革。H区食品药品监督管理局正式成立于2005年1月，在原A市药品监督管理局H分局的基础上组建，加挂G市H区食品药品监督管理局H区稽查队牌子，实行市垂直管理模式，负责监管辖区内的食品、化妆品、保健食品。2007年在机构内部设置H区食品药品安全委员会办公室。2010年4月，H区食药监局管理体制由市垂直管理划归属地管理。2011年4月，划入卫生局的餐饮服务食品安全监管职责。当时的监管总量达到7207家，而当时的监管人员数量远远不能够与如此体量的监管总量相匹配。2012年H区食品监管人员仅有57人，这种监管任务和监管资源严重不匹配的状况一直持续到2013年中央强化基层食药监管机构力量改革的时候。2014年，H区食药监局编制配备总数达424人，其中公务员158人，协管员257人，协管员数量超过了公务员的数量。到了2017年，H区实有的协管员人数为240人，公务员人数为151人。整体上H区食药监局所在组织结构体系以及组织内部架构分布可以见图1-3和图1-4①。

图1-3显示了我们国家纵向食品安全监管体制的机构设置。在属地管理模式之下，食品安全监管职能由专业化的监管机构来行使，自上而下形成业务指导的关系。然而，食品安全监管本身是一项专业化较强的事业，所以不仅需要政府发挥主导性作用，还需要与其他组织机构进行合作。其中，依托特定技术的食品检验所负责承担检测职责，隶属于同一层级的食品安全监管机构。与此同时，政府与具有测试功能的分析中心形成合作关系，将一些检测检验的职能外包给专业化的社会组织来进行。

在2018年的机构改革开始前，A市采取食药监管机构单设的模式运作。除2015年新成立的NS自贸区采取综合设立市场监督管理局的试点，A市下属的十个行政区食品安全监管职责均设置在食品药品监督管

① 特别说明：笔者进入田野开展调查时间恰好是食药部门与工商部门机构改革工作进行时，直至笔者退出调研现场，H区的机构改革尚在进行中。在尊重调研事实原则的前提下，文中仍按原食药监局来呈现。另外，本书主要探讨基层监管执法者的行为策略，所以机构名称上的变化对监管行为的影响几乎可以忽略不计。

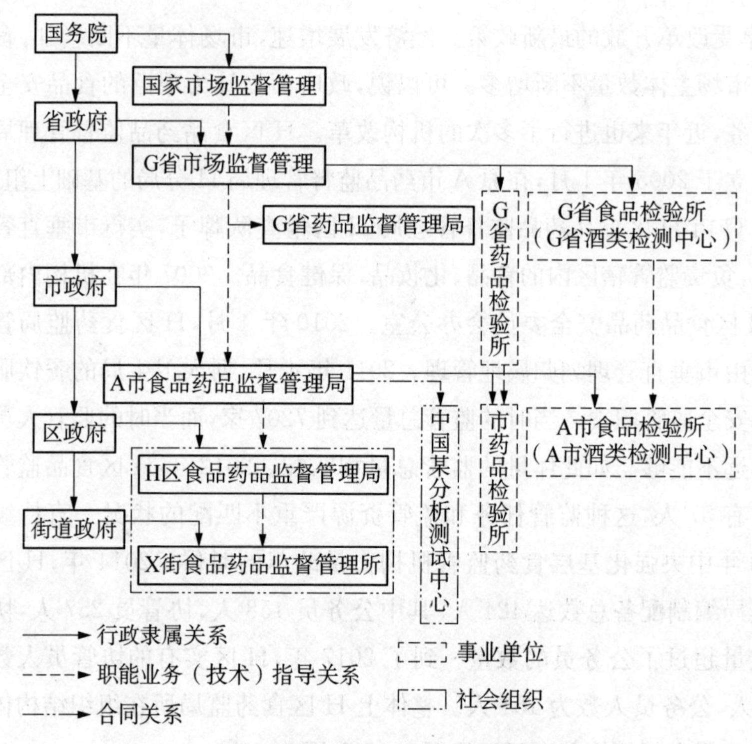

图 1-3 H 区食品药品监管部门的组织结构示意图

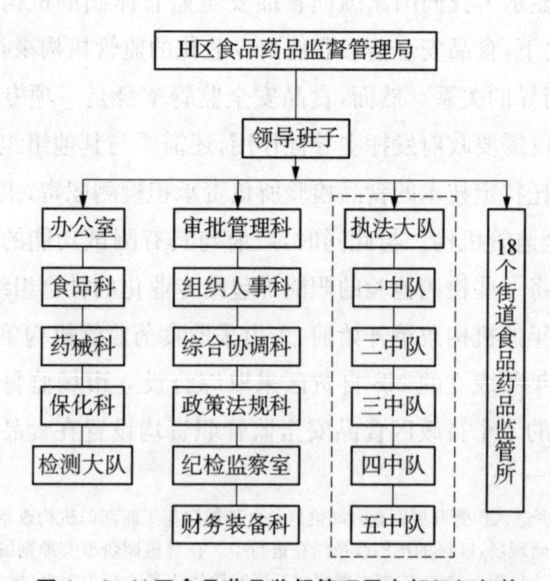

图 1-4 H 区食品药品监督管理局内部组织架构

理局。2018年新一轮机构改革方案出台，A市紧随省级层面的机构改革，在2019年3月彻底完成食品药品安全监管职责与市场监管职责合并的改革，统一监管权威。在“大综合”机构改革背景下，H区食品药品监督管理局负责监管食品安全，区级食品监管与药品监管合并设立，并且在街道设立派出机构。

由图1-4可以看出，区级食品安全监管机构的职能部门设置相对完善，设置有行政职能部门，包括审批科室、组织人事科室、综合协调科室、政策法规科室以及纪检监察和财务装备科室。此外，依据监管内容不同，又分设为食品科、药械科、保化科、检测大队和执法大队。在此基础上，通过向街道派驻基层监管所的方式，下沉基层监管力量，在辖区内共派出了18个监管所。

实际运行过程中区级食品监管部门与街道派出机构之间的具体分工主要是，区食药监局部门工作人员主要负责机关事务，派出机构的工作重心则是出勤检查，是工作在第一线的“街头官僚”，负责与监管对象打交道。区食药监局的工作人员则主要负责协调各部门间关系。但是，在面临紧急任务情形下，区局工作人员与监管所一同开展协作。比如当接收来自上级部门的大检查任务、大专项任务时，区局工作人员是监管职责主要承担者，指导基层监管所开展相应监管工作。所以，基层监管所与区级食品监管部门从组织关系上来说，是属于同一个组织内的不同分工。尽管基层监管所处于街道（乡镇），但并不具备承担责任的法人资格，最终的法律责任仍然由区局承担。这也在某种程度上约束基层监管所开展监管执法时的自主性，以及区局在指导派出机构的约束性。

基层监管所几乎承担监管执法的所有任务，我们统计分析了基层监管任务总量和基层监管力量的情况，H区在18个街道派出机构承担的全年监管量分布在247家到2124家不等，全年日常监管计划从232家到1122家不等。从人员配置情况来看，具有行政执法编制的人数在4到7人之间，加上协管员实际总人数在11到23人之间，平均下来的人均监管总量在22.45家和101.14家之间（表1-1）[①]。这些客观数据既反映出

① 资料来源：H区食药监局内部资料，数据统计时间截至2016年12月。

基层监管执法任务量的庞大，也反映出基层监管执法资源在基层配置的不足。据调研中了解，这些客观数据还只是常规状态下需要管理的对象，当一些突击性任务发布时，监管者几乎需要对同一个监管对象开展多次的检查。除此之外，每一位监管者都承担网格管理员的角色，对网格内所有涉及食品安全问题均负有监管职责，依托日常监管宣教以及监测技术手段，进行日常食品安全风险的防范。

表1-1　G市H区18个街道派出机构监管量和人员配置情况

监管所名称	全年监管量(家)	日常监管计划(家次)	行政执法编制(人)	领导职数(个)	实际总人数(人)	人均监管计划家次	人均监管总量(家)
FYS	2124	1122	7	3	21	53.43	101.14
NZS	1975	1379	7	3	19	72.58	103.95
CGS	1690	1009	7	3	23	43.87	73.48
RBS	1330	1144	7	3	19	60.21	70.00
JNZS	1136	735	4	2	16	45.94	71.00
NSTS	1054	644	7	3	16	40.25	65.88
LFS	1009	732	7	3	16	45.75	63.06
JHS	941	673	4	2	13	51.77	72.38
XGS	768	506	4	2	15	33.73	51.20
PZS	693	541	7	3	17	31.82	40.76
SYS	674	517	4	2	13	39.77	51.85
HZS	613	374	4	2	14	26.71	43.79
HZS	603	554	5	2	11	50.36	54.82
BJS	597	432	4	2	11	39.27	54.27
SSS	557	408	4	2	12	34.00	46.42
CGS	501	472	7	3	14	33.71	35.79
GZS	345	429	5	2	13	33.00	26.54
NHXS	247	232	4	2	11	21.09	22.45

图1-5是H辖区需监管的食品生产经营单位，总量为11731家，其中食品销售企业为6455家，占比55%，食品餐饮企业4944家，占比42%，单位食堂为285家，占比3%，食品添加剂生产企业为47家。据监管人员介绍，诸如单位食堂和大型生产企业，本身内部具有较为规范的食品安全生产设施设备，经营者自身的食品安全意识较高，因而能够在食品安全上发挥主体作用。然而，最让基层监管执法者头疼的是那些规模较小的食品餐饮企业和食品销售企业。这些经营者的经营规模并不大，自身的食品安全意识水平并不高，且主要集中在一些城乡接合部，食品生产卫生条件相对较差，存在小、散、乱的特点，正是因为这些因素交织在一起，所以这些小型的餐饮店和商超成为基层监管执法的重点和难点。

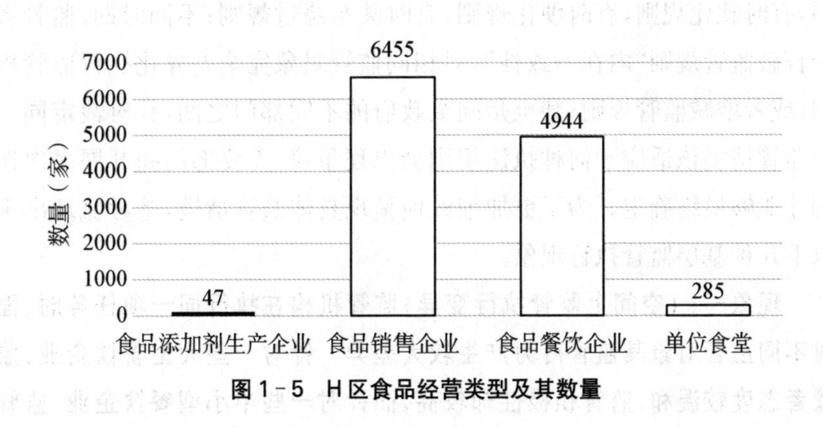

图1-5　H区食品经营类型及其数量

（二）监管执行：监管规则同一性与执行变异性之间的张力

当一项政策议案成为正式政策，需通过政策执行将政策目标转为实际结果。① 监管政策是政府如何运用监管权力为内容的政策，即包括监管者的激励机制设计、监管政策议程与行政程序之间的统一、监管方式灵活性等维度。② 监管政策的执行是在多主体维度、多元制度环境中开展

① 杨宏山. 情境与模式：中国政策执行的行动逻辑. 学海，2016(03)：12—17.

② 经济合作与发展组织编，陈伟译，高世楫校. OECD国家的监管政策——从干预主义到监管治理. 北京：法律出版社，2006：15—17.

的监管活动。灵活的监管方式能够贴合复杂多样的监管环境，但以保持监管规则一致性为前提，因为监管有效执行是以监管者遵从监管规则为前提。[①] 然而，现实监管执行中，监管者对同一监管对象在不同情境之中却差异执行监管规则，产生了监管执行偏差。

正所谓，监管的有效性同时取决于监管者与被监管者对规则的共同遵从。甚至可以说，监管者遵从规则是实现有效监管的前提，也就是在监管者自身对监管规则遵从的前提之下，才能够约束被监管者一同遵从规则。因而，对于基层监管执法问题的讨论绕不开对监管者自身规则遵从行为的关注。也只有当监管者自我约束，遵从监管政策，才能够进一步指导被监管对象。然而，笔者在基层调研却发现，监管者对规则执行往往存在多重变异现象，即面对不同监管对象时，监管者对规则遵从程度并不相同，有时软化规则，有时硬化规则，有时甚至绕过规则；不同时期，监管者会打破监管规则"内在一致性"，对相同监管对象完全差异化执行监管规则，或者增减监管规则；甚至是同级政府的不同部门之间，针对裁定同一个监管情境该适应于何种执法规则会出现争议，需要部门间开展多次谈判才能够最终确定。为了更加细致地呈现具体监管情境，笔者梳理出来以下几种基层监管执行现象。

现象一：（空间上监管执行变异）监管机构在执行同一项任务时，面对不同监管对象其监管行为产生较大差异。针对一些大型餐饮企业，监管者态度较温和，监管积极性却较高，而针对一些中小型餐饮企业，监管者态度严肃，监管积极性却较低。

具体而言，尽管制度文本规定基层监管者需要将任务覆盖到整个辖区内的全部监管对象，但是在具体执行监管任务过程中，则有所侧重。特别是近年来数字化技术在食品安全监管领域的运用越来越频繁，要求采取"信息＋监管""技术＋监管""智慧监管""风险监管"等监管手段，而这也成为基层监管执行者的日常工作任务之一，尽可能地帮助被监管者完成数字化监管改造。例如，每年食品安全监管领域都会开展食品安全量

① 黄冬娅，杨大力．考核式监管的运行与困境：基于主要污染物总量减排考核的分析．政治学研究，2016(04)：101－112.

化等级的动态评估，主要是借助“风险控制关键点技术”达到风险监管目标而产生的一种新监管方法。具体做法是，每年监管者对辖区内所有办理了“食品经营许可证”和“餐饮服务许可证”的市场主体，依据量化等级评估指标进行评分，分别确定“A”“B”“C”三个不同等级，在被评为不同食品安全等级的情况下，相应地分配与之相适应的检查次数。当然等级越高，每年需要被检查的次数越低，例如获得“A”等级餐饮企业的检查次数少于“B”等级，获得“B”等级的餐饮企业检查次数少于“C”等级。也就是说，若一个辖区内的“A”等级餐饮企业数量越多，则越能够代表监管者的努力，引导市场主体规范经营，这也就在某种程度上能够成为监管者日常监管工作绩效的反映。所以，无论是区级食品监管部门还是监管执法者，都将升“A”工作视为主要的监管内容，而且是颇受关注的重点任务。

当然对被监管者而言，进行数字化改造是需要付出一定成本的，尤其是达到食品安全量化等级的“A”等级标准，需要依托特定的人力和物力，因而有些餐饮企业并不愿意参加升“A”等级的改造活动。尤其是对一些中小型餐饮企业来说，囿于经济能力和经营规模限制，无法为达到“A”等级支出更多成本，所以当听到监管人员的升级意见时，往往都是拒绝合作的态度。当然其中也不乏有些餐饮单位需要借助升“A”等级来提高知名度，所以比较配合基层监管者的要求。

那么对监管者而言，升“A”一方面是一项纳入考核之中不得不完成的重要工作，且是一项常规性的工作任务，需要向上级动态上报每一个季度“A”等级、“B”等级、“C”等级企业数量，以及“B”升“A”“C”升“B”的动态数据。另一方面完成这项监管任务又是必须以尊重企业意愿为前提。所以监管者往往锁定那些规模较大，资质能力又较强的餐饮企业，他们最有可能会积极参与到升“A”等级的工作之中。若发现餐饮企业升“A”意愿不强烈，则不断通过说服方式刺激对方升“A”意愿，并对其加以鼓励，一旦达成共识，监管者对其表达合作倾向，分配相应监管人员进行专门指导，帮助完成升“A”的各项要求，直至上级区局评“A”工作检查组检查结束。

然而现实监管中的“A”和“B”等级餐饮企业数量相对较少，大部分为“C”等级。从整体上提升监管效果而言，那些“C”等级的餐饮企业更需要获得政府监管资源投入，得到的食品安全监管提升空间要比本身具有

“A”“B”等级的餐饮企业更多。此外,量化等级评估文件中也规定,需要监管者增加对“C”等级餐饮企业检查次数,投入更多监管精力①。然而,监管执行者为了尽量增加本辖区内“A”等级企业数量,对接近“A”等级的餐饮企业倾斜更多监管资源,反而对于那些更加需要提升食品安全水平的“C”等级餐饮企业,不愿提出更高的监管要求。例如在日常监管检查中发现“C”等级企业经营不合规,也大多数采取发出告知书方式要求其加以责改,遵循“不出事”的底线逻辑。

监管者执行同一项监管制度时,对不同监管对象表现出迥异的监管态度和行为,甚至与制度文本相悖。针对能够协助完成任务的餐饮企业,监管者态度相对友善,并且采取柔性化方式对大餐饮企业提供指导和帮助。一位基层监管所所长也曾坦言,“我们就是服务这些企业,大的企业我们要加以服务”②。事实上,相比于大企业的食品安全风险,那些食品安全等级偏低的餐饮企业才是真正需要监管者更加予以关注的监管对象。此外,不得不指出的是,同样需要监管者帮扶的大量存在的中小型餐饮企业,监管者对其却呈现出另外一种行为面向,主动降低规范化标准以适合被监管对象的当下食品安全水平,并且尽量能够让被监管对象达标。比如为了尽量提高“B”等级餐饮企业数量,监管者修改监管标准去适应现实,主观上帮助餐饮企业通过评估。从数字上看“B”级餐饮企业数量增加了,但实际中的食品安全并未真正达到“B”级食品安全水平。

现象二:(时间上执行变异)监管机构对相同监管对象在不同时期的态度和行为表现出明显差异。即针对同一项违反监管规则的事实,监管者在不同时期的处理方式截然不同,有时按照监管规则执行,有时又不按照监管规则执行,监管态度时而宽容,时而严厉。

对于基层监管,发证作为一种重要的监管方式,同时也是作为判断被监管对象是否合规的基本依据。那么在日常监管过程中,引导被监管者

① 按照“风险管理”原则,被定为食品安全等级较低的被监管对象,监管者应当予以更多的检查和引导,那些食品安全等级较高的被监管者,日常的监管次数和投入的监管精力可以相对减少。比如对“A”等级餐饮企业,要求简化监督,对“B”等级餐饮企业,常规监督,“C”等级餐饮企业,强化监督。

② 访谈记录:CH20180907,H区CG街食药监管所C所长.

的经营行为符合发证审批条件,最终给予颁发证件,也就说明市场主体的经营行为是符合规范的了。但是在日常监管过程中,监管者常常感到两难,引导监管对象办理“食品经营许可证”和“餐饮服务许可证”既是基层监管的主要手段,也是基层监管者面临的主要任务。因为若被上级突击检查中发现大量存在无证经营的情况,那么会面临被组织批评的风险,所以基层监管执法者往往将大量精力放在“无证”排查上。不仅如此,具有最高法律效力的《食品安全法》中也规定,若发现有无证经营者,那么至少处以5000元以上人民币罚款。作为监管者若发现有无证现象存在,不到万不得已,基本上不会马上对被监管对象进行处罚,通常的做法是先对其进行帮扶,而后逐步引导其进行办证,直至能够达到相应的规范化要求。在常规状态下,监管者更加愿意选择的是换位思考的做事方式,选择相信经营者并非主观上不愿意办理许可证,而是认为可能迫于其他外在客观性因素,加重了经营者办理许可证的难度。举个例子,如果食品经营者需要办理“餐饮服务许可证”,那么需要获得食品监管部门审批通过的文件,拿到审批之前,还需要监管对象能够出具场地证明和营业执照。尽管随着数字化改革的不断深入,市场主体办理证件只需要“一键式”即可成功,操作相当便捷,但是办理中需要提供的证件也仍不能跳过,仍需要办理者先获得。之所以存在大部分非规范化经营的现象,或许是因为场地证明没有办法拿到,租用的生产场地是属于未经过审批的违法建筑,而这些多重违法的现象也往往集中在这些小、散、乱的食品经营者上。所以,在同理心的驱使下,监管者往往会选择柔性化处理,比如通过发出责令改正文书的方式告知其予以改进,要求其达到规范经营的水平。

然而,与常态化监管情形下监管者选择默许和宽容的执行态度不同,在面临紧急状态下,监管者的态度截然相反。近年来,国家自上而下开展保卫绿水青山的环保行动,当总体性任务与职能业务相互交织时,工作人员往往会有所侧重。同样地,区局也将环保作为各个职能部门需要关注且必须重视的工作任务,要求对排放的污染物加以控制。在基层食品安全监管领域,与环保密切相关的环节,便是餐饮油污的排放。据监管人员介绍,各个层级食品监管部门已经将餐饮企业的油污排放列入空气污染源和水污染源。属地政府为了严格控制本辖区内的污染物排放量,已经做出了规定，“河流的6米以内都不得开办餐饮相关的服务”，并且提出要求食品安全监管职能部门在审批许可证的同时，需要增设“若要开办餐饮企业，则需要安装完善的排水排污设备”的条件。据基层监管所审批人员告知，“现在环保查得很严，办证都变得困难了，很多都办不了证了”[①]。也就是说，在环保任务的高压下，按照原先标准可以办证的餐饮企业因新增了条件而难以办得下来。那么按照规定，原先被默许经营的河边6米以内的餐饮也要求暂停，甚至禁止。然而对被监管者来说，这种雷厉风行的监管方式无论如何都无法理解，甚至会表现出一种茫然和怨恨的态度，在事先没有很好沟通的情形之下就简单出具罚单，甚至是要禁止从事，这对他们来讲，相当于是失去了生存的经济来源。当然，监管者也考虑到经营者会产生激动的情绪，因此会告知从不合规经营走向合规经营所需要的前置条件，尽管具备这些条件是困难的。但这样能够缓解经营者的激动情绪，以及让经营者感受到监管者也是愿意提供帮助的[②]。

从具体监管情境下可以发现，对于特定的无证经营者，对其默许态度是变化的，在常规状态下的默许，在紧急状态下则是直接取缔。那么这种波动的监管态度带来的特定监管行为，必定会激化监管者与被监管者间的关系，从而也不利于监管效果的产生。

现象三：(各部门规则执行不一致)同一个区不同派出机构对相同监管情境的规则执行并不一致。同一个区的不同职能部门对相同监管情境的规则裁量也出现争议。为避免由于各自做法不同可能带来的后果，各执行部门不断进行沟通与协商。具体体现在NZ监管所和CG监管所之间对投诉问题的处理，以及CG所和区局执法大队关于投诉问题产生的争议。

部门间争议最大的是针对职业打假人的投诉举报问题，这也是最令监管者头疼的问题。为了统一不同部门对投诉问题的处理，区局层面绘制了统一的投诉问题处理流程图。这一方面是规范部门内的处理流程，另一方面是能够起到提醒不同执法人员处理投诉问题时的时间节点，因

① 访谈记录：WT20180919，H区CG街食药监管所审批组W组长.

② 这实际上是食品安全监管部门的“权宜”办法。食品监管部门作为审批的后置部门，待其他部门都审批后再予以发证，不仅可以安抚被监管对象的情绪，而且与自身部门产生的冲突逐渐淡化，通过告知与其他部门联系办理相关证明，可以进一步舒缓公众的情绪。

为如果投诉问题处理超期，直接会被认为是对工作的懈怠。因此，各个部门对于投诉问题的处理非常上心，同时也非常小心谨慎。这主要是因为投诉处理流程图并未对具体实际情形做出明确的规定，尤其是涉及到食品安全监管规则在现实中该如何裁量，并没有进行统一。这相当于给基层监管执法者留有自由裁量权，但是如果不加以沟通，也会被认为执行得不一致。在这种情况下，基层监管派出机构面对具体的执法情形，具有相当大的自主裁量空间，但是对于有些监管部门而言，越是留有较大的自主空间，对于该如何处理的问题，越是没有了判定。其中，NZ 监管所在投诉任务处理方面遇到了较多的困难[①]。

据监管人员介绍，从 2018 年年初至年中，NZ 监管所积压 30 多个投诉案件。为何过去半年之久，还会滞留这么多的投诉案件？问及主要原因是向其他行政单位发出的协查函迟迟没有发回。NZ 监管所的 XZH 所长向执法大队请示："等不到协查函，而投诉处理又要到期该如何处理?"执法大队的回复是"要等待"。XZH 所长深知再继续等待等来的是再一次的延期，所以凭借个人与其他监管所所长比较好的私交，向 CG 监管所的 CH 所长和 RB 监管所的 ZL 所长请教，请他们帮忙出谋划策，学习和借鉴他们两个监管所的处理方案。当 XZH 所长讲述了他们面临的窘境之后，CH 所长和 ZL 所长纷纷认为通过发协查函的处理方式不靠谱。

CH 所长谈到：不是每个案子都要发协查函的。除非我已经在稽查中发现了重大案子，案子罚得比较重的，(需要)去落实证据，(需要)更合法的话，才会去发函。

ZL 所长也对发"协查函"表达了反对的观点：我们在确实发现比较大的侵害时候才会要发协查函。这些可有可无，或者你通过一个简单的东西就可以判断的东西，你为什么发这个协查函？不仅显得我们不专业，而且还不高效。你直接问厂家，比如超市完全可以提供(商品的标签标识)。企业的话再进一批货是非常愿意的。标签标识问题是不涉及产品

---

① 以下内容的资料来源：H 区食药监局实习日记，"NZ 食品药品监督管理所开展的投诉处理讨论会"，2018 年 5 月 9 日。

质量问题的，那就给以责令改正，不给处罚。只要职业打假人这方面（投诉标签标识）拿不到钱，就会越来越少。

CH所长更进一步地说道：我们所界定的也是跟ZL所一样的，（标签标识投诉）就是发责令改正、警告。第一，这个事情确实是违法的啊，要求你整改了；第二，也不给予职业打假人奖励，职业打假人就不会再来投诉。

在其他两位所长看来，发协查函收集证据是最没有效率的处理方式。执法大队之所以向XZH所长说明要求协查函，主要由于执法大队的组织职能之一是收集每个监管所已经处理的案件，审查最终移交上来案件的程序合法性。执法大队建议采取协查函的方式，执行的是程序上的合法性要求。至于CH所长和ZL所长他们对发协查函提出反对意见，则是出于尽量不给职业打假人奖励，从而打击投诉积极性的目的。

可以看出，不同派出机构针对自身辖区内的情况可以有相当大的自由裁量权，可以选择采取何种治理方式，实现既达到目的又有效率。在运用法律规则时，基层监管者往往倾向选择相对适合的方式执行，既适合自身、也适合组织、更适合投诉案件本身。

如果说各个基层监管所对监管规则的适宜裁量，是依据各自监管生态而进行，是基于特定情境的合理运用，并且彼此之间并不存在矛盾。然而，不同部门针对相同一个案件的投诉处理却普遍性存在争议与分歧。例如笔者在参与式观察期间，发现区局内的执法大队和基层监管所之间经常存在执法分歧，这在NZ所与执法大队关于协查函的问题就可以看出。除此之外，执法大队与其他所之间也存在对食品安全监管规则执行的分歧。具体的事件背景①是，区局法规科将两个投诉分到执法大队和CG监管所，两个投诉单均针对同一家食品经营店的同一个产品。为了避免单独处理产生的结果不一致，CG所的FZL科长主动与执法大队的ZT队长请教，并同Z队长商量："（关于这个）超市的一个投诉说是执行标准过期，我们检查的时候确实发现商家在销售，（销售的商品）没有按照

① 资料来源：H区食药监局调研笔记.CG所的FZL监管人员与其他部门进行沟通，笔者全程参与现场，并做了笔记，事后根据回忆整理得到，2018-8-24。

最新的标准来执行。我们就写那个回复函，定性地写，说是已经立了案，查处了，就是免予处罚，不给他奖励这样嘛。然后，我跟JL(执法大队投诉处理的办案人员)说，我说都是盖局里的章，然后您那边罚了，我这边再罚也不好。您帮我看下这三个投诉该如何处理，然后您再给我指导。"与执法大队商量之前，FZL科长已经对这个投诉案件进行了回复，但是考虑到如果最终处理的结果不一致，那么会导致处理上的不规范。而F科长想要继续保留自己的裁定，即不愿意对商家进行处罚，这样职业打假人也就拿不到奖励。

过后，FZL科长请示该所所长后，再次向Z队长表明他们的裁定："刚才我跟C所沟通了一下，按照标签标识来定性免于处罚。那我们就问市局这个有没有失效，市局没有直接回复。那如果按照新标准来处罚，C所长意思就是说我们回复以后如果复议了也是市局去了嘛。如果市局说失效了，那我们就再重新调查他的行为。那如果按照您说要处罚的话，然后我们再去调查，那C所长是不同意的。而且同一时间段，对同一个产品，JL前一天刚去，第二天我们又去调查，又是同一个产品，规格不一样，但是行为都是一样的。那就是说如果这三个都交给你们来处理的话，那就按照你们那的来处理，那如果你那边坚持让我们来处理的话，那还是按照我们的标准来处理啊。"整个协商的过程，从原先态度相对比较和缓，到最后转向为了维护本组织内的裁决，进行讨价还价的谈判过程。也就是对于投诉案件本身该选择何种裁定，各部门之间是有冲突的。部门之间的裁决冲突背后是不同部门自身利益的考量。

以上三种不同监管情境从不同侧面展示了基层监管执行过程中，对监管规则执行的变异性。我们认为这些与监管规则本身存在差异背后是受到多种监管环境和多重逻辑的影响的。

三、问题提出

布雷斯维特等人(2011)研究发现，监管者根据被监管对象反应，采取程度不同的惩罚型监管策略，抑或根据监管对象的能力优势采取鼓励型监管策略[①]。可以说，监管行为的差异是一种合理的存在，监管者并非始终采取命令式监管方式，而是根据监管对象的回应改变监管策略。布雷斯维特的解释建立在监管机构独立性、中立性特征基础上，且以获取同一个监管对象对规范化要求的遵从为目的。监管者采取惩罚型监管抑或是鼓励型监管，主要基于的是监管对象的遵从态度和遵从意愿。如果将我国的基层监管现象与布雷斯维特等人的研究加以对比，我们发现，即使监管对象非常愿意配合监管者，监管者有时也不得不继续依靠"大棒"进行威慑。即使监管对象的规范化水平达到较高程度，监管者仍然对其不断提高监管要求，反之对于那些规范化水平程度较低的被监管对象，监管者采取默许的态度。

对基层监管态度和行为与监管规则一致性之间存在差异的解释，无法脱离我国单一制的国家体制和多层级政府体系的背景，无法忽视监管机构非独立设置的基本特征。中央的政策规则统一性与地方政府实践多样性，被认为是实现我国有效治理的机制安排。[②] 一项好的监管政策能否产生绩效取决于地方政府的政策执行。中央寄希望于设定统一的法规制度，规范市场主体行为，约束经营者主动遵从规则。而监管执行成为实际上连接政策制定与政策效果输出之间的媒介。基于对上述现象的描述，可以发现，基层监管者的行为变异成为一种常态化的普遍现象。基层监管执行出现时而严格执行，时而宽松，甚至时而绕过法令的监管行为差异。监管者行为的变异并非在监管者与被监管者之间一维互动关系下产生，而是经由组织内部相互谈判与协商，赋予监管规则特定情境特征的执行过程中形成的。已有研究揭示监管者对监管政策内容予以变换的情形，区分出政策附加、政策敷衍、政策替换和政策抵制四种类型，[③]揭示出基层监管政策变通执行的普遍性，但主要是从分割的监管场景中描述监管政策被变通执行，而现实基层监管是一幅完整的执行活动，若将各个监

---

① Braithwaite J. The Essence of Responsive Regulation. *U. B. C. Law Review*, 2011, 44(3): 475－520.

② 周雪光. 权威体制与有效治理：当代中国国家治理的制度逻辑. 开放时代，2011(10)：67—85.

③ 刘鹏，刘志鹏. 街头官僚政策变通执行的类型及其解释——基于对 H 县食品安全监管执法的案例研究. 中国行政管理，2014(05)：101—105.

管场景割裂开来,将无法观察到整体性监管活动,甚至会遗漏重要的影响因素和监管细节。监管者会选择怎样的变通行为有其特定前置性条件,不同变通行为之间也会存在关联性。为此,本节试图将不同场景下监管行为差异纳入统一分析框架内,更细致描绘监管行为变化过程,并解释主要影响变量。

为此,从以上论述中引出本书所要研究的问题:**在具体的监管规则执行上,监管者为何表现出了差异性的监管行为?** 前置性的约束条件又是什么?分别有哪些特征不同的监管行为?带来何种影响?如何解释监管行为的变异性?针对变异中的监管行为以及上述提出的问题,本书试图深入到监管机构微观具体运作过程,分析监管者执行监管任务的内在动因、行为逻辑、行为策略以及由此带来的影响。

四、研究意义

(一)理论意义

1. 从监管执行切入,为我国食品安全监管效果不佳问题提供新的分析视角

食品安全监管是政府干预市场的行为,政府应当发挥何种作用以及扮演何种角色,从而能够保证既向公众供给安全的食品又不会过多干预市场,是我国市场监管体制改革中不可忽视的重要问题。研究地方政府监管行为的变异性能够对市场监管体制改革研究提供微观视角。笔者试图从具体化的监管情境和监管执行过程中分析作为国家代理人的基层监管者的行为运作,分析监管规则在不同情境中,有些被执行,而有些却被忽视,有些甚至被主观修改后执行的异化现象,并进一步解释高层制定的监管政策法令为何会在具体情境中被异化执行的政治过程,类型化分析基层监管者在不同情境下面对不同市场主体时的行为选择和策略,进而客观呈现基层监管执行的实践图景,从而补充对已有监管型政府建设的讨论,从中透视监管型国家构建的中国经验。

2. 以监管机构为对象研究政府行为，补充地方政府行为研究的知识积累

已有地方政府行为研究中，对行为偏差现象有较多讨论，以监管机构为研究对象的政府行为研究却鲜有涉及，对比分析不同监管情境中的监管行为亦不太多。观察监管机构与政府内部主体以及外部被监管对象之间的互动，分析特定任务情境中行动者之间的利益关联，以及彼此间合作、冲突、对抗等多元关系产生的原因，剖析监管机构在特定监管任务中的执行行为，进一步补充对政府行为的研究。

3. 尝试提出一个具有描述性和解释性意义的分析框架，为政策执行增添新的分析视角

对话"选择性执行""象征性执行"分析概念基础上，展开对监管行为变异性的讨论，包括监管行为变异背后的形成逻辑，以及监管行为策略两个方面内容，进一步提出本文的分析框架。不仅揭示监管者执行的选择性，而且进一步确定监管行为变异性的约束条件，清晰"选择性执行"的选择边界。同时，概括监管者执行过程中的行为策略选择，进一步丰富对政策执行的研究。

（二）现实意义

国家一直在强化对食品安全的监管。十八届三中全会中，国家把食品安全纳入公共安全体系建设范畴，提出建立完善统一权威的食品安全监管机构，建立最严格的覆盖全过程的监管制度。在 2015 年中央农村工作会议上，习近平总书记也指出："食品安全关系中华民族未来，能不能在食品安全上给老百姓一个满意的交代，是对我们执政能力的重大考验"，"要用最严谨的标准、最严格的监管、最严厉的处罚、最严肃的问责，确保广大人民群众'舌尖上的安全'"。正因为食品安全问题的公共性，所以一旦发生安全事件，必然带来举国上下的哗然，甚至影响到公众对政府的信任。

十九大报告中也提到，新时代背景下我国社会矛盾已经转化为人民日益增长的美好生活需要和不平衡不充分发展之间的矛盾。食品安全因牵涉公众的生命安全和健康而备受关注，并且成为现阶段中产阶级日益

关注的重要问题，也更是涉及城乡居民健康水平的关键因素。食品安全监管不仅是众人关注的重要议题，也更是政府在新时代背景下所要承担的重要职责。关乎民生福祉和公共健康的食品安全同样也是政府监管的重点所在。基层监管者作为顶层政策设计的执行者，以及国家监管制度与社会主体的连接者，承担监管执行的重任。本书对监管者执行行为的分析，能够对如何进一步强化监管政策的有效落地，提出进一步的改进路径和举措，从而增强监管制度改革带给人们的获得感。

第二节　核心概念界定

一、食品安全监管

界定食品安全监管的概念之前，首先界定监管的概念。监管一词由英文世界的 regulation 翻译而来，不同学科对其有不同的译法，法学家们喜欢译作规制，强调以规则为导向的约束，行政学家们喜欢译作监管，强调公共部门的监督与管理职能，而金融领域的学者们喜欢将其译作管制，强调政府力量对市场不正当竞争行为的制约。在公共管理领域，监管既是政府承担的基本职能和履行的基本职责，也是政府干预市场的手段。政府的约束性力量对市场活动中的不正当行为加以监督和管理，从而纠正市场失灵以及维护公共利益。植草益(1992)定义了一般意义上的监管概念，指的是公共权力机关依据一定的规则对特定的个人或经济主体的活动加以限制的行为，即在以市场机制为基础的经济体制条件下，以矫正、改善市场机制内在的问题为目的，政府对经济主体进行干预和干涉。[①] 根据具体监管领域的不同，植草益区分社会性监管与经济性监管之间的差异。社会性监管主要以保障劳动者和消费者的安全、健康、卫生以及环境保护、防止灾害为目的，对物品和服务的质量以及伴随着提供它

① 植草益著，朱绍文、胡欣欣等译校. 微观规制经济学. 北京：中国发展出版社，1992：1,19.

们而产生的各种活动制定一定标准，并禁止、限制特定行为的监管。[①]除此之外，史普博(1999)在总结政府监管涉及领域基础上对监管做出界定。政府针对进入壁垒、外部性和负内部性的问题进行监管。进入壁垒主要是指企业间的非正当竞争和垄断行为，外部性则是由于外部不经济而对特定群体造成损害，负内部性则是交易一方所承担的但没有在交易条款中说明的交易的成本和效益，比如由于企业与消费者之间因信息不对称而引起的造成产品质量、作业场所的卫生和安全问题。史普博定义监管为一种特定的行为，即为了纠正市场失灵，由行政机构制定并执行的直接干预市场配置机制或者间接改变企业和消费者供需决策的一般规则或特殊行为。[②] 国内学者马英娟(2005)辨析国内外各种监管语义的基础上，认为监管是政府机构在市场机制框架内，以市场失灵为必要前提条件，基于透明的规则和法律程序对市场主体的经济活动以及伴随经济活动产生的社会问题进行干预和控制的活动。[③]

综合以上监管的概念，可以发现，监管主要包括了三个核心要素：第一，以市场作用发挥为基础；第二，以市场失灵为前提；第三，以规则和法律作为采取具体行为的依据。在此基础上，本文着重从公共管理的视角，将"监管"的概念内涵做如下界定：拥有监管权的监管者对规则进行制定和执行的行为，目的在于干预市场主体行为，纠正市场失灵以及维护公众利益。

随着市场化改革的不断深入，市场监管在政府职能体系中的重要性程度逐渐突显，地方政府不断完善市场监管体系建设。党的十九届三中全会提出"改革和理顺市场监管体制，整合监管职能，加强监管协同，形成市场监管合力"。地方政府的市场监管体系建设需要涵盖诸多方面内容，包括市场准入体系、质量监管体系、市场竞争秩序监管体系、行政执法体系、行业自律体系、消费维权和社会监督体系、市场监管法制体系、市场监管信息平台体系、食品安全监管体系、金融市场监管体系等内容。食品安

① 植草益著，朱绍文、胡欣欣等译校. 微观规制经济学. 北京：中国发展出版社，1992：22.

② 丹尼尔·F·史普博著，余晖、何帆、钱家骏、周维富译. 管制与市场. 上海：格致出版社，1999：45.

③ 马英娟. 监管的语义辨析. 法学杂志，2005(05)：111—114.

全监管是从属于市场监管领域，既是政府的一项重要职能，也是市场化发展中，公共机构区别于单纯限制经济主体活动，致力于为经济发展创造良好条件的重要方式。本书的食品安全监管主要是指在食品安全监管职能体系建设范围内的，以维护公共安全为目的，对经济主体的活动进行干预，以及对企业的不规范行为进行纠偏的职能活动。

二、监管行为

中国经济转型的成功，地方政府在其中扮演极为重要的角色。伴随市场化程度不断提高，地方政府的行为表现和行为选择出现显著性特征。Oi(1992)提出“地方法团主义”理论，解释财政改革激励下的地方政府发展经济的行为。地方政府与辖区内的企业以及其他事业单位形成相互依赖的关系，地方政府通过对工厂加强管理、有选择分配资源、提供行政服务以及贷款担保等方式介入并且控制企业经营活动。[①] Walder(1995)提出中国地方政府在经济转型中扮演了类似“厂商”角色，不仅培育和管理市场，而且极大程度地参与市场活动，政府为企业提供资金，任命管理者以及为企业分配利润，建立起与附属企业的庇护关系。[②]

进入新时代以来，政府与市场主体之间的关系逐渐淡化，转而需要形成相对清晰的关系边界，政府对市场的干预行为逐渐从“控制”变为“监管”。拥有市场监管执法权的政府机构，采取特定行为方式对市场主体开展监管执法，在此过程中形成特定行为动机和行为特征，构成了监管行为。食品安全监管执法不仅依照法定程序执行法律，而且关注政府与市场之间的关系边界。地方政府作为监管者，依据食品安全法规法令对从事食品经营的市场主体进行监管，监管内容具有较强专业性，包括日常监督检查、专项检查、飞行检查、企业风险等级评估等等。通过有效监管，监管者希望能够行使监管权威对市场主体产生威慑作用，从而获得被监管

---

① Oi J C. Fiscal Reform and the Economic Foundation of Local State Corporatism in China. *World Politics*, 1992,45(1): 118 - 122.

② Walder A G. Local Governments as Industrial Firms: An Organizational Analysis of China's Transitional Economy. *American Journal of Sociology*, 1995,101(2),263 - 301.

对象遵从监管要求。那么，监管行为就是发生在政府与经营主体之间的互动过程。而且在不同互动情境中，可以看到监管者试图在不同监管任务和监管对象之间求得平衡点，在这个过程中塑造出特定监管行为。

三、调适性遵从

监管执行属于政策执行的范畴，这是本文的一个立足点。探讨基层监管人员对监管规则的变异执行，属于政策执行异化的议题。政策行动者所面临的制度环境要素，约束其对政策执行的输出。正如 Lipsky 所认为的，"街头官僚"远离权力所在中心，意味着官僚机构拥有结构性权威以及一系列的操作规则。由于在大多数的情境中，街头官僚工作者缺乏时间、信息以及精准回应不同个体需求的资源，对特定任务的执行难以与高标准的政策制定相吻合。街头官僚机构采取制定新的决策，确立新的规则方式应对不确定性和工作压力，他们实际上重新制定实施公共政策。在理解街头官僚如何以及为何与他们的规则和目标出现相反的执行行为，我们需要知道这些规则是如何被组织中的个人所实践的，他们执行偏好的过程中拥有什么样的限度，他们又面临什么样的压力。尽管在实践过程中面临需要处理的障碍，街头官僚经常能够在完成工作以及实现个人成就之间取得平衡。[①] 叶娟丽，马骏(2003)对街头官僚理论进行论述，认为街头官僚的决策并非基于简单的效用最大化的逻辑，而是在一种"权变的、学习的、顺序寻求的策略"中形成的。街头官僚机构存在某种自主性，可以采取某种不合作策略有效抵制上级组织的命令，面对高层管理者对街头官僚自由裁量权的限制，街头官僚可以运用掌握各种资源有效地抵制管理者的控制与约束。[②] 街头官僚自主性存在，使得对政策执行的变通成为可能，时而选择执行，时而选择忽视。在街头官僚自主性的衍生

① Lipsky M. *Street-Level Bureaucracy: Dilemmas of the Individual in Public Services* (30th Anniversary Expanded Edition). New York: Russell Sage Foundation, 2010: Preface Ⅵ-Ⅷ.

② 叶娟丽，马骏. 公共行政中的街头官僚理论. 武汉大学学报(哲学社会科学版)，2003(05)：612-618.

下，对政策执行产生一定的相机性特征。

Brehm & Scott(1997)认为基层官僚执行任务的不同选择的产生，主要基于个体官僚者个人的偏好。具有特定“功能性偏好”(Function Preference)的官僚者，对政策执行存在“运转”“逃避”“破坏”三种行为，具体表现为：对有些政策任务尽心尽力卖力执行，对有些政策任务忽视，甚至对有些任务进行破坏。[①] “选择性执行”理论对基层政策执行者的行为变异进行过深入解释。指出基层政策执行者执行那些不受百姓欢迎的政策，比如计划生育、税费征收，却将受百姓欢迎的政策扔到一旁不管，比如村务管理民主化。简言之，基层政策执行者倾向于执行那些易于量化考核的硬指标，却忽视难以量化的软指标，其背后存在三个方面的制度性影响因素：下管一级的人事任免制度驱使下属官员执行上级领导的命令，无视受百姓欢迎的政策；群众运动的结束使得基层干部受到社会压力的约束减弱，即使对百姓的权利进行忽视也不会带来什么风险；干部岗位目标管理责任制中数字化的具体考核标准激励下级官员提高工作效率的同时，诱使地方干部不执行那些上级领导难以轻易转化为可计量的任务。[②]

此外，“选择性执行”理论进一步揭示出“基层自主性”(Street-Level Discretion)对政策执行的影响。超越对是否享有自主性的简单判断，“基层自主性”可能促进政策有效执行，也可能带来基层干部对政策的破坏行为。拥有自主性的地方政府，其行为上也逐渐呈现出明显的自主性扩张的趋势。何显明(2007)认为“地方政府自主性”主要是指地方政府在实际运作过程遇到的行为限制以及地方政府对这种限制的超越。也即是地方政府能够在何种程度上超越各种行政力量制约，按照自己的行政意愿，实现特定行政目标的可能性。[③] “地方政府行为自主性”包括两个维度：纵向维度的地方政府自主性，即能够在何种程度摆脱上级政府对其行为的控制，从而按照自己的意志实现特定的行政目标；横向维度的地方政府自

---

① Brehm J O, Scott G. *Working, Shirking, and Sabotage: Bureaucratic Response to a Democratic Public*. Michigan: University of Michigan Press, 1997: 2,21.

② O'brien, K J and Li Lianjiang. *Selective Policy Implementation in Rural China*. Comparative Politics, 1999,31(2): 167－186.

③ 何显明.市场化进程中的地方政府行为自主性研究.复旦大学，2007：37.

主性，即能够在何种程度上摆脱地方各种具有行政影响力的社会群体的干预，保持自身在利益取向上的公正性。[①] 作为基层执行者的街头官僚自主性的行动逻辑具有以下四个方面内容：激励不足，职务晋升机会的缺乏导致激励不足；规则依赖，安全和自我保护的需要促使他们在照章办事的逻辑中寻求免责；选择执行，即在约束条件下选择理性的资源配置方式和最有利可图的政策执行；一线弃权，即刻意规避某些麻烦的、危险的、需要更多付出但难以见成效的工作，并日益远离一线或现场。[②] 具有一定自主性的街头官僚与执法对象互动中形成“场域转换中的默契互动”，其行为在受到背景条件因素、制度条件因素、行动者特征因素的影响基础上，可以自主采取从“帮扶”到“罚款”的策略，并带来相安无事、捉迷藏、按章处理或暴力冲突四种不同的结果。[③] “基层自主性”的存在驱使基层监管者有时按照监管规则执行，有时绕过监管规则执行，呈现出“相机性”的特征。尽管监管的核心要义在于获得被监管者的遵从，但是监管者自身是否对监管规则进行遵从，则是实现有效监管的前提。基层监管者的自主性在不同的外在条件约束下，有时可以促进监管者遵从规则，而在其他外在条件下，有时亦可以促使监管者选择其他方式替代对规则的遵从。正如近年来，“谁来监管‘监管者’”以及“如何监管‘监管者’”逐渐成为我国基层监管实践中亟待回答的问题所揭示出的，监管者自身对监管规则的遵从仍然是一个挑战。

“遵从”行为的分析较早出现在对纳税人行为的研究，即“纳税人遵从”问题的研究。理性且无内在税收缴纳动机的纳税人为了实现预期收益最大化而选择隐瞒收入所得的行为，是“纳税不遵从”的行为[④]，表现为“逃税”，反之则是“纳税遵从”，即纳税人遵从税务机关的征管条件和要求，真实上报收入。可以发现，“遵从”行为发生在一组委托-代理关系之中，代理人按照委托人的条件和要求采取行为，则可以说是“遵从”的行

① 何显明. 市场化进程中的地方政府行为自主性研究. 复旦大学，2007：38—39.

② 韩志明. 街头官僚的行动逻辑与责任控制. 公共管理学报，2008(01)：41—48.

③ 陈那波，卢施羽. 场域转换中的默契互动——中国“城管”的自由裁量行为及其逻辑. 管理世界，2013(10)：62—80.

④ Allingham MG, Sandmo A. Income Tax evasion：A Theoretical Analysis, *Journal of Public Economics*, 1972(1)：323 - 338.

为，若代理人并未按照委托人的条件和要求采取相应行为，则可以说是"不遵从"的行为。国家为了向社会汲取税收，不仅需建立征税官僚机构监督纳税人，而且同时需要激励和监督征税官僚的工作从而降低代理成本[①]。监管活动与征税活动同样作为行政活动，基层监管者在具体监管执行过程中，既作为国家的代理人，遵从国家制定的监管规则，而且也是政府内部其他组织的代理者，与政府系统内不同部门间存在合作关系。若监管者依据其他部门委托任务的条件和要求进行严格执行，则监管者的行为是"遵从"行为，若并未按照委托任务的要求执行任务，则监管者的行为呈现出"不遵从"的特征。正如钟开斌的研究所呈现的，当面对风险的情况下，若监管执行者作为一个诚实的代理人，依据风险发生的诱因进行实事求是的治理，则是"遵从"，体现出了对委托人的诚实；否则选择"变通"，进行"虚假治理"。[②] 因而，在本文中所界定的"调适性遵从"主要是指基层监管者面对代理人监管任务委托时，执行过程中呈现出时而严格执行监管任务和规则，时而又不严格执行监管任务和规则的行为特征。

进一步加以说明的是，基层监管者的"调适性遵从"与"选择性执法"概念具有明显不同之处：第一，执行内容不同。"调适性遵从"执行的是其他组织委托的各项任务要求，同时暗含需要遵守的监管规则，既包括上级政府、也包括同级政府、还包括同级其他部门。"选择性执法"执行的是法律，既包括完备的法律，也包括不完备的法律。[③] 第二，客体指向不同。"调适性遵从"的主体是基层监管执行者，客体是建构不同监管任务的政府内部其他组织，针对不同组织委托的任务而出现相机性遵从。"选择性执行"的主体同样是基层监管执行者，客体则是执法对象，针对具体执法情境采取何种执法手段以及何种执法程度，主要视面临的具体情势变化而定。[④] 第三，两者逻辑关系上来看。"选择性执法"是对基层执法过程中呈现现象的高度概括，并未解释其影响因素。"调适性遵从"则试图从政府体制因素维度对"选择性执法"的产生做出进一步解释，界定选择性

---

① 马骏，温明月. 税收、租金与治理：理论与检验. 社会学研究，2012，27(02)：86—108.

② 钟开斌. 遵从与变通：煤矿安全监管中的地方行为分析. 公共管理学报，2006(02)：70—75.

③ 戴治勇，杨晓维. 间接执法成本、间接损害与选择性执法. 经济研究，2006(09)：94—102.

④ 戴治勇. 选择性执法. 法学研究，2008，30(04)：28—35.

的影响因素。也就是说，由于基层监管者对不同组织任务委托的“调适性遵从”，从而影响其面对监管对象时的执法行为选择。

第三节　研究方法

一、研究方法选取

（一）案例分析法

案例研究的方法能够帮助人们全面了解复杂的社会现象，使得研究者原汁原味保留现实生活中有意义的特征，案例研究方法适合的问题类型为“怎么样”和“为什么”，研究对象是目前正在发生的事件。[①] 本文研究基层监管执行为何出现有时按照规则执行，有时不按照规则执行的行为变异，属于“为什么”的研究问题类型，要求了解到现在监管执法中发生的事件，适合用案例研究的方法。

本文采用案例研究方法中的案例比较分析法。依据罗伯特·K·殷(2004)的论述，任何一种多案例研究设计都要遵循复制法则，清楚明确地预告其会出现相同的结果（逐项复制）或者不同的结果（差别复制），也就是需要设计清楚，在某些条件下，某一特定的现象将有可能出现，或者在某些条件下某一特定现象不可能出现。[②] 那么，我们按照以上理念构建多案例比较分析路径，主要依据“组间差别复制”和“组内逐项复制”的方法进行设计，具体操作见下文。

（二）案例研究对象选取

选取A市H区食药监局为研究对象，主要考虑到：第一，H区所在

① 罗伯特·K·殷著，周海涛主译. 案例研究：设计与方法（第3版）. 重庆：重庆大学出版社，2004：7—8.

② 罗伯特·K·殷著，周海涛主译. 案例研究：设计与方法（第3版）. 重庆：重庆大学出版社，2004：52—53.

A 市是 G 省下辖的一个地级市，该地级市处于珠三角经济带，享受改革开放最新政策，经济发展增速，市场体量不断增加，食品行业市场主体数量不断增多，政府面临较为艰巨的食品安全监管任务。正是食品经营主体的复杂化、多样化，增加监管执行的难度，同时也能够产生监管者与不同监管对象之间丰富的互动关系。此外，G 省在 2015 年被列入国家确立的 11 个食品安全城市创建工作的省市之一，在食品安全监管的组织管理、监管体系、应急体系方面建设比较完善，并且在食品安全监管的投入与技术支撑方面率先进行创新和探索，率先积累丰富的监管经验。确定其为案例研究对象，探讨监管行为，在样本选取方面具有一定代表性。第二，A 市在食品安全监管方面呈现出诸多特色和亮点。不仅在生产经营主体风险分级分类的基础上，建立起“下沉两级”网格监管团队，构建横向与纵向相互结合的监管新机制，创新基层监管体制。而且开展“互联网＋食药监管”和“智慧食药监”的技术建设，构建相对完备的监管制度和开发相对先进的监管技术，为提升基层监管技术水平提供了外部条件，同时在监管制度建设方面突出了典型性和创新性。第三，H 区食药监局管辖区域内部在社区环境特征和市场经济发展程度均存在差别。有的基层监管所处于城乡接合部，有的基层监管所处于商业繁华区，面临的监管对象具有显著的差异性，呈现出多样化的特征，那么政府制定的监管策略也不同。因而，H 行政辖区内存在的经济社会差异能够为我们提供较为全面的研究场景。与此同时，因为同一个辖区内的市场社会环境发展程度不一样，也就是能够确保同一个区内政策制度都一样且其他因素得到控制的情况下，被解释因素的提取具有一定的可靠性。我们的做法是，选取了两个基层监管所作为多案例选取的来源，并提取四种目标群体类型，分别在两个基层监管所做比较分析。

具体来说，案例比较分析法的“组间差别复制”主要体现在，选取同一个 H 区内的两个基层监管所作为研究案例，通过组间比较分析组织所处的特定任务情境差异是否导致监管执行差异（见图 1－6）。“组内逐项复制”则体现在，在各项结构性外在因素都控制的情况下，分析对不同监管对象采取差异化监管行为的内在机制，比较同一个监管所针对四种不同目标群体的监管行为（见图 1－7）。

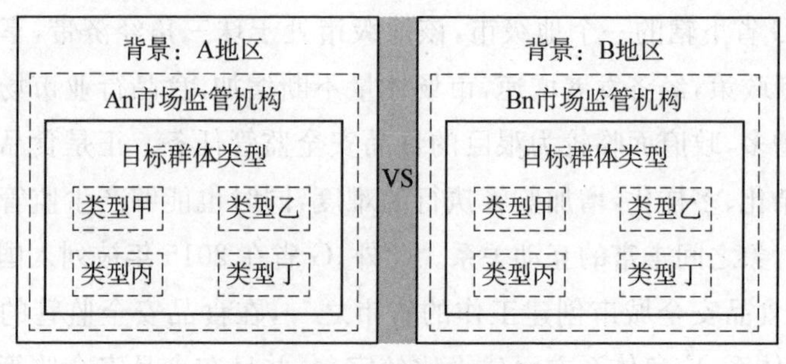

图 1－6　目标群体类型

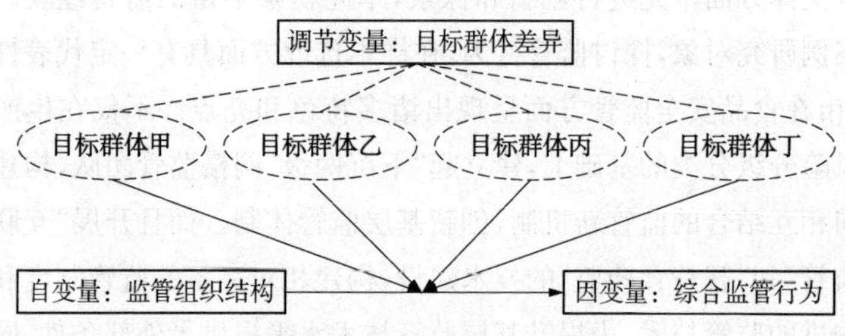

图 1－7　研究变量间的关系

在选取的案例中会涉及到不同的分析层次，同时也会存在多个分析单位，其中最大的分析单位为组织行为。较小的分析单位涉及到人格化的官僚，即组织中的正式公务员与政府雇员。除此之外，监管者与被监管者之间的互动关系也会成为一个独立的分析单位。

二、资料收集方法

（一）参与式观察

参与式观察方法是一种比较合适的资料收集方法。观察者和被观察者一起生活、工作，在密切的相互接触和直接体验中倾听和观看被观察者的言行，不仅能够获得较为感性的认识，而且可以通过观察被研究者的行为随时发问，并且能够深入被观察者内部的文化，了解他们对自己行为意义的解释。①

① 陈向明. 质性的研究方法与社会科学研究. 北京：教育科学出版社，2000：228.

本研究目的是回答政府监管行为变异为何会发生以及带来了何种影响,必须深入到基层政府具体工作深入观察和深入访谈才能更为清楚、细致地了解整个监管过程。通过观察监管者对目标群体的监管过程,深入理解和分析监管行为变化与异化的过程。笔者从 2018 年 4 月底到 2018 年 10 月底在 G 省 A 市 H 区以实习者身份深入调研现场。在 H 区食品药品监督管理局两个不同街道的监管所开展蹲点,分别以副所长和实习干事者身份进入。在蹲点期间与监管人员一同出勤检查,参与组织会议。通过参与式观察,笔者在客观的旁观者和深入的实践者两种角色之间不断来回切换,这样既能够深度感知现实监管的执行情境,又能够保证与研究对象之间的中立性,并对其加以客观评价与分析。参与式观察之余,笔者浏览整个区食药监局办公系统,查找档案文件,进而能够较为客观、真实地捕捉基层监管执行的现实情况。此外,笔者从办公文件系统抓取较多年份的工作文件、各部门间的互动文件等二手资料,作为对一手资料的补充。

(二)文献收集法

任何与研究对象有关的各种信息的载体表现形式,都可以被归为文献,主要包括个人回忆、官方文件以及新闻媒体报道等具体文献形式。本研究关注基层政府对制度文本的执行,所以通过文献资料收集方法,收集在不同时期的政府制度文件、任务下达文件等相关二手资料。主要收集有 H 区地方志、会议文件、工作档案、政府网站公开的信息,以及各级市场监督管理局公开的信息。此外,利用现有公开的数据库,比如食品药品监督管理年鉴、财政年鉴、行业年鉴、地方政府统计年鉴等资料充实已有的材料。

(三)深度访谈法

笔者在调研期间参与具体事务的同时,对不同级别以及不同岗位的监管人员进行深度访谈。首先,通过提前预约的形式,先后访谈 H 区食药监局食品科、人事科、综合协调科、法规科等科室主要负责人。采取座谈会的形式,获取各位负责人结合自身工作经历对基层监管执行的看法,以及在开展具体监管任务过程中面临的问题和挑战。其次，在两个基层监管所开展蹲点调研期间，分别对书记、所长、副所长进行深度访谈，更深一步了解他们对基层监管执行的主要做法，以及对被监管者的看法。更为重要的是，访谈到他们在基层一线监管执法中发生的有趣而又充满矛盾的故事。再次，在工作情境之外，经常与研究对象开展非正式沟通，这样可以营造相对轻松和愉快的交流氛围，从而拉近与监管者之间的距离。比如在一同外出检查或者就餐途中，如朋友之间的关系进行闲聊。当被访谈者在相对放松的情况下，他们表达出的信息更加真实。最后，借助与监管者一同参与检查的契机，对被监管者展开访谈，从而了解他们对监管的态度和想法，并做出进一步追问。

三、质性材料的信度与效度问题

案例研究同样关注资料的信度和效度。效度是指定性研究中所呈现与实际情况相符的程度，即对某一社会现象进行细致研究再现其本质的正确性程度。[①] 为了保证收集案例材料的效度，在收集各项资料过程中尽量做到全面，在文献资料收集基础上，加以各种统计年鉴、官网和报道等来获取资料，尽量收集到较为全面的信息。

为了增强收集到资料的可靠性，尤其防止访谈对象可能提供偏离真实情况的现象，以及故意隐瞒真实情况等问题，主要采取：第一，多方求证和多次重复的方法，对同一个问题访谈多个人，在不同场合对同一个对象进行重复验证，以甄别收集信息的真伪。第二，在进入现场前期难以快速建立彼此信任的关系，而通过相处过程中与访谈对象保持良好沟通，建立良好的信任关系，建立私交以及友好关系来进一步获得真实数据。第三，事先收集需要访谈的材料，并与访谈后获得的材料信息进行比对和验证，以摘取相对真实可靠的信息。第四，若调研中对多人提问的问题大家的回答都具有普遍一致，那就是相对可信，否则再通过查阅政府相关文件、统计资料等信息加以辨别。

① 陈向明. 质性的研究方法与社会科学研究. 北京：教育科学出版社，2000：389.

第二章 文献综述与分析框架

与西方国家受到规则制定中监管捕获的困扰所不同，我国监管体系建设面临的更为严峻挑战是来自监管执行。① 监管执行作为运用监管权力对监管对象行为进行纠正的过程，执行得好与坏直接影响到监管效果。设计优良的监管政策如果能够被有效执行，那么就能够提升监管绩效。已有研究中，对影响监管绩效的因素展开了丰富的讨论，我们梳理了围绕食品安全领域的政府监管现有研究，试图从结构特征视角、制度分析视角、工具运用视角和行为过程视角，分别阐释影响监管绩效的体制性因素、制度性因素、工具性因素和个体行为因素，进而找到继续研究的突破口。

第一节 文献综述

一、监管型国家构建的中国研究

中国的监管国家构建有哪些特征？中国又该如何构建监管型国家？成为学者们讨论中国监管情境的研究旨趣。Glaeser(2003)就曾鲜明指出，西方的国家监管是建立在市场和社会发展充分的前提下，中国则是在

① 黄冬娅，杨大力．考核式监管的运行与困境：基于主要污染物总量减排考核的分析．政治学研究，2016(04)：101—112．

市场和社会力量尚且不健全的情况下开启了监管的议程，这意味着我国构建监管型国家拥有自身独特的路径。① 监管国家构建对任何一种政体和市场经济形态都承载着重要性。于政治而言，监管国家的构建应当是从非民主化政体中能够开发政治过程。于经济而言，政府是否能够管理好持续增长的市场经济取决于国家在资本游戏中如何学会做一个公平公正的裁判者。中国的市场化改革试图重建一个市场主导型的经济发展模式，一方面推行政企分开，要求国有企业脱离政府部门，另一方面增强中央政府权威性，设立专业性的监管机构，进行一系列变革政府机构、增强官僚机构能力的改革，这些无不表征着监管型国家正在中国兴起。②

中国监管型国家构建是一个不断探索政府与市场、社会边界的过程，仍面临诸多困境。食品监管职责是附加在原有药品监管机构职能基础上扩充而形成，食品监管的重心仍显不足。监管权力的碎片化和职责边界的模糊不清导致监管能力受到损害。③ 监管权力难以受到约束也是导致监管政策失灵的重要原因。④ 处于转型期的监管机构，缘于单一职权与多元政策目标间的矛盾，使得运动式的监管风格阻碍监管长效机制的建立，监管者也没有能力与专家和民众形成广泛的政策联盟，这都导致了监管部门无法自主地根据社会长远利益的最大化制定相关政策。⑤

加之，食品安全领域“有限准入”监管理念下的设租之争，运动式围堵(无证)催生机会主义违规行为，以及过度依赖正式处罚导致“管不胜管、防不胜防”的监管困局，都对构建破解监管困局，重塑政府与市场关系提

① Glaeser E L, Shleifer A. The Rise of the Regulatory State. *Journal of economic literature*, 2003,41(2): 401-425.

② Pearson M M. Governing the Chinese Economy: Regulatory Reform in the Service of the State. *Public Administration Review*, 2007,67(4): 718-730.

③ Tam W, Yang Dali. Food Safety and the Development of Regulatory Institutions in China. *Asian Perspective*, 2005,29(4): 5-36.

④ 胡颖廉，李宇. 监管型国家制度变迁的动因和特征. 中国行政管理，2012(08)：59—63.

⑤ 胡颖廉. 监管型国家的中国路径：药监领域的成就与挑战. 公共行政评论，2011,4(02)：70—96.

出了使命性的要求。[①] 应然状态下，政府是市场监管而非计划监管，侧重的是对市场机制的补充，“中立性”和“专业化”是监管国家的重要特征。前者是指相对于市场的中立，后者是指监管由专业人士进行，通过专业性使得政治的干预变得外行。不得不指出，现在本土监管国家的构建日益依赖正式规章制度，监管仍然存在走过场和形式化的问题。地方政府往往以完成表面要求能够交待和规避责任为工作目标，通过留下监管痕迹表明已经尽到监管职责，而监管工作是否落到实处，是否真正能影响到企业的实际行为，似乎已经不是监管者的能力范围之内的事情，监管的专业程度仍然被削弱。[②]

然而，中国构建监管国家具有重要的价值意义。马英娟(2006)也指出了中国建构监管国家的意涵：第一，政府必须从全面控制经济中退出，行政任务从计划经济体制下的行政管理转向市场经济体制下的监管。第二，监管是一种与企业保持适当距离的外部控制方式，即使受监管企业属于国有，经营权与监管权也是相互分离的，二者之间保持一种相对独立的关系。第三，监管强调基于规则进行，一般通过明确的监管法或监管合同来约束监管机构和受监管企业之间的关系，从而实现客观、公正的监管。第四，市场经济体制下的政府监管是一种基于规则的、与市场主体保持适度距离的外部规范和控制形式，强调监管的公正、透明、专业、独立、可信和可问责。[③] 刘鹏(2009)的研究进一步打开了我们认识监管型国家的视野，他横向对比分析了四种不同类型国家向监管型国家转变的原因和特征(表2-1)，认为兼具市场与计划特征的监管型国家治理模式已经成为了一股浪潮，提高监管体系的运作质量以及建立一个符合本国实际的高质量监管体系是主要的任务。[④]

---

① 刘亚平. 中国式“监管国家”的问题与反思：以食品安全为例. 政治学研究，2011(02)：69—79.

② 刘亚平，蒋绚. 监管型国家建设的轨迹与逻辑：以煤矿安全为例. 武汉大学学报(哲学社会科学版)，2013，66(05)：67—74.

③ 马英娟. 监管型国家的崛起与中国行政法学面临的新课题. 中国法学会行政法学研究会. 行政管理体制改革的法律问题——中国法学会行政法学研究会2006年年会论文集. 中国法学会行政法学研究会：中国法学会行政法学研究会，2006：5.

④ 刘鹏. 比较公共行政视野下的监管型国家建设. 中国人民大学学报，2009，23(05)：127—134.

表 2-1　四种不同类型国家向监管型国家转变的原因及特征

国家类型	典型代表	兴起的原因	主要特征
自由放任主义国家（市场型体制）	美国	公司经济的兴起使得自由放任主义失灵	成立独立、专业的监管机构来干预市场，旨在促进有效竞争，化解社会危机
积极性国家（风险型体制）	西欧国家	民营化运动；欧盟力量的推动；现代风险社会的来临	建立相对独立于企业之外的监管机构来打破国有垄断，防范社会风险，保障国家安全
发展型国家（产业型体制）	东亚、拉美国家	发展型模式的积弊引发经济和财政危机；政府通过放松监管来缓解危机，并通过重新监管的方式防范市场失灵	重新建立的独立监管体系带有强烈的发展型国家色彩；比较重视政府部门与公营企业的作用，采用政监合一的模式；监管改革的目标在于维护有效竞争，推进产业发展，化解经济危机
指令型国家（部门型体制）	俄罗斯、东欧国家	用过度私有化来纠正指令型模式，结果带来了“监管黑洞”，经济、政治和社会危机爆发	削弱少数工业及金融寡头的垄断力量；监管体系的运作质量较低；传统的工业内阁部门依然扮演重要角色，一些领域的民营化程度有限，监管机构的产业独立性较低

中国的监管型国家构建仍然在不断探索和建设之中，已有研究突出讨论监管型国家构建的主要路径及其评价。那么通过建立具有相对独立性、专业性的监管机构是应有之义，也成为了大家的共识，而对这方面的讨论也更多集中在宏观层面。一方面来看，从国家建设的角度看到顶层关于监管职能方面的设计，另一方面来看，则有可能由于是居于宏观的层面，而忽视了监管型国家构建中需要关注的其他变量因素，且这些因素也会影响到监管型国家构建。比如，我国多层级治理结构和多元化治理的特征，他们将会影响监管型国家的塑造路径。除此之外，从相对中观层面出发分析监管型国家的构建，就是将目光转移到监管执行上来，而监管执行过程本身又是一个能够提供观察层级结构和监管行为的场域。我们从监管执行出发不仅能够继续分析监管型国家构建的路径，而且还能够较好呈现基于我国特定情境下的监管型国家构建特征。正如胡颖廉（2011）

谈到的，良好的意愿在政策执行中遭遇重重阻力，而应当将监管机构与政策嵌入到市场、政府与民众的视野中来寻求解决之道。[①] 那么基于同一个理念，我们将从不同视角来分析食品安全监管领域中执行互动过程。

二、食品安全监管研究中四种竞争性解释

（一）结构特征视角

中央与地方之间权责关系配置结构影响监管政策执行效果。"碎片化威权主义"的中国权力结构基本特征，在监管领域表现得更为明显。[②] 监管权责在纵向中央与地方之间，在横向的政府各部门之间的不同配置，形成监管执行效果的差异。

1. 纵向监管权配置维度

中国存在两种监管体制，即中央集权的监管体制和地方分权的监管体制，前者主要由中央政府在各地区设立垂直管理的监管机构，直接负责各地区的监管事务。后者则是由地方政府负责本地区的监管事务，在中央政府的监督和指导下，管理设立在本地区的监管机构。[③] "碎片化权威"的存在，中央政府倾向于将监管从水平管理转为垂直管理，以减少腐败问题产生的可能性。以大量监管机构嵌入到省级层面的方式，力图通过建立标准化的政策措施消除地方保护主义。[④] 然而，垂直管理体制并非一垂就灵，监管机构的独立性仍然成为一个问题。比如当地方政府可能利用手中资源俘获监管机构，监管机构不一定有激励依法监管，尹振东(2011)通过对中央政府、地方政府和监管机构的博弈模型分析发现，当监管任务相对容易考核和项目造成较大损失时，垂直管理体制能够减弱地

① 胡颖廉. 监管型国家的中国路径：药监领域的成就与挑战. 公共行政评论，2011，4(02)：70—96.

② Lieberthal，K，Oksenberg M. *Policy Making in China*：*Leaders*，*Structures*，*and Process*. Princeton：Princeton University Press，1990.

③ 曹正汉，周杰. 社会风险与地方分权——中国食品安全监管实行地方分级管理的原因. 社会学研究，2013，28(01)：182—205.

④ Mertha，A C. China's "Soft" Centralization：Shifting Tiao/Kuai Authority Relations. *The China Quarterly*. 2005(184)：791 - 810.

方政府的干扰[①]，他认为垂直监管体制有效性的实现，是需要特定前提条件的。

然而，分权化监管体制并非没有效率。中央与地方分权监管能够使得地方政府设计出与本地环境相适应的监管政策，具有较高安全意识的公众，能够说服地方官员关注民众提出的要求，增强对食品安全本身的重视，从而避免地方政府在压力型竞争体制下持续地以牺牲安全为代价强调经济增长。[②] 此外，分权还能够带来同级政府间竞争，抑制监管者对大企业的寻租，能够使得地方政府在信息和监管操作具有便利性，因而比中央政府更有信息优势。[③] 亦有学者指出，中央集权和地方分权在何种情况下有效，还取决于监管对象的特征。当监管对象更为分散化、多样化时，中央集权的监管可能恰恰会是无效的。在多样化和分散的监管环境下，统一规则的成效往往因地而异，它因无法照顾到公众对不同食品不同层次的需求而出现效果的差异。[④]

无论是中央集权还是地方分权，似乎在监管绩效上都有相对的优劣势，单方面认为中央集权优于地方分权，抑或地方分权优于中央集权都不太合乎实际，也似乎更难得出哪种监管体制更具有优势，总是存在两难的矛盾。如果采取地方分权的方式，不同地方在执法力度上的差异使得食品企业钻政策漏洞，产生执法困难。如果采取地方政府管理和职能部门垂直管理相结合方式，又会导致地方政府与垂直管理单位之间矛盾的新增。[⑤] 若从监管手段上来看，当政府日益依赖市场准入监管手段时，监管权力将要求向中央政府集中，当政府越来越依赖信息披露的监管手段时，

---

① 尹振东．垂直管理与属地管理：行政管理体制的选择．经济研究，2011，46(04)：41—54.

② Tang, S Y, CarlosWing H L, Kai C C, Jack M K L. Institutional Constraints on Environmental Management in Urban China: Environmental Impact Assessment in Guangzhou and Shanghai. *The China Quarterly*, 1997(152)863 - 874.

③ 蒋绚．集权还是分权：美国食品安全监管纵向权力分配研究与启示．华中师范大学学报(人文社会科学版)，2015，54(01)：35—45.

④ 刘亚平，杨大力．食品安全的社会性监管与地方分权．法律和社会科学，2015，14(02)：136—153.

⑤ 刘亚平．美国食品监管改革及其对中国的启示．中山大学学报(社会科学版)，2008(04)：146—153.

则要求监管权力向地方政府甚至基层政府倾斜。[①] 由于市场监管权在中央和各级政府之间应该如何配置尚未清晰，那么仅仅依靠中央政府的三令五申和文件要求难以真正起到实际效果。[②]

2. 横向权力配置维度

监管权在横向维度的配置主要考察其在不同部门间的权责配置关系。对合并监管和分头监管孰优孰劣问题的不同回答，构成了对监管权分段监管还是集中监管权威的不同讨论。分段监管体系被产业、质量、卫生、工商等多个部门所分割，部门间责任划分不清也导致了在有些领域各监管机构相互越界争夺监管权，而在另一些领域却又各自为政，导致监管空白和监管重复的问题。[③] 此外，监管多元主体合作带来一定的效果，但是由于在不同的监管权力来源之间往往缺乏成熟的合作机制，甚至根本不存在合作机制，交叉监管、彼此冲突、过度监管的趋势大为加剧了。[④] 加之，分段监管体制并未很好地发挥其各部门分工监管的专业优势，反而增加了部门之间协同监管的协调难度，模糊监管部门的问责机制。[⑤] 对比两种监管体制，分头监管体制下，监管部门存在“搭便车”现象。在提升生产安全水平的概率前提下，合并监管能够将监管努力的外部性内部化，消除监管不足的问题，在这种情况下，分头监管劣于合并监管。[⑥] 此外，多部门参与的监管意味着横向不同科层组织对同一项监管政策的执行，但是不同科层部门的目标、激励与约束差异性，将会导致整个科层结构呈现出一种高度分化的状态，使得执行面临的结构性摩擦增

---

① 刘亚平，杨大力. 食品安全的社会性监管与地方分权. 法律和社会科学，2015，14(02)：136—153.

② 刘鹏. 中国市场经济监管体系改革：发展脉络与现实挑战. 中国行政管理，2017(11)：26—32.

③ 王耀忠. 食品安全监管的横向和纵向配置——食品安全监管的国际比较与启示. 中国工业经济，2005(12)：64—70.

④ 经济合作与发展组织编，陈伟译，高世楫校. OECD国家的监管政策——从干预主义到监管治理. 北京：法律出版社，2006：178.

⑤ 刘鹏. 中国食品安全监管——基于体制变迁与绩效评估的实证研究. 公共管理学报，2010，7(02)：63—78.

⑥ 李军林，姚东旻，李三希，王麒植. 分头监管还是合并监管：食品安全中的组织经济学. 世界经济，2014，37(10)：165—192.

大，增加政策被扭曲执行，背离设计初衷。① 总体上看，以政府多个部门切块分段共同管理的模式进行食品安全监管，将会带来部门间协调冲突问题。②

然而，分头监管并非没有优势。Laffont & Martimort(1999)构建委托代理模型中的逆向选择分析框架后发现，分头监管能够遏制厂商和监管者之间共谋行为的发生。③ 具体而言，在食品安全领域几个监管机构都控制市场中一部分的分段式监管格局，使得各个部门在某一个环节中拥有垄断地位，但是没有一个部门能够完全控制这一市场。这样一来，各个监管机构之间的彼此竞争关系，能够起到信息披露作用，从而减少上级政府的监督成本。④ 事实上，国家此前组建的综合协调性机构，正是一种垄断式监管的尝试。⑤

横向不同监管机构之间该如何分配监管权关系进而提高监管效率，这一问题在理论上和实践上都没有得到很好解决。频繁发生的食品安全事件，暗示着监管权分配存在过于分散的问题，容易形成监管漏洞。有学者总结目前国际上存在的两种监管机构设置方式，独立于行政部门（如美国的独立管制委员会）的监管机构(IRAs)和隶属于传统行政部门(DRAs)的监管机构。我国曾经将部门监管机构设置在国家部内，这样利于监管职能整合和政策协调，但同时应该确保监管机构能够基于总体原则独立执行监管政策，不受相关利益方，甚至是掌握企业垄断权的行政机关的干扰。⑥ 此外，监管机构独立性问题是监管权在横向不同部门间配置无法忽略的问题。即使目前监管模式存在分散化和集中化的不同组合方式，而以后的改革方向将是权衡监管体制的协调性和专业

---

① 陈家建，边慧敏，邓湘树. 科层结构与政策执行. 社会学研究，2013，28(06)：1—20.

② 张晓涛，孙长学. 我国食品安全监管体制：现状、问题与对策——基于食品安全监管主体角度的分析. 经济体制改革，2008(01)：45—48.

③ Laffont，J. J，Martimort D. Separation of Regulators against Collusive Behavior. *The Rand Journal of Economics*，1999：232 - 262.

④ 刘亚平. 中国食品监管体制：改革与挑战. 华中师范大学学报（人文社会科学版），2009，48(04)：27—36.

⑤ 刘亚平. 中国式"监管国家"的问题与反思：以食品安全为例. 政治学研究，2011(02)：69—79.

⑥ 马英娟. 大部制改革与监管组织再造——以监管权配置为中心的探讨. 中国行政管理，2008(06)：36—38.

化，实现机构设置嵌入产业发展与风险类型之中。[①] 2018 年国家顶层设计提出的“大市场-专药品”食药安全监管机构模式超越了机构简单拆分与合并，而是跨越机构界限，协调起综合覆盖与专业监管之间关系的一种努力。[②]

为改变横向监管权分散和集中的两种状态，戚建刚、刘菲(2016)提出竞争性监管执法的方式，认为可以在食品安全监管领域，国家法律规范授权具备法定条件的公共组织就某一或某些食品安全法律规范的执行与相应监管机关之间展开比赛。[③] 同时，不同的公共组织之间，以及同一公共组织内部成员之间就执法资格也展开角逐，并承担独立法律责任。竞争性似乎成为介于监管权分散和监管权集中之间的一种过渡形态。在现实中，容易出现社会风险的食品监管领域更多是一块烫手山芋，各个部门都不愿意竞争过多的职责。

3. 多主体共享监管空间

关于监管权配置的讨论，在国际上出现了一种突破政府体制内部分配格局，主张多主体间共享发展的趋势。正因为监管职权配置变得越来越分散，监管权力的运用日益在国家或超国家层面展开。中央政府倾向于和第三方标准展开合作，向社会分包(contract out)，由此出现了监管空间。[④] 智慧监管理念认为，超越传统的政府监管者角色，监管的第二主体甚至第三主体都可以成为监管者，比如贸易伙伴和供应商、行业协会组织、社会公众等。[⑤] Scott(2001)进一步提炼和细化“监管空间”的概念，提醒我们应该更加关注监管过程中的协商过程，包括规则的形成和实施过程。实际上，监管空间存在这样一种隐喻，掌握信息、财富和组织能力等

---

① 胡颖廉. 统一市场监管与食品安全保障——基于“协调力-专业化”框架的分类研究. 华中师范大学学报(人文社会科学版)，2016，55(02)：8—15.

② 刘鹏，刘嘉，李和平. 综合吸纳专业：放管服背景下的食药安全监管体制改革逻辑. 华南师范大学学报(社会科学版)，2018(06)：100—108.

③ 戚建刚，刘菲. 论竞争性食品安全监管执法制度. 武汉大学学报(哲学社会科学版)，2016，69(03)：113—121.

④ 经济合作与发展组织编，陈伟译，高世楫校. OECD 国家的监管政策——从干预主义到监管治理. 北京：法律出版社，2006：153.

⑤ Gunningham N, Grabosky P, Sinclair D. *Smart Regulation: Designing Environmental Policy*, Oxford University Press, 1998.

相关资源的监管权是分散而且碎片化的，主要分散在政府机构和非政府机构之间。这些资源所融合的信息和组织能力不仅能够对被监管企业产生信息权威，而且对正式规则的形成和规则实施过程产生重要作用。因而，不仅仅只是政府科层组织拥有监管的关键资源，而且其他利益相关的组织也同样能够具备，彼此之间相互依赖，进行着复杂、动态的协商与谈判。①

在监管空间中，各个组织拥有分散的资源，意味着监管者不具备超越正式与非正式权威的垄断地位。Scott(2004)在另一篇文章中批评以国家制定法律为中心的监管，认为应当转向那些即使是非直接的，却能够发挥约束作用且能够达到对规则的控制，可以建立更丰富的规则和制度安排来构建监管的理论，从而建立"后监管国家"。② Holden(2015)也实证分析了 FDA 和 EPA 两个监管部门监管权发生重叠的情况下，通过非正式合作能够在没有国会正式授权合作的情况下，彼此妥协利益并达成合作，产生共享监管空间。③ 可以说，监管空间中的社会参与监管得到强化，政府在监管方面的权力稍微弱化。由公众社会或者商业行动者发起的监管形式不再仅仅是可选择的或者是重要的补充，而是作为公共政策有效的重要前提条件。④

可以说，多主体参与的监管空间是具有普遍性的，而且大部分研究者认为行业协会是监管空间讨论中绕不开的重要参与主体，自发性行业协会的集体行动往往能够成为政府监管的重要补充。⑤ 例如行业协会内部

① Scott, C. Analysing Regulatory Space: Fragmented Resources and Institutional Design. *Public law*(summer), 2001: 329 - 353.

② Scott, C. *Regulation in the Age of Governance*: *The Rise of the Post-Regulatory State*// Jordana J, Faur D L. The politics of regulation: Institutions and regulatory reforms for the age of governance. Massachusetts: Edward Elgar Publishing Limited, 2004: 145 - 176.

③ Holden, Mark. Fda-Epa Public Health Guidance on Fish Consumption: A Case Study on Informal Interagency Cooperation in Shared Regulatory Space. *Food & Drug Law Journal*, 2015, 70(1): 101 - 142.

④ Steurer, R. Disentangling Governance: A Synoptic View of Regulation by Government, Business and Civil Society. *Policy Sciences*, 2013, 46(4): 387 - 410.

⑤ King, A A, Michael J L. Industry Self-Regulation without Sanctions: The Chemical Industry's Responsible Care Program. *Academy of Management Journal*, 2000, 43(4): 698 - 716.

通过设定明确的制裁措施，使得经营者之间通过同构效应、组织模仿等非正式关系提升监管环境的制度化水平。Gunningham & Rees(1997)也将行业自律认为是潜在的监管工具，在具有规范期待的制度化场域内，往往能够发展出行业自律体系。行业组织通过设立规则和标准，要求企业行为的一致性，同时建立约束企业行为的行业道德，以此来消除行业组织内部的障碍。由此，一系列行业内的活动塑造了企业正确行为，并且让企业受到道德约束和鼓舞，进而能够恪守公共承诺。因而，行业能够形成制度化的责任，能够让企业有外在的压力促成经营行为符合个人利益的同时也考虑公共利益。[①] 不过行业协会参与监管也存在某种约束条件，行业协会是否可以发挥作用取决于政府的监管空间以及行业协会能力的大小。当行业协会能力不足时，政府出于风险考虑不会与其合作，行业协会无法参与共治；当行业协会具备一定的合作能力，但政府监管空间过大时，行业协会也难以参与共治。只有当政府缩小监管空间使得其与行业协会的合作收益为正时，行业协会参与社会共治才会真正发挥提升食品安全治理的效果，且政府的监管空间越小，行业协会能力越强，行业协会参与共治就越有可能。[②]

由此也可以看出，政府积极投身到食品行业监管中，面对监管资源不足的窘境，政府逐步出现了合作监管的意向，形成多主体参与的合作监管形式。Marian et al(2007)研究发现公共部门和私人部门一起制定新的规则是公私合作监管最为重要的一个要素，比如采取达成协议、形成约定、甚至是定期立法的方式。此外，认为公私部门合作监管的努力主要集中在四个阶段以达到监管的有效性和经济性：设定食品安全标准(regulatory standard-setting)、过程实施(process implementation)、强制执行(enforcement)和监督(monitoring of business performance)。在合作监管过程中，食品生产企业的顺从和遵守规则的程度，往往能够决定在多大程度上可以达到所设定的目标，对于那些遵从规则的企业，监管者

---

① Gunningham, N, Rees J. Industry Self-Regulation: An Institutional Perspective. *Law & Policy*, 1997, 19(4): 363－414.

② 谢康，杨楠堃，陈原，刘意. 行业协会参与食品安全社会共治的条件和策略. 宏观质量研究，2016，4(02)：80－91.

主要通过建议和教育而不是强制性行动。由此，在合作监管中，可以辨别出私人和公共部门在合作中的动机，以及私人的和社会的成本与收益。①

与此同时，合作监管也存在令人担忧之处，比如潜在的监管捕获问题和监管公平性问题。由于监管者放置过多注意力在监管需要的成本方面，而在能够为消费者和食品企业带来监管利益的关注不多。合作监管还会导致政府过多关注有主要地位的食品制造企业和零售商，增加监管过程中的不公平性。对此，合作监管的有效实现，需要政府、企业和其他利益相关者彼此相互信任，从而能够让高质量的信息资源进入到监管过程之中。Garcia Martinez. et al(2013)还检视了公私合作监管存在的风险，认为由于合作制度安排可能存在的混杂性，以及公私部门行动者之间信息共享的不透明性，公共部门将会选择被动回应变化的风险和行业环境，因而公共部门存在被行业利益捕获的风险。②

综上对监管权在纵向和横向两个维度，以及多主体之间的不同配置关系进行了阐述，从中可以发现，监管权的争论并未停止，也尚未对监管权的配置达成基本共识。从食品安全在垂直管理、属地管理之间的频繁互换，以及在横向上的合并与分离可以看出，机构设置以及职权的变化对监管绩效的影响并非一个稳定的因素，到底是垂直还是属地，到底是分权还是集权，何种设置方式才能提高监管绩效，目前来看没有形成内在统一，因此还需要寻找其他方面的解释。

（二）制度分析视角

制度分析视角聚焦不同制度情境下的政府监管效果，分别形成了以制度为自变量、以制度为因变量、以制度为调节变量的研究进路。

---

① Martinez, M G, Fearne A, Caswell J A, Henson S. Co-Regulation as a Possible Model for Food Safety Governance: Opportunities for Public-Private Partnerships. *Food Policy*, 2007, 32(3): 299-314.

② Garcia M, Marian, Verbruggen P, Fearne A. Risk-Based Approaches to Food Safety Regulation: What Role for Co-Regulation?. *Journal of Risk Research*, 2013, 16(9): 1101-1121.

1. 制度安排直接影响监管效果

具体而言，政府系统内部的激励机制与约束机制导致执行政策的扭曲和异化。制度因素中的法律法规设定、奖惩机制安排、问责和复查机制都是监管人员行为的基本制约因素和框架准则。[①] 地方政府受到扭曲的科层内部激励机制影响，从而产生追求短期政绩的期待，[②]选择性执行明显不受百姓欢迎的政策。[③] 上级政府想要控制下级政府，也由于基层政府之间非正式组织行为普遍存在，导致监督、激励制度与组织目标和组织环境等不兼容，致使上级政府监控下级政府的考核检查往往失败。[④] 由于食品安全监管与地方经济发展产生激励不相容，地方政府对于食品安全监管部门能力建设没有投入太大的激励机制，难以改变基层监管力量孱弱的局面。[⑤] 地方政府监管那些承担政策性负担的企业，会出于政策目标及政策绩效等考量，不得不放任、掩饰甚至庇护发生了食品安全事故的企业。[⑥] 而当具有检测权与处罚权合一的监管机构面临结果考核激励制度时，监管机构由于缺乏信息公开的动力，反而会造成虚报和瞒报信息的负向激励。监管权力垄断而社会监督不足也会导致监管机构设租寻租而产生官商合谋现象。[⑦] 此外，当激励制度与政策路径变量相互影响时，能够组合形成出多样化的政策执行。行政性执行（明晰性高、激励性强）、实验性执行（明晰性低、激励性强）、变通性执行（明晰性高、激励性弱）和象征性执行（明晰性低、激励性弱）（见表2-2）。[⑧]

---

① 杨大瀚，魏淑艳. 中国政府监管失效的因素模型构建研究——基于扎根理论的分析. 东北大学学报(社会科学版)，2016，18(04)：381—387.

② 周雪光. “逆向软预算约束”：一个政府行为的组织分析. 中国社会科学，2005(02)：132—143.

③ O'brien，K J and Li LJ. Selective Policy Implementation in Rural China. *Comparative Politics*，1999，31(2)：167-186.

④ 艾云. 上下级政府间“考核检查”与“应对”过程的组织学分析——以A县“计划生育”年终考核为例. 社会，2011，31(03)：68—87.

⑤ 刘鹏. 中国市场经济监管体系改革：发展脉络与现实挑战. 中国行政管理，2017(11)：26—32.

⑥ 龚强，雷丽衡，袁燕. 政策性负担、规制俘获与食品安全. 经济研究，2015，50(08)：4—15.

⑦ 全世文，曾寅初. 我国食品安全监管者的信息瞒报与合谋现象分析——基于委托代理模型的解释与实践验证. 管理评论，2016，28(02)：210—218.

⑧ 杨宏山. 政策执行的路径—激励分析框架：以住房保障政策为例. 政治学研究，2014(01)：78—92.

表 2-2　公共政策执行的“路径-激励”分析框架

		对地方政府的激励性	
		强	弱
政策路径的明晰性	高	行政性执行	变通性执行
	低	实验性执行	象征性执行

基层的监管执行同样也是多方利益博弈的结果，政府部门与利益相关者形成利益共同体。[①] 地方政府在监管中存在多重角色，成为诸多行动中的代理人，其他利益取向和影响力各异的委托人都试图向这个代理人提出各自诉求并施加影响，由此形成复杂的利益结构。地方政府与上级政府、企业、职工之间产生差异的行动策略，包括敷衍与瞒报、结盟与庇护、忽视与维稳。[②] 此外，将一般性的监管机构与其他政府机构进行区分，还可以发现属地政府、监管者和企业之间存在一个较长的利益链条。不同于单一的监管者与企业的合谋，属地政府委托监管者负责对市场活动的监管，企业向监管者行贿以争取放松监管，监管者选择向政府分利以获得庇护。企业、监管者、属地政府三者间的利益链条更加剧了监管失效的产生。[③] 而其中，由于决策者是特定激励结构下的行动者，行政科层对主政官员形成强激励、辖区公众对其形成弱激励，且二者的激励内容互不相容，往往导致官员采取运动式执法的方式进行监管。为扭转弱激励的局面，则需要辖区公众进入并影响科层激励过程，进而改变激励的形态。[④]

2. 政府监管制度供给的进一步完善

中国目前的监管体系普遍存在监管不力的问题，被认为是由于监管

---

① 陈玲，薛澜．“执行软约束”是如何产生的？——揭开中国核电谜局背后的政策博弈．国际经济评论，2011(02)：147—160.

② 韩巍．治理结构、利益与激励：中国政府安全生产管理价值的制度基础．中国行政管理，2016(10)：135—139.

③ 李智永，景维民．政府经济人视角下市场监管中的政企合谋．经济体制改革，2014(06)：37—41.

④ 吴元元．信息基础、声誉机制与执法优化——食品安全治理的新视野．中国社会科学，2012(06)：115—133.

体系设计不科学，或者立法缺位，或者独立性不足，或者权力配置未能理顺而造成的。那么，建立现代意义上的监管体系，马英娟(2008)认为需要完善监管机构的独立性建设，需要监管机构独立于既有经营者，拥有独立的人事任用和经费来源的权能，免于政治上的不当干预。比如通过构建委员会制度确保监管机构的独立、专业与公正，实现监管政策的连续性和问责性。[①] 林闽钢、许金梁(2008)在如何增进政府监管的制度供给安排方面提出了对策建议：推进食品安全法制化建设，集中食品安全管理职能，转变食品安全执法的职能，重构地方政府食品安全规制的行政问责制度，建立健全食品安全制度和标准体系，完善地方政府食品安全规制的信息披露机制，扶持食品行业协会的发展，重构地方政府规制。[②] 张楠迪扬(2014)主张学习监管经验较为丰富的地区，比如借鉴香港在法例、追踪机制主体及配套机制等方面的经验建构食品追踪机制。用法例约束食品进口商、供应商的行为，将其作为惩处不法行为的依据，建构兼具效率和效能的追踪机制，制定适应本地的执行标准及流程，建立群众上诉机制作为食品追踪机制的配套机制和纠错机制，为不满政府判决者提供相应的申诉渠道。[③]

3. 政府监管制度执行的调节性作用

政府监管制度对企业的违规行为具有调节效应。当政府监管不力，企业败德行为的收益高于创新的收益时，企业通过逆向选择和模仿扩散等机制对具有规模和创新优势的企业产生“挤出效应”，形成行业大范围的“群体性败德行为”。[④] 政府监管执行的严厉性调节立法监管的效果。单纯的立法并不能显著抑制违法行为发生，而只有在执法力度严格以及当地违法问题相当严重的情况下，通过立法监管才能起到明显的环境改

---

① 马英娟. 大部制改革与监管组织再造——以监管权配置为中心的探讨. 中国行政管理，2008(06)：36—38.

② 林闽钢，许金梁. 中国转型期食品安全问题的政府规制研究. 中国行政管理，2008(10)：48—51.

③ 张楠迪扬. 食品追踪机制的制度建构：香港经验的启示. 中共浙江省委党校学报，2014，30(01)：42—49.

④ 李新春，陈斌. 企业群体性败德行为与管制失效——对产品质量安全与监管的制度分析. 经济研究，2013，48(10)：98—111.

善效果。[①] 此外，政府的监管力度与监管效果之间并非线性关系，加大监管力度对生产经营者食品安全违规行为的影响具有两面性。在某些情形下，随着监管力度的增强，食品安全违规行为反而逐渐增多（"监管困境"）。同时，生产经营者的平均收益水平和行业总体收益水平也会相应降低（"违规困境"）。食品安全监管制度应从单纯增加监管总量的制度安排转变为结构动态优化的"监管平衡"制度安排，即生产经营者、消费者、监管者之间的相互制衡。[②]

（三）工具运用视角

就目前政府监管手段而言，普遍采取的是政府主导，企业被动执行要求的一系列监管工具，是一种典型的"反应型食品安全监管模式"。对此，任燕（2011）提出政府应该转变监管模式，采取针对性资金扶持和政策应用，激励企业主动加强安全意识和采取安全措施，形成一种"自主型食品安全监管模式"。[③]

在监管工具系谱两端，分别为纯粹的"命令控制式工具"和纯粹的"自由放任式工具"。纯粹命令控制式工具以制裁和威胁为后盾，要求风险制造者强制执行，纯粹自由放任式监管工具则不对风险制造者作任何干预，完全依赖价格机制和民事侵权责任机制预防风险。介于系谱中间，分别是温和家长制式监管工具和温和自由式监管工具。前者主要是指行政机关鼓励风险制造者采取有效的防御措施，并且要求强制公开。后者也需要行政机关对食品风险进行干预，主张采取行政机关激励的方式，引导风险制造者向风险承受者公开食品安全风险的信息，从而让风险承受者充分运用价格机制和民事侵权责任机制来迫使风险制造者采取最有效的食品安全风险防御措施（图 2－1）。[④]

---

① 包群，邵敏，杨大利. 环境管制抑制了污染排放吗?. 经济研究，2013，48(12)：42—54.

② 谢康，赖金天，肖静华，乌家培. 食品安全、监管有界性与制度安排. 经济研究，2016，51(04)：174—187.

③ 任燕，安玉发，多喜亮. 政府在食品安全监管中的职能转变与策略选择——基于北京市场的案例调研. 公共管理学报，2011，8(01)：16—25.

④ 戚建刚. 我国食品安全风险监管工具之新探——以信息监管工具为分析视角. 法商研究，2012，29(05)：3—12.

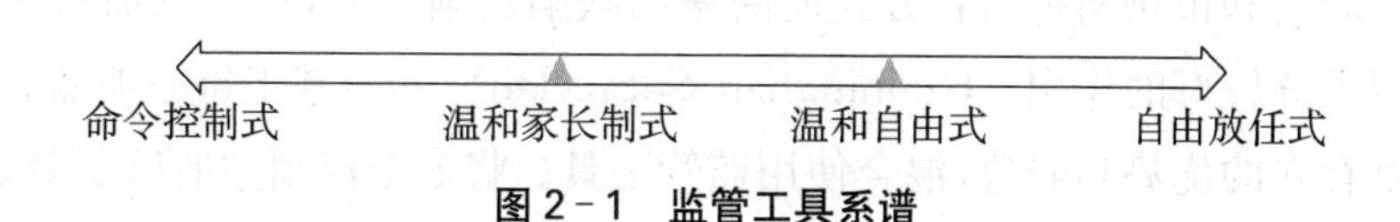

图 2-1 监管工具系谱

如果按照 Howlett 等人提出的"自愿性工具""强制性工具"和"混合性工具",对不同的监管政策工具进行划分的话,还可以将不同的监管工具进行归类整理(表 2-3)。[①]

表 2-3 监管工具类型

监管工具类型	具体监管手段
强制性工具	法律体系(预防性事前调节、惩罚性事后调节)、市场准入、技术规范
混合性工具	技术标准、合格评定
自愿性工具	科学研究、信息交流、消费者教育

强制性监管工具包括法律体系、技术规范、市场准入等举措。法律体系涵盖了宪法、食品安全法、卫生法、产品质量法、检验检疫法、农业法、标准化法等权威性法律。技术规范具体是强制执行的规定产品特性或相应加工和生产方法的规定,包括规定用于产品、加工或生产方法的术语、符号、包装、标志或标签要求。市场准入对企业实行许可证管理,对食品实施强制检验,对进入流通的食品包装标注统一的质量安全标志。技术标准是由公认机构批准的、非强制性的文件,规定了产品或相关加工和生产方法的规则、指南和特性。合格评定对食品检验机构或实验室、食品质量及质量管理体系认证机构的合法性、合规性、可靠性进行审查,确保最终确定是否达到技术法规或标准的相应要求提供公信力。科学研究、信息交流和消费者教育则是对消费者开展宣传教育,建立规范性的食品安全信息交流、信息披露机制等。[②]

---

① 资料来源:根据 Howlett M, Michael R, Anthony P. *Studying Public Policy: Policy Cycles and Policy Subsystems*, Oxford: Oxford University Press, 2009. 刘录民. 我国食品安全监管体系研究,西北农林科技大学,博士学位论文(2009)综合整理得到。

② 刘录民. 我国食品安全监管体系研究. 西北农林科技大学,2009.

政府和市场两种监管方式所隐藏的缺陷逐渐明显，单一的监管工具难以发挥较好的作用。Gunninghan & Sinclair(1999)基于每一项监管工具都存在的优势和弱势，混合使用监管工具。将命令控制型监管工具、经济型监管工具、自我监管、信息监管策略之间相互混合，两两组合形成两种混合结果，互补型（两种工具结合能够增强彼此的效果）和相互排斥型（一种工具使用的强化会弱化另一种工具的作用）。[①] 可以发现，监管工具的选择从原先政府行政系统内部，逐步扩展到政府系统外部。地方政府借用消费者用脚投票的声誉机制，发挥消费者掌握的企业信息，从而对企业产生威慑影响力。即根据不同市场主体的边际成本选择有针对性的威慑工具，启动严厉的市场驱逐式惩罚制度，通过触及企业的核心利益，有效阻吓企业放弃潜在的违法行为，从而形成一种效率型的、辅助公共执法的社会治理形式。除此之外，公众参与的监管既结合了公共执法主体的专业信息优势，也集合了众多消费者的市场惩罚优势，能促使企业放弃潜在的违法行为。[②]

然而，地方政府在打击食品安全事件时采取间歇式、运动式的方式，也会影响消费者对政府以及行业的信任度，甚至使消费者放弃对政府有效监管食品安全的预期，这种低信任状况的社会信任修复难度会更大，也更难以发挥公众参与监管维护食品安全。[③] 当前中国监管制度设计中的公众参与仍然较少，依靠标准设立和信息披露的手段使用仍然有限，政府往往担心社会力量的不可控而过于谨慎。[④] 尽管我国在不断调整食品安全监管方面的职能、结构、监管权，但是依赖发证这一静态的监管方式却一直没有发生实质改变，为此应当确立“调适性监管”理念，监管者应当依据信息、科学技术、认知水平的提高来做出改变，调整现有监管，改变监管

---

① Gunninghan N, Sinclair D. Regulation Pluralism: Designing Policy Mixes for Environmental Protection. *Law&Policy*, 1999, 21(1): 49-76.

② 吴元元.信息基础、声誉机制与执法优化——食品安全治理的新视野.中国社会科学，2012(06)：115—133.

③ 王彩霞.政府监管失灵、公众预期调整与低信任陷阱——基于乳品行业质量监管的实证分析.宏观经济研究，2011(02)：31—35.

④ 刘亚平，杨大力.食品安全的社会性监管与地方分权.法律和社会科学，2015，14(02)：136—153.

本身。[①] 我们国家可以借鉴许多发达国家建立的回应性监管以及监管型治理等新理念，在客观上要求监管部门更多地使用飞行检查、信息披露、风险管理、社会共治等新型现代化的监管方式和工具。[②]

（四）行为过程视角

依据分析单位不同，行为过程视角形成了组织研究、互动关系、街头官僚三条研究进路。

1. 组织研究进路

地方政府在既有的政策框架约束下，在实际运作中并未严格按照既有政策执行，而是采取策略主义的行动逻辑。[③] 地方政府面临"压力型体制"[④]和"锦标赛体制"[⑤]，受到资源约束和目标约束的前提下，借用权力的正式规则中并不包括的非正式因素"变通"执行政策，执行手段的低约束性使他们在行为方式上保有相当大的自主行动空间，只要能够实现目标，就有可能被上级默许乃至认可和鼓励。[⑥]

监管机构在监管政策具体执行过程中，受到外部环境中其他因素的影响。Olson(1996)分析美国 FDA 在 1972—1992 年的监管政策执行发现，委托人（选民）的反馈和监管成本的变化能够改变监管机构的得失。监管机构的政策执行随着被监管企业、政治环境、消费者的变化而发生改变。监管机构外部的企业群体和消费者的反馈，影响监管机构对采取监管行为的成本和收益之间的权衡判断，进而考虑是否寻找替代性的监

---

① 刘亚平，文净. 超越机构重组：走向调适性监管. 华中师范大学学报（人文社会科学版），2018，57(01)：10—16.

② 刘鹏. 运动式监管与监管型国家建设：基于对食品安全专项整治行动的案例研究. 中国行政管理，2015(12)：118—124.

③ 欧阳静. 运作于压力型科层制与乡土社会之间的乡镇政权——以桔镇为研究对象. 社会，2009，29(05)：39—63.

④ 荣敬本、崔之元等. 从压力型体制向民主合作体制的转变：县乡两级政治体制改革. 北京：中央编译出版社. 1998.

⑤ 周黎安. 中国地方官员的晋升锦标赛模式研究. 经济研究，2007(07)：36—50.

⑥ 孙立平，郭于华. "软硬兼施"：正式权力非正式运作的过程分析——华北 B 镇收粮的个案研究. 载《清华社会学评论》特辑，2000. 王汉生，王一鸽. 目标管理责任制：农村基层政权的实践逻辑. 社会学研究，2009，24(02)：61—92.

管行为。当面临监管预算降低和企业产品获批需求增加时，FDA 会减少监管并且采取资源密度更低的监管执行（less resource-intensive enforcement），形成了监管政策执行的变化，这进一步导致政府机构外部团队的反馈和监管政策的后续变化。[①]

McAllister（2010）则是选取了监管机构的自主性和能力作为两个维度，区分了四种具有不同特征的监管政策执行行为，包括逃避型执行、协调性执行、弹性执行、应付型执行。认为受限于地方性资源的局限，监管部门往往会采取联合其他部门的方式来执行监管。[②] Lo et al.（2012）认为地方政府提供支持的资源不足以及工作模糊性，会增强监管人员对执行困难的判断。监管机构与其他科层机构之间的协作较少，也会减少对违法事件的处理。这表明，面对资源约束，监管机构会选择特定方式来达到一定的监管效果。[③] 比如说建立在"资源动员"和"权威再分配"机制基础上形成的运动式治理，可以使得监管部门联合其他职能部门合作获得更强的权威性，这比单个部门行动获得更高的监管产出。[④] 客观上存在的监管对象，也对政府监管政策的具体执行效果产生显著影响。Wang et al.（2003）发现不同企业的特征可能影响到在征收税费中与地方权威政府的议价能力。国有企业比私营企业更有议价能力，面临财政困境的企业要比没有财政困境的企业更拥有动力与政府谈判要求减少征税，违规行为发生获得更多社会关注度的企业与地方政府的议价能力越弱，政府也就越能对这些企业获得较好的监管效果。[⑤]

---

① Olson, M. Substitution in Regulatory Agencies: Fda Enforcement Alternatives. *The Journal of Law, Economics, and Organization*, 1996,12(2): 376 - 407.

② McAllister L K. Dimensions of Enforcement Style: Factoring in Regulatory Autonomy and Capacity. *Law & Policy*, 2010,32(1): 61 - 78.

③ Lo, Hung C W, Fryxell G E, Rooij B V, Wang Wei and Li P H. Explaining the Enforcement Gap in China: Local Government Support and Internal Agency Obstacles as Predictors of Enforcement Actions in Guangzhou. *Journal of environmental management*, 2012(111): 227 - 235.

④ Liu, N N, Lo C W-H, Zhan Xueyong, Wang Wei. Campaign-Style Enforcement and Regulatory Compliance. *Public Administration Review*, 2015,75(1): 85 - 95.

⑤ Wang H, Mamingi N, Laplante B, Dasgupta S. Incomplete Enforcement of Pollution Regulation: Bargaining Power of Chinese Factories. *Environmental and Resource Economics*, 2003,24(3): 245 - 262.

2. *互动研究进路*

20世纪90年代国外出现了“回应性监管”的理念，认为监管不是政府命令式控制，而是强制性手段与非强制手段的混合应用。政府并非单纯以强制性惩罚为手段，而是采取从“说服劝说”到“提高惩罚程度”的金字塔式的监管执行。监管者根据监管对象的具体回应，给予差别性对待，针对性选择策略或手段。[①] 监管行为从金字塔底端的劝说开始，第二阶段提升至警告文书。如果实施这样的监管仍无法奏效，监管者将会采取处罚的方式约束监管对象。当这两种手段同时失效时，监管者最终会采取强制暂停营业甚至吊销营业许可的手段。也就是说，不同类型的监管执行风格适合在不同的监管场景中使用（见图2-2）。[②]

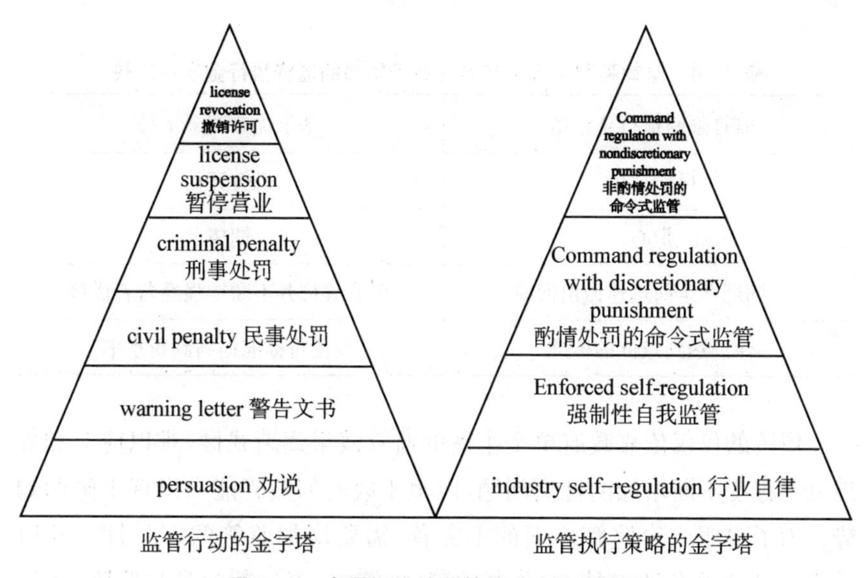

图2-2　布雷斯维特监管行动金字塔理论

监管者与监管对象持续互动的情况下，监管执行策略也同样呈现金字塔结构。政府最先采取与企业沟通协商方式，引导企业走向行业自律。如果行业自律并未能够使得企业遵从监管目标，那么政府就提升一个监

① 杨炳霖. 回应性监管理论述评：精髓与问题. 中国行政管理，2017(04)：131—136.

② Ayres I, Braithwaite J. *Responsive Regulation: Transcending the Deregulation Debate*. New York: Oxford University Press, 1992: 35-39.

管层次，与行业协会协商，要求企业强制执行监管目标。政府监管执行策略金字塔会发生演化，从行业自律开始到政府强制下的行业自律，以及从酌情裁量的强制性监管，到直接进行惩罚的命令式监管。

如果说上述强制执行监管也可能会打击那些能够较好遵从监管要求的经营者的积极性，那么为弥补这一缺陷，基于优势的监管执行金字塔被提了出来。监管强制执行金字塔在于"找出问题并修正它"，相反，基于优势的监管执行金字塔则是"找到优势并增强它"。如果监管强制执行金字塔回应的是"担心风险"，那么基于优势的监管执行金字塔则是"期望创造机会"。也就是说，与强制执行的金字塔是保证达到最低标准要求不同，基于优势的监管执行金字塔是通过慢慢提高标准来增强质量（表 2-4）。[①]

表 2-4　监管强制执行金字塔与基于优势的监管执行金字塔比较

监管强制执行金字塔	基于优势的金字塔
风险评估	机会评估
担心	期望
在问题严重前迅速做出回应	耐心等待并不断增强经营者优势
保证达到最低的标准	慢慢将标准提高到新水平

传统的仅仅依靠政府单个主体的监管效果逐渐式微，难以应对和处理复杂程度不断增加的社会问题，以至于政府的监管能力出现下降的趋势。为了克服政府监管方面的不完善，需要增加监管的多元性。政府采用精到的整合性工具，充分调动第一、第二、第三部门参与监管，不再仅仅依靠政府一个主体单打独斗。这是一种系统化的监管路径，这种监管方式比直接命令和控制更加合适。这种强调增加标准和强化内在自我监管的方式，离不开法律的强制性约束，更强调以内在的约束激励

① Braithwaite J, Makkai T, Braithwaite VA. *Regulating Aged Care: Ritualism and the New Pyramid*. Massachusetts: Edward Elgar Publishing Limited, 2007: 318.

为基础。[1] 在不同的情况下，监管者采取多元化的监管模式、策略和手段，以获得被监管者对规则的服从。May(1999)认为监管机构的不同监管风格将会产生不同的监管后果，比如对合作意识相对较强和具有协商文化传统的地区，过度依靠法律的强制性威胁方式有时会起到反作用。[2] 在监管模式和监管理念方面，面临资源约束的情况下，监管者会在"命令-服从"和"建议-劝服"两种模式中进行选择。[3]

3. *街头官僚行为研究进路*

监管人员一般被视作与公众直接打交道的人员，往往被界定为街头官僚。根据街头官僚工作界面的空间性质，其行为空间又被分为三种主要类型，窗口空间、街头空间和社区空间，分别对应三种不同的街头官僚类型。[4] 街头官僚与其他类型的官僚存在着差异，在执行政策过程中拥有自由裁量权能够制定政策，对规则和法律的运用做出解释。[5] 街头官僚的自由裁量行为受到多重因素的影响，比如一线行政审批官僚的行为受到政策空间的大小、审批流程的繁简程度、审批业务的专业化程度以及利益因素等影响。[6] 从具体情境考虑，街头官僚的自由裁量行为还受到其所在的背景条件的影响。如空间敏感度、时间敏感度、议题敏感度以及政府部门间配合度、行动者的层级性、组织度等因素都影响了不同情境中一线行政人员执法行为。[7] 街头官僚的行为不仅受到制度的清晰度、上

---

① Gunningham N. Integrating Management Systems and Occupational Health and Safety Regulation. *Journal of Law and Society*, 1999, 26(2): 192 - 214.

② May, Peter J, Winter S. Regulatory Enforcement and Compliance: Examining Danish Agro-Environmental Policy. *Journal of Policy Analysis and Management*, 1999, 18(4): 625 - 651.

③ Gunningham, N. *Enforcement and Compliance Strategies*. //Baldwin R, Cave M, Lodge, M. The Oxford Handbook of Regulation, Oxford Handbooks in Business and Management, Oxford: Oxford University Press, 2010: 120 - 145.

④ 韩志明. 街头官僚的空间阐释——基于工作界面的比较分析. 武汉大学学报(哲学社会科学版), 2010, 63(04): 583—591.

⑤ Lipsky, M. *Street-Level Bureaucracy*. New York: Bussell Sage Foundation, 1980: 8.

⑥ 陈天祥，胡菁. 行政审批中的自由裁量行为研究. 中山大学学报(社会科学版), 2014, 54(02): 152 - 166.

⑦ 陈那波，卢施羽. 场域转换中的默契互动——中国"城管"的自由裁量行为及其逻辑. 管理世界, 2013(10): 62 - 80.

级政府的压力以及个体能力等的正向影响[①]，而且还受到特定执行制度环境中的中央和地方政府利益的制约。[②]

此外，街头官僚也与管理官僚发生特定的互动。尽管管理官僚对街头官僚的所作所为负领导责任，却也逐步丧失对街头官僚的控制权。街头官僚为了避免麻烦和逃避惩罚，习惯于将问题上交，留给管理官僚去处理，使得街头行政呈现出较大的随意性和不确定性。[③] 当街头官僚作为受命执行的“制度设计角色”遭遇其作为政策制定者的现实角色时，他们就会在有意无意之间发展出一整套针对上层管理者和服务对象的应付机制，这套应付机制有助于他们缓解工作压力的紧张，影响他们与服务对象的互动频次，从而影响公共政策目标的达成。街头官僚限于可资使用的资源和政策框架，就会倾向于把公民的需求局限在目标可掌握的资源范围内，而将那些超乎自己能力的问题采取漠视或踢皮球的方式加以处理，找一些借口来加以搪塞。[④]

（五）简短述评与本文研究视角

已有研究分别从结构、制度、工具、行为视角展开分析，丰富了对食品安全监管研究的知识积累与学术讨论。具体而言，结构主义视角从较为宏观的监管体制改革层面，聚焦于监管权的横向和纵向配置，分析体制变革对监管效果的影响，在某种程度上揭示出监管绩效不佳缘于权力结构配置的不稳定。一直以来，垂直管理与属地管理之争，集中监管权与分散监管权之争，学界对其讨论尚未停止，更没有达成一致的共识。更是难以厘清是监管权的不断变动配置导致监管绩效低下，还是因为监管绩效低下而需要监管权的再次配置之间的因果关系。在研究视角上也过于宏观，缺乏从微观监管政策执行层面的深入分析，缺乏对监管政策执行的组

① 杨帆，王诗宗. 基层政策执行中的规则遵从——基于 H 市 5 个街道的实证考察. 公共管理学报，2016，13(04)：53－64.

② 朱亚鹏，刘云香. 制度环境、自由裁量权与中国社会政策执行——以 C 市城市低保政策执行为例. 中山大学学报(社会科学版)，2014，54(06)：159－168.

③ 韩志明. 街头行政：概念建构、理论维度与现实指向. 武汉大学学报(哲学社会科学版)，2013，66(03)：35－40.

④ 颜昌武，刘亚平. 夹缝中的街头官僚. 南风窗，2007(09)：20－22.

织结构、内部运作机制的讨论，难以揭示在宏观监管权调整中地方层面的监管行为过程，更忽视了地方政府监管中的具体微观运作。

制度主义视角从制度供给层面解释了现有监管效果不佳的问题，认为由于法律制度供给的不完善导致了监管难以达到理想的效果，在某种程度上解释了监管绩效不佳的客观性因素。但是，不可否认，近年来国家对监管体制改革的重视一直并未减弱，对监管制度安排的供给以及在监管执法方面的制度安排也在不断完善。如果按照制度主义的观点，监管绩效难以提升的原因在于监管制度安排的缺失，那么完善监管制度供给就应当能够提高监管绩效。事实上，制度安排供给的单方面完善并不一定带来监管绩效的提升。因此，制度主义视角难以解释即使在提升制度供给的情况下，也无法增强监管绩效的问题。

工具主义视角从手段层面给出了解释监管执行绩效不佳的问题，主要从客观性的条件出发进行解释，似乎过多关注手段的完备性，而忽视了具体使用手段的主体，以及使用手段背后的价值目标。更忽视了具有多重角色和价值冲突的政府在具体使用工具中的不同行为选择。

行为主义视角从组织层面和个人层面进行了分析，弥补了结构主义、制度主义视角相对宏观的局限。解释了政府组织以及个人在具体执行监管政策过程中的行为策略与行为异化，某种程度上解释了监管绩效执行效果低下的微观因素。然而，似乎现有研究将地方政府的变通执行关注点放置在对政策本身的变通，认为地方政府始终都是策略执行的一面，而较少关注政府在何时会选择变通，以及何时不选择变通，尚未清晰界定变通执行的边界，以及在何种约束条件下采取何种策略行为，因而存在进一步研究的空间。互动研究进路认为监管者的行为策略主要以监管对象的反应为依据，将监管者与监管对象之间的互动置于两大主体的真空环境中，这在解释监管者行为变异中具有一定的解释性，但忽略了其他外生性变量，尚未关注其他结构性因素的影响。同时，监管执行的金字塔模型主要基于西方国家监管主体相对多元化，监管机构独立性和专业性较强的背景下而提出，研究中国场景下的监管执行还需关注到中国的具体情境。

在应然层面，政府监管应该有效规避危害公众健康的事件发生。但是从公众已有的感知效果来看,政府监管似乎并非有效,甚至被认为政府在监管方面是低效的、缺位的,其中的一个重要表现就是政府监管行为的变化。当新闻媒体报道一些食品安全事件后,政府开始集中力量进行运动式治理。以"发证"和"巡查"为基础的监管方式,在表面上覆盖到所有被监管对象,而当面临的制度环境发生变化时,又以专项行动对违规经营者进行强制性约束。政府监管形成一种"任务导向"的模式,而并非"安全导向"的常态化监管。在现有监管制度框架下,政府监管应当是一种基于风险管理的思路和策略,监管双方彼此建立相互沟通的信息机制和信任机制,规避可能由食品安全风险引致的社会风险。然而现实中的监管行为却与此监管制度相悖。

事实上,我国的监管执行受到单一制国家和多层级政府的制度环境的影响。政府监管行为过程就是发生在特定制度环境中的监管政策执行过程,且与特定的市场主体发生互动。如果忽视掉互动中的约束性因素来研究监管行为,那将是有失偏颇的。基于此,本书试图结合制度主义和行为主义两个视角,分析政府在特定制度环境下监管行为发生的特定约束条件,以及相应的监管行为策略,试图按照"结构特征-情境约束-行为策略"的分析模式,探讨监管机构在特定的约束条件下,与特定制度环境、特定目标群体发生互动的监管行为(图 2-3)。

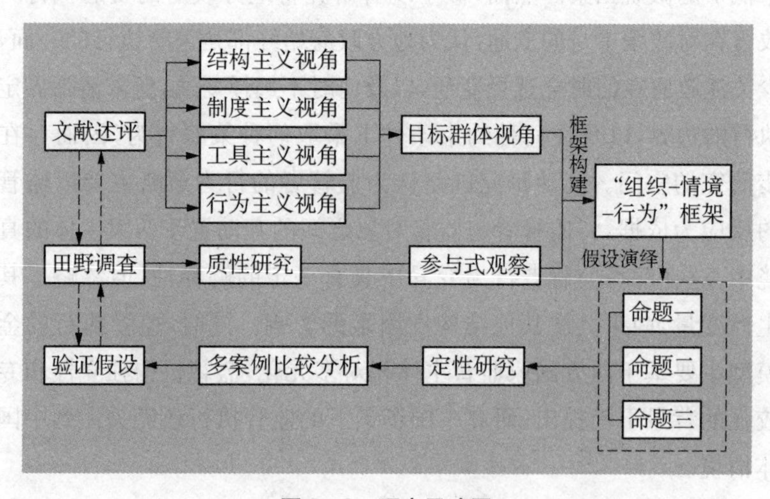

图 2-3 研究思路图

第二节　基层食品安全监管行为分析框架构建

一、政策互适模型的引入

从政策研究进路来看，政策执行的相关研究逐渐从讨论政策本身、行动者个体，转向政策行动者之间的互动过程，麦克拉夫林(1976)通过关注政策执行者与目标群体之间互动过程，提出了“政策互适模型”，认为政策执行过程就是政策执行者与政策目标群体之间相互调适的互动过程。政策执行者与政策接受者之间的目标尽管不一致，但在政策执行中可以就目标和手段进行相互协调，进而依据政策实施具体环境变化对执行过程展开调适，最终达成双方都能接受的结果。①

那么，政策实施方与政策接受方之间的“调适程度”可以被认为是影响政策执行有效性的变量。具体指的是，实施方对政策的目标和达成手段具有执行弹性，接受方同样能够对政策的目标和达成手段做出符合自身利益需求的修改，直至达到双方都能接受的利益边界以及价值范围。那么这样的一个政策执行过程也就被命名为“政策互适模型”(图 2－4)。

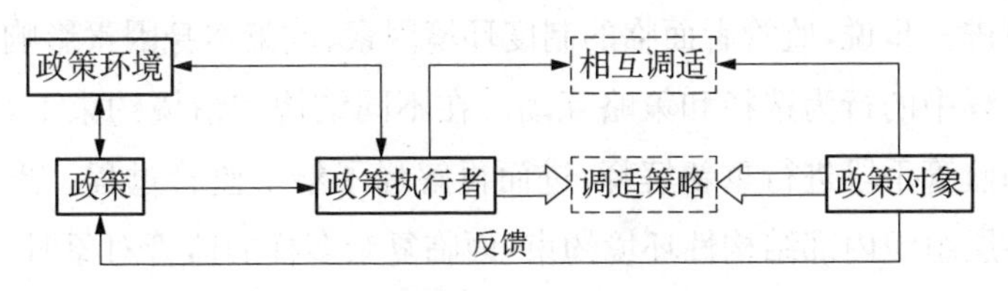

图 2－4　麦克拉夫林政策互适模型

“政策互适模型”的运行过程不同于传统自上而下的政策执行分析，而是政策执行者与政策对象在横向上开展频繁信息交流的过程。一方

① McLaughlin, M. *Implementation as Mutual Adaptation*: *Change in Classroom Organization*// Williams W, Elmore R F. Social Program Implementation: Quantitative Studies in Social Relations. New York: Harcourt Brace Jovanovich, 1976: 167－180.

面，政策执行者根据外在环境特征进行初步自我调适，将政策目标和手段塑造成符合自身的利益价值诉求，在此基础上再向接受者输出信息。另一方面，政府角色不是占据权威制高点的发令者，而是与政策对象平等交流的对话者。在政策的目标设定和实施方式上，双方保持持续沟通，而当政策执行触及到双方利益关系的情况下，执行者亦会做出妥协和让步，尽量寻找到双方都能接受的政策目标阈值和实施方式，达到双方利益的平衡点。由此政策执行者基于接受者反馈的利益诉求和目标偏好，再次调适政策目标和政策手段。

将麦克拉夫林“政策互适模型”用于分析地方政府食品安全监管行为变异，主要目的在于揭示市场监管执行者面对制度环境不确定性，与利益诉求异质性的监管对象之间的互动过程。结构环境、监管情境均影响监管执行的调适过程，两个因素相互作用，对监管行为产生叠加性影响。具体而言，食品安全监管机构作为科层组织中一部分，嵌入到条块结构之中，同时接收来自条块结构多项任务，这构成监管机构面临的组织环境。基层市场监管机构位于国家和社会的交界面，受制于体制内的结构性因素，在与监管对象直接打交道的过程中，需要重新解读自上而下监管规则以及监管政策文本，分析监管文本与监管对象实际之间的适配性，进而调整相应监管行为，监管执行出现“调适性”特征。

更进一步说，监管者面临的制度环境因素、政策本身因素影响到其在执行过程中的行为选择和策略互动。在不同结构和情境约束下，对监管目标和监管手段进行重新解释，进而再解释了整个监管过程。当监管者受到科层组织内部结构性环境约束，面临复杂多样的监管对象时，往往会表现出差异化的监管行为。本节试图提出“调适性遵从”分析概念，描述和解释地方监管机构在执行具体监管政策中，与监管对象相互协商、谈判，进而重新调整监管政策目标和执行方式的过程。这样的结果是，监管者执行的是经由监管者与监管对象调整后的，且被双方所接受的政策，这一过程也造成了对原监管政策的替代。大致过程及其各个组成要素绘制成图 2-5 所示。

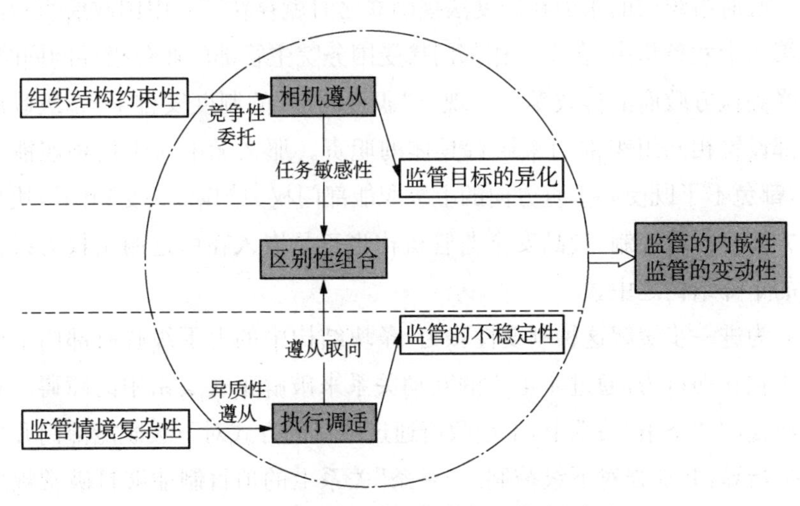

图 2-5　基层食品安全监管行为的分析框架

二、分析框架的推演过程

(一) 组织环境：条块结构约束

条块结构是中国政府组织的显著特征。“条条”指的是具体职能部门线条上形成纵向层级关系。“块块”则是从中央到地方各级政府内的不同职能部门。条块结构由职能关系和层级结构相互结合产生，影响着国家权威体制和地方有效治理之间的平衡。正因为复杂条块关系的存在，中国政府组织的运作机制也就更具有独特性，并影响国家治理成效。从市场化改革以来，我国食品监管体制不断发生变革，食品监管权责在“条条”和“块块”之间变动，监管权责配置结构难以保持稳定性，这也在某种程度上制约监管机构的独立性。如果需要协调监管机构与条块组织之间的矛盾，并且试图从中寻求平衡的话，那么，不仅需要依赖机构负责人发挥个人政治艺术[1]，而且还有赖于从制度创新方面化解组织机构之间的张力。

① 周振超，李安增. 政府管理中的双重领导研究——兼论当代中国的“条块关系”. 东岳论丛，2009(03)：134—138.

政府组织间的张力在制度法规确立之时就存在了。中国政府组织法的第六十六条指出，各个工作部门接受国务院主管部门业务指导的同时，又受到地方政府的行政领导。现有“职责同构”的制度安排下，各级政府内部设置相同组织部门来履行具体的职责。那么无论对于何种职能部门，都免不了既受到垂直方向的上级职能部门权力约束，又受到同级块块地方政府行政控制，食品安全监管机构也正是嵌入在由这两条权力线构成的矩阵结构之中。

为进一步缓解这种制度性张力，条块结构中的上下级政府部门采取非正式互动行为，通过非正式的互动关系来破解正式关系中的障碍。具体而言，在“条条”关系上，上级政府通过项目的方式对下级职能部门开展业务指导，并加强对下级控制。“条条”关系上的项目制能够打破常规层级结构，重新组合各个要素和资源实现预期目标。上级职能部门将目标、任务、资金向下发包，控制专项财政，进而对下级职能部门能够产生权威性。[①] 在自上而下的项目推行过程中，下级职能部门并非完全被动应对，而因掌握实际工作的信息控制权，从而处于谈判中的信息优势地位。在业务内容范围、具体执行方式等方面能够与上级政府进行谈判，并依据谈判结果的预期，做出退出谈判、准退出谈判和接受的不同选择。[②] 由此可见，非正式的互动交流关系利于正式制度所带来的组织间摩擦的化解，从而能够降低组织间的交易费用。除此之外，策略主义也往往被地方政府用来化解组织内部结构产生的张力。当在中央与地方之间采取财政包干体制时，地方政府发展经济的动力较强，积极性高涨，采取“法团主义”的策略与地方企业建立联系。[③] 而在中央政府取消财政包干体制后，地方政府为缓解财政压力，尝试突破预算约束，采取“逆向软约束”策略向辖区企业汲取资源[④]，支持行政运行。可以说，地方政府的策略行为在特定结构约束下产生的适应性行为，能够在某种程度上利于组织目标的实现。

---

① 渠敬东. 项目制：一种新的国家治理体制. 中国社会科学，2012(05)：113—130.

② 周雪光，练宏. 政府内部上下级部门间谈判的一个分析模型——以环境政策实施为例. 中国社会科学，2011(05)：80—96.

③ Oi，J C. The Role of the Local State in China's Transitional Economy. *The China Quarterly*，1995(144)：1132 - 1149.

④ 周雪光. “逆向软预算约束”：一个政府行为的组织分析. 中国社会科学，2005(02)：132—143.

与纵向维度的上下级政府部门之间存在张力一样,横向不同部门间也同样存在。横向上的张力主要由分化的不同利益部门主体,围绕各自利益价值需求展开的讨价还价,这进一步增加了政策在不同部门之间的摩擦力,进而降低政策执行的有效性。[①] 那么,自上而下出台的政策,经由来自不同层级政府的阻力,以及不同部门的压力,将会受到来自纵向与横向组织的张力,政策整体性被进一步消解,政策执行过程变得更加碎片化,甚至产生对政策意愿的销蚀,造成政策的非完整性。通过以上论述,我们试图提出命题一。

命题一:在"条块结构"和纵向政府间"职责同构"的制度安排下,基层食品安全监管机构的执行活动受制于"条块关系"的约束。不仅监管政策和监管法令受到条块部门的消解,而且食品安全监管机构的执法行为选择容易受到"条块冲突"产生的结构性制约。

(二)监管任务:多部门竞争性委托

多任务委托代理理论指出,单个代理人需要面对多个委托人,在不同委托人之间做出相应的行为选择。下级政府作为单一代理人,应对和承接上级政府、横向职能部门、外部公众多个委托人的任务,[②]各个委托人对食品安全监管机构形成"竞争性委托"关系,食品安全监管机构成为不同任务授权主体的"部分代理"。[③] 对食品安全监管部门而言,不仅需要承担职责范围内的监管任务,还要参与完成非职责范围内的工作事项,由此不得不徘徊在各项任务之间,尽可能做出合适且恰当的选择。为了应对委托而来的多项任务,食品安全监管的职能也被深度切割,进而会带来监管职能的碎片化。正如组织学理论中所揭示出的,"当组织面临的任务环境越是动态,那么组织必须适应性调整边界。组织面临的约束越多,边界被分割的程度也就越深"。[④] 在多任务委托环境中,市场监管机构的组

---

① 陈家建,边慧敏,邓湘树.科层结构与政策执行.社会学研究,2013,28(06):1—20.

② 周雪光,练宏.中国政府的治理模式:一个"控制权"理论.社会学研究,2012,27(05):69—93.

③ 道格拉斯 C.诺斯等著,刘亚平编译.交易费用政治学.北京:中国人民大学出版社,2011:59.

④ [美]詹姆斯·汤普森著,敬乂嘉译.行动中的组织——行政理论的社会科学基础.上海:上海人民出版社,2007:85.

织功能将会被委托的其他任务切割。当然,并非所有委托的任务都会引起监管功能的被分割。若委托的任务与组织目标之间相契合,则能正向促进监管功能的履行。此外,食品安全监管机构对多项委托任务的敏感性判断不同,也会导致监管职能履行程度的不同。当对委托任务的敏感性较高,食品安全监管机构履行监管职能的积极性则越强,否则履行监管职能的积极性就越弱。

不同的任务来源渠道,决定了任务权威性的不同,进而影响市场监管机构的敏感性判断。食品安全监管机构原则上是一个具有相对独立性的组织,但是在现实中往往会面临来自政府系统内部和政府系统外部两种渠道的任务。按照条块矛盾客观存在的情形,前者的任务委托者可以分为条条委托和块块委托,后者的任务委托者往往是社会公众。一般而言,块块委托任务以属地政府的总体性任务为核心,着重以经济发展为重心,强调政绩考核。在强调属地管理的背景下,属地政府负责统筹和控制辖区内的人、财、物资源,负责制定和规划本辖区内的重要任务内容。一方面,由于属地政府的行政控制,会使得食品安全监管部门对特定任务保持较高参与性,而当属地政府的总体性任务与食品安全监管部门自身的专业性任务之间并不契合时,那么有可能会陷入到“发展”和“安全”的矛盾冲突之中。相比之下,条条委托的任务是由上级业务部门自上而下发起,是属于本部门内的工作职责,因而执行任务过程中受到属地政府的约束性较小,且主要以专项化的方式来进行,对于条条委托任务,原则上是能够具有较强的独立性,但同时也受到具体不同任务内容和任务特征的影响,尤其是与属地政府任务存在矛盾性和冲突性的情境之下,那么也会使得食品安全监管部门的执行受到约束。相较于政府系统内部委托的任务,公众委托任务的处理主要是从维护消费者合法权益出发,参与到市场纠纷的化解过程,相对而言更多是受到监管法规内容与实际情形裁量的约束。

除此之外,食品安全监管机构对任务内容敏感性判断与特定委托人之间的关系相关,对委托人依赖关系的大小直接影响食品安全监管机构的敏感性,一般而言,依赖性越强,对该任务敏感性也就越强。詹姆斯(2007)曾提出来,“动态的任务环境导致了组织和任务之间权力依赖关系的变动。当权力依赖关系转移时，组织会对任务环境中某些要素的评价变得更为敏感，同时对其他某些要素的评价变得迟钝。对于那些重要的环境要素所最容易观察的标准，复杂组织会最为警觉，并且最为强调在该类标准上获得好评。当组织发现在内在标准上难以获得高分时，它们寻找反映其未来适宜性的外在衡量标准”。[①] 对食品安全监管部门而言，块块委托任务中，属地党委和政府部门的权威性存在，减小市场监管机构对任务自由裁量权的发挥。条条委托任务中，因专项化任务具有常规化、计划性、时间跨度长的特征，所以食品安全监管机构执行任务时面临的时间压力较小，自主性发挥的空间会较大，那么对任务的敏感性会相对较弱。由于绩效锦标赛体制下，对于内部自上而下的考评指标会相对敏感，也就会对块块属地政府和条条业务部门委托的任务产生更高敏感性。与此同时，近年来，随着经济社会发展水平的提升，公众需求的日益增长和日益多元化，要求政府的行政职能输入能够匹配公众的需求，因此“公共服务满意度”“以人民为中心”“民众获得感”等不同的行政理念被提了出来，并且转化为可以操作化的具体指标，即把公众满意度纳入政府考评系统之中。这也要求基层监管人员既需要向内完成任务，而且还需要向外获得较好评价。比如当前各级政府部门广泛开通了政务服务热线，畅通了公众表达问题的渠道。对于那些经由属地政府转移下来的投诉问题处理，往往需要能够获得公众的满意度。那么如果不能够获得满意，也会要求继续处理，直至达到公众满意，基层监管执法者就需要能够达到一个相对平衡点。据此，提出第二个命题。

命题二：基层市场监管机构面临多任务委托，监管机构的组织边界被不断分割，甚至导致监管方面的专业化职能不断被重塑，难以形成一股稳定地专注于监管职责的力量。监管力量分散在块块委托的任务、条条委托的任务、公众委托的任务之间，并且在三种任务委托来源上表现出差异化的敏感性，影响组织注意力的分配。

交易费用政治学指出，政治领域发生的活动本身就是一场交

① [美]詹姆斯・汤普森著，敬乂嘉译. 行动中的组织——行政理论的社会科学基础. 上海：上海人民出版社，2007：113.

易。[①] 市场监管者的执行过程亦可以被视为与其他组织间的一项交易。[②] 在非市场条件下，虽然可能没有金钱交易，但是，组织之间的交换仍然可以看作是一种（权力、地位等）交易。[③] 交易活动的存在，必然会导致交易成本的产生，例如市场监管机构与其他部门的互动摩擦产生的交易成本。一方面，基层食品安全监管部门面对监管执法时，往往会受到其他职能部门的挑战，比如就围绕具体监管任务，其他部门会参与说情与通融。[④] 那么，就需要不断开展对话和沟通，并且协调彼此相互之间的利益边界，这就会导致沟通成本的上升。另一方面，由于科层制度、信息不对称、弱信任关系的存在，不同职能部门之间，以及不同层级之间监管职责边界划分不清，会导致监管重叠或者监管冲突发生，增加了谈判、博弈的成本。可以这样认为，科层化的组织内部产生政治交易费用，影响食品安全监管机构对监管任务完成方式的选择。不仅如此，为了降低正式监管制度和组织制度产生的交易费用，监管者试图采取非正式方式完成监管任务。那么我们从政治交易费用理论角度提出命题三。

命题三：食品安全监管部门与“条条”和“块块”部门之间进行持续不断的沟通，导致监管执行中交易费用的产生。监管者在科层内部采取非正式沟通，试图降低由正式制度安排下的监管执行交易成本。

（三）监管情境：目标群体的监管遵从取向

有效的监管执行，需要同时获取监管者和被监管者双方对监管规则的遵从。[⑤] 市场监管的执行过程不但是一项发生在科层内的谈判过程，而且是发生在与监管对象之间持续协商互动中，要求监管者自身在遵从监管规则基础上，进一步获取被监管对象对规则遵从的过程。正如黑尧

---

① 马骏. 交易费用政治学：现状与前景. 经济研究，2003(01)：80—87.

② North C D. A Transaction Cost Theory of Politics. *Journal of Theoretical Politics*，1990(2)：355 - 367.

③ [英]米切尔·黑尧著，赵成根译. 现代国家的政策过程. 北京：中国青年出版社，2004：145.

④ 刘鹏. 中国食品安全监管——基于体制变迁与绩效评估的实证研究. 公共管理学报，2010，7(02)：63—78.

⑤ 王绍光. 煤矿安全生产监管：中国的治理模式的转变//吴敬琏. 比较：第13辑. 北京：中信出版社，2004(13)：79—110.

(2004)所认为的,“政策执行中虽然监管者知道在理论上哪些行为违背了管制规则,以及当违规行为发生时如何处置,并且制定了明确客观的规则,但后果是管制很容易变形走样,导致官员运用一种弹性的途径,与加以管制的对象进行交易”。[①] 这也就是说,在现实监管情境中,监管者会选择赋予监管规则弹性,调适监管,进而采取的是一种策略性监管行为。尽管由中央到地方层层传递的监管制度具有规则刚性,但面对差异化的监管对象,作为国家在基层代理人的监管机构,监管规则的刚性反而与现实中基层治理情况不相适应。另外,从组织学的角度来看,“当组织对环境开放时,一些影响组织活动的因素会成为组织的限制条件,成为组织必须适应的确定情况”。[②] 那么,面对的特定任务情境以及监管对象,都有可能成为监管机构所要面临的外部组织环境,并且约束食品安全监管部门对监管策略的选择。为此,基层监管者需要调节约束性监管规则与监管对象之间的冲突,并且选择主动调适监管规则的执行。如此这样,食品安全监管者试图在科层组织任务与市场经营主体配合之间寻找到平衡点。一方面希望能够缓和科层组织内部不同部门间的摩擦性冲突,另一方面希望获取监管对象的妥协与服从,进而达成“监管共识”。

为能够进一步呈现被监管者的遵从取向,我们试图在现有研究基础上,结合具体实地调研情况,抽象出监管对象的显著特征,并且试图从被监管者关于规则的认同感和行动力两个维度,划分出四种监管对象的遵从取向:合作型、服从型、应付型和抵抗型(表 2-5)。[③] 认同感指代监管

---

① [英]米切尔·黑尧著,赵成根译.现代国家的政策过程.北京:中国青年出版社,2004:192.

② [美]詹姆斯·汤普森著,敬乂嘉译.行动中的组织——行政理论的社会科学基础.上海:上海人民出版社,2007:29.

③ 需要指出的是,已有研究中,巩顺龙等人依据企业的状态(“服从度”和“参与度”),将监管部门与食品企业之间的“监管关系”主要分为“企业消极对抗监管”“企业被动服从监管”“监管部门被企业逆向俘获”和“合作监管”四种类型。本文的监管对象的“遵从取向”划分依据受到该文的启发,在此表示感谢。借鉴 Tsai(2005)研究私营企业主反抗政府策略的研究,着重从“认同感”和“行动力”两个维度进行类型的划分,重点关注监管对象对监管者认知、态度以及行为方面的内部差异。具体参见:巩顺龙,白丽,王向阳,刘战礼.合作监管视角下的我国食品安全监管策略研究.消费经济,2010,26(02):79—82. Tsai, K S. Capitalists without a Class: Political Diversity among Private Entrepreneurs in China. *Comparative Political Studies*, 2005,38(9):1130-1158.

对象从自身角度对监管者的内在认可和接受程度。“成本-收益”的理性判断、对监管者的信任与否、自身利益诉求与监管要求是否契合等因素，均会影响监管对象认同感的高低。行动力则主要关注监管对象采取的具体行为，包括行动能力和采取行动两个方面。即是否具有遵从监管的能力，以及是否采取纠偏行动，也就是监管要求在具体行动上的体现。监管对象的遵从取向随认同感和行动力之间不同组合发生变化。伴随监管者监管方式、监管强度的变化，四种类型也会朝着特定方向演变。

表 2-5　目标群体的监管遵从取向类型学划分

		认同感	
		高	低
行动力	强	“合作型”	“应付型”
	弱	“服从型”	“抵抗型”

(四) 监管行为与策略

1. “区别性组合”行为与交易成本的节约

“区别性组合”原意指的是基于交易费用最小化的目的，将特征不同的交易，与不同成本和能力的治理结构区别地组合起来。[①] 比如在公共行政领域，为了解决不同官僚机构之间面临的交易费用问题，制度设计者在官僚机构的交易与治理结构之间进行某种“区别性组合”，重新建立一套制度安排和管理模式。我们试图将“区别性组合”概念的内在理念移用到基层监管执法者行为的分析上，认为基层监管者采取策略性监管行为，是为了降低监管执法过程中产生的交易成本。因为基层监管者在面临多任务委托情境中，不同委托者之间仍然存在信息的不确定性、交易的专用性以及机会主义，这将会增加监管执行过程中的摩擦，导致监

① 马骏. 官僚组织、交易费用和区别性组合：新的思路. 中山大学学报(社会科学版)，2004(02)：7—11.

管型交易活动的执行成本升高。所以，基层监管执法者试图选择一种最优的监管治理结构和执行方式，从而能够依据不同任务的特性，包括目标约束性程度、目标达成的难易程度以及考核的重要性，策略性采取监管行为。

组织理论中提到，“当组织需要一个环境要素甚于该要素需要组织时，组织会尝试在于该要素利益相关的维度上表现不俗”。[①] 基层监管机构的“区别性组合”行为也正是基于对不同任务的关注程度而做出的选择。组织对环境进行自适应的同时，也对相关环境要素进行自选择。对于基层监管机构而言，与组织利益密切相关的任务，将会赋予更多的组织关注。可以说，基层监管机构履行任务的过程也就是对任务重要性进行重新排序的过程。[②] 从更大层次上来说，基层监管机构对任务的判断与政府系统内部的总体性任务变化是相一致的。我们从时间维度上来看，地方政府中心工作自改革开放以来，经历了经济发展，而后转向在保有经济增长基础上的地方稳定。那么衍生出来的任务完成逻辑也发生了变化，不仅仅是政绩竞争，而且是更具有防御性的风险规避。[③] 那么，维护稳定的社会秩序也就成为了地方政府执行工作的中心任务。对于基层监管机构而言，需要对多任务委托情境下的各种情况进行评估，权衡不同任务的信息、资源、风险，并对如何执行任务进行差别化处理。大致上依据不同任务的特征，评判执行具体任务后的成本和收益。最终呈现出来的监管行为可能是介于“无形之手”“扶持之手”和“有形之手”之间[④]，由于调适执行监管规则，对监管对象的态度也会是在默许对待或者采取行动之间变化。

组织间合作理论曾提出，政治组织之间的合作方式存在“松散化”和

---

① [美]詹姆斯·汤普森著，敬乂嘉译. 行动中的组织——行政理论的社会科学基础. 上海：上海人民出版社，2007：104.

② Holmstrom B, Milgrom P. Multitask Principal-Agent Analyses：Incentive Contracts，Asset Ownership，and Job Design. *Journal of Law*，*Economics& Organization*，1991(7)：24－52.

③ 何艳玲，汪广龙. 不可退出的谈判：对中国科层组织“有效治理”现象的一种解释. 管理世界，2012(12)：61—72.

④ Frye T，Shleifer A. The Invisible Hand and the Grabbing Hand. American Economic Review，1996，87(2)：354－358.

“层级化”两种合作形式。“层级化”的组织合作方式相对降低机会主义成本，形成较为紧密的关系。“松散化”的组织间关系则产生机会主义的风险相对更高。① 基层监管机构为降低执行交易成本而形成的“区别性组合”行为，需要与不同部门间重构起组织化的联结方式。正如詹姆斯(2007)提到的，对于公共行政组织而言，在面临巨大不确定性情况下，不仅必须学习解决问题，还必须学会集合组织内的不同要素形成有效联动。② 基层监管机构与不同部门间的联动状态随着问题的复杂性而出现多等级的特征。极少数情况下，内部不同要素协作组合起来能够独立解决组织内部的问题。在大多数的情况下，当组织面临的问题往往会复杂到需要多部门合作，那么组织就会将已有的团组联结到高阶的团组中，建立相互依赖的关系，从而形成了等级制。詹姆斯(2007)又指出，当且仅当不同组织间的联合难以形成紧密的依赖关系，且无法有效解决问题的情况下，组织选择将剩余的协作问题分配到委员会、特遣队或项目团队中，也就是更加高阶的组合之中。③ 毋庸置疑，多委托方的多任务存在，增加了基层监管机构面临问题的复杂性，就需要基层监管机构采取多层级的组合方式，渐次形成跨部门、多阶次的组织间合作关系。例如，在条条任务中，基层监管机构在内部联结其各个要素，形成一阶合作。在条块结合的任务中，原有一阶合作作用的发挥很有限，转而需要采取更高阶的跨部门合作，促进紧密合作关系的形成。这主要由基层监管机构与其他不同组织的联结而形成，且由党委、领导小组等具有更高权威性的组织充当指挥机构，以此来稳固不同组织之间的合作依赖关系。可以看到，基层监管机构形成的多阶合作关系，构成了组织体系中的等级制结构，能够增强彼此间依赖关系的紧密性。与此同时，在高阶合作的状态下，基层监管机构也被建构在新的等级制结构之中，会选择弱化机会主义的动机，更加重视对任务的完全履行。

---

① Lake D A. Anarchy, Hierarchy, and the Variety of International Relations. International Organization, 1996, 50(1): 1-33.

② [美]詹姆斯·汤普森著，敬乂嘉译. 行动中的组织——行政理论的社会科学基础. 上海：上海人民出版社，2007：62.

③ [美]詹姆斯·汤普森著，敬乂嘉译. 行动中的组织——行政理论的社会科学基础. 上海：上海人民出版社，2007：76.

那么具体实践过程中也可以发现，在由属地党委委托的任务中，基层监管机构跨越本组织的部门边界，与其他部门形成较为密切的相互依赖关系。在其他情境委托下的属地任务中，组织间的关系则相对松散，呈现出来的合作关系并不紧密，诸如出现联合行动的“联而不动”困境，以及“伪形合作”状态，并未能够达到实质性的合作效果。综上，我们提出命题四。

命题四：当社会稳定秩序逐渐成为政府行为的目标导向时，基层监管机构对不同环境要素的依赖性逐渐发生变化。出于降低监管执行中政治交易成本的考虑，对不同任务进行“区别性组合”，形成组织间合作关系的“松散化”和“等级化”，进而分配不同的组织注意力。具有严密等级制特征的党委组织委托的任务，权威性较高，被高度关注，而其他松散化的组织任务中的权威性较弱，任务执行会被低度关注。

2. 监管策略的运用

尼尔·冈宁汉姆(2011)曾提到，有效监管常常是通过讨论、对话和协商得来的，而非将规则单方面由一方强加于另一方所能达到的。[①] 现实中的监管人员往往会表现为介于强制与协商之间。有时发挥监管法令的威慑性，有时软化执行监管法令，有时绕过监管法令。因为“一个公共官员拥有自由裁量权，无论面对怎样的权力限制，依然具有在作为和不作为之间拥有选择的自由”。[②] 无论监管法令的强制性如何，监管者依然能够依据自身的价值取向自由裁量监管对象的经营行为，自主决定监管规则适用性程度。Hawkins(1984)也曾经提出，在有需要被监管对象密切协作的任务，监管者与被监管者存在着谈判的过程。[③] Hanf(1993)也讲到，监管者不仅仅需要考虑执行的成本与后果，而且还要考虑被监管者过去

① 尼尔·冈宁汉姆，杨颂德. 建立信任：在监管者与被监管者之间. 公共行政评论，2011，4(02)：6—29.

② Davis，K C. *Discretionary Justice*：*A Preliminary Inquiry*. LSU Press，1969：4. //[英]米切尔·黑尧著，赵成根译. 现代国家的政策过程. 北京：中国青年出版社，2004：158.

③ Hawkins K. *Environment and Enforcement*：*Regulation and the Social Definition of Pollution*. Oxford：Clarendon Press，1984.

的行为,以及可能对其他人行为产生的影响。[1] 那么,监管者在特定的需求背景和情境之下,综合多样化的考虑,针对特定的监管对象采取针对性的监管行为,我们在延续之前内容讨论的基础之上,继续延伸出基层监管者的监管行为,并对其进行概念化处理(见表2-6)。

表2-6 不同任务感知下的监管执行策略

监管行为	监管遵从取向类型	任务感知	激励程度	规则约束	具体行动
协商式监管	合作型	高	正向强激励	软化	提标立杆 摊派任务
强制式监管	抵抗型	高	负向强激励	硬化	运动式整治 默许与关停
关照式监管	服从型	低	正向弱激励	软化	非正式关系 选择性忽视
督促式监管	应付型	低	负向弱激励	硬化/软化	严格检查 督促改正

当监管者对任务敏感性较高,监管对象的配合程度出现高或低时,监管行为呈现出协商式和强制式的特征。当监管对象的遵从取向为"合作型",监管者采取正向激励方式,与监管对象开展平等对话,共同促进监管任务目标的实现。此时的监管者与被监管者间形成信任与合作关系。在共同应对上级的检查和验收评估等方面,监管者依赖被监管对象,彼此之间形成密切的互动关系。伴随双方交流互动关系的持续开展,彼此之间默契关系也逐渐产生。当高敏感性的任务遇到抵抗型监管对象时,监管者转向采取负向激励方式,硬化规则执行,对监管对象的违规行为进行强制性管制,依规采取责改立案,扣押查处。

当监管者拥有较低任务敏感性,监管对象的配合程度出现高或低时,

① Hanf K. *Enforcing Environmental Laws: The Social Regulation of Co-Production*. //Hill M. New Agendas in the Study of the Policy Process. Hemel Hempstead: Harvester Wheatsheaf, 1993: 88-109.

监管者的行为呈现出关照式监管和督促式监管特征。当监管对象的规则遵从类型为服从型,监管者出于维稳和维持社会民生考虑,对监管对象施以同情心,以口头指导和教育引导的方式加以关照,尽量使其维持现有经营状态情况。当任务敏感度发生变化,监管者出于完成任务的逻辑,日常关照和默许经营的监管态度将会被运动式整治取代。当面对那些口头应承或者随便敷衍的应付型目标群体,监管者选择对其采取留下文书,以及引导改正,纠正违规行为。根据以上类型化分析,我们试图提出命题五。

命题五:监管对象内部并非铁板一块,而是具有异质性。监管者依据监管任务的不同敏感性程度以及监管对象类型的差异组合,选择软化抑或硬化监管规则约束,裁量监管执行强度,形成四种不同的监管行为。

总体而言,监管者面对不同监管对象时,选择对监管规则的执行调适,从而能够将监管规则与具体监管情境锁定在相契合的范围,与此同时基本完成不同组织委托的任务。

三、整体框架

基层监管执行发生在与科层组织内部不同主体,与基层监管目标群体之间的双重互动过程中。基层监管机构因嵌入在科层条块结构中,承接不同部门竞争性任务委托,需要与同级地方政府和上级职能部门开展多个回合谈判。当面临单一资源和多任务情境,基层监管机构为减少执行交易费用,依据任务敏感性分配组织注意力,对高敏感度的任务高度关注,低敏感度的任务低度关注,由此形成对任务执行与目标群体之间的“区别性组合”,从而节约组织资源和减少执行交易的成本。在不同情境的不同任务执行中,监管者对不同遵从度的目标群体进行策略性监管,并依据监管对象的回应性,再次调适相应的监管行为和策略,从而产生四种具有不同特征的监管行为。整体框架绘制如图 2 - 6 所示。

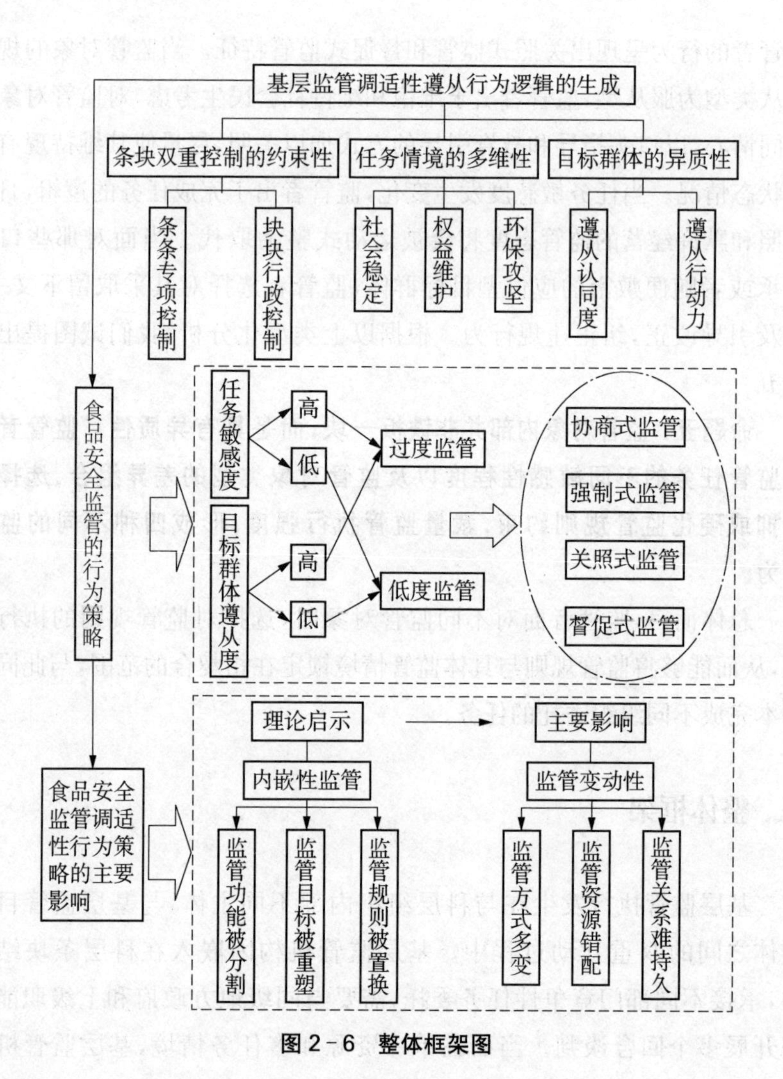
基层监管调适性遵从行为逻辑的生成
条块双重控制的约束性
任务情境的多维性
目标群体的异质性
条条专项控制
块块行政控制
社会稳定
权益维护
环保攻坚
遵从认同度
遵从行动力
食品安全监管的行为策略
任务敏感度
目标群体遵从度
高
低
高
低
过度监管
低度监管
协商式监管
强制式监管
关照式监管
督促式监管
食品安全监管调适性行为策略的主要影响
理论启示
主要影响
内嵌性监管
监管变动性
监管功能被分割
监管目标被重塑
监管规则被置换
监管方式多变
监管资源错配
监管关系难持久

图 2-6　整体框架图

第三章 基层食品安全监管行为逻辑的生成

特定的行为产生于特定环境之中，本章着重从宏观结构因素、中观任务情境和微观监管互动三维度分析它们对基层监管执行的影响，在分析具体影响因素基础之上，进一步深入分析它们是如何塑造出基层监管行为特征的。宏观的条块关系是我国行政体制所特有的结构性特征，影响着政府间的关系。不同部门间的行政发包关系存在，促进部门间交易关系的形成，进而制约特定部门的具体执行行为。就食品监管部门而言，既接受"条条"上项目发包，形成纵向职能部门间的交易关系，又接受"块块"行政控制，与横向属地政府形成交易关系。两种交易关系相互叠加，对食品监管部门构成多重任务委托关系的同时，也制约监管部门应有的独立性和中立性。除受制于相对宏观的条块结构因素，基层监管执行的具体执行过程还受到中观层面特定任务情境的约束。长期以来的维护社会稳定任务，以及当下环保攻坚中心任务，还有来自社会公众权益受到侵害的投诉任务，构成主要任务内容，对不同任务的差异化感知，进一步导致监管行为的非稳定性。此外，监管对象之间具有差异性的客观事实，构成监管执行者所面临的微观因素。不同类型监管对象的反馈情况，同样对监管执行者行为产生影响。随着监管者与被监管者互动关系的深化，监管对象的类型发生特定方向的转化，反过来调节监管者具体执行行为。

第一节 条块分割的结构性特征：基层监管执行的制度约束

基层监管行为是发生在特定监管领域内的政府行为，学者们从不同角度刻画政府行为特征。经济激励刺激使得基层政府行为表现出“公司化”特征。[①] 目标管理责任制导致基层政府对不同政策采取“选择性执行”。[②] 在面临资源和目标约束，基层政府借用正式权力非正式运作，“变通”执行政策进行制度创新，从而推行一套经过改变的制度安排。[③] 基层政府执行政策采取策略主义方式，[④]比如定义性政策变通、调整性政策变通、选择性政策变通和歪曲性政策变通，[⑤]还如逃避型执行、协调性执行、弹性执行、应付性执行。[⑥] 基层政府变通执行成为一种极为常见的现象，其内在生发方式，被认为是上下级之间的“共识式变通”，是执行“变通”的各级部门对“如何执行公共政策”形成共识的结果。[⑦] 正是如此，由中央统一性制定的政策法令经过一次次政策再细化和再规划，地方可能会根据自身的地方性知识、特殊性和地区性利益运用自由裁量权对中央政策采取具体化处理方式。[⑧] 地方根据自身政策执行环境重新排列政策目标序列，公共政策执行具有相当大的弹性空间，呈现出“软政策执行”特征。[⑨] 如

---

① Walder A G. Local Governments as Industrial Firms: An Organizational Analysis of China's Transitional Economy. *American Journal of Sociology*, 1995, 101(2), 263 - 301.

② O'brien, K J and Li Lianjiang. Selective Policy Implementation in Rural China. *Comparative Politics*, 1999, 31(2): 167 - 186.

③ 孙立平，郭于华. 软硬兼施：正式权力非正式运作的过程分析——华北B镇定购粮收购的个案研究. //清华社会学评论(特辑). 厦门：鹭江出版社，2000：21—46.

④ 欧阳静. 策略主义：桔镇运作的逻辑. 北京：中国政法大学出版社，2011.

⑤ 庄垂生. 政策变通的理论：概念、问题与分析框架. 理论探讨，2000(06)：78—81.

⑥ McAllister L K. Dimensions of Enforcement Style: Factoring in Regulatory Autonomy and Capacity. *Law & Policy*, 2010, 32(1): 61 - 78.

⑦ 张翔. 基层政策执行的“共识式变通”：一个组织学解释——基于市场监管系统上下级互动过程的观察. 公共管理学报，2019，16(04)：1—11.

⑧ 贺东航，孔繁斌. 公共政策执行的中国经验. 中国社会科学，2011(05)：61—79.

⑨ 李元珍. 央地关系视阈下的软政策执行——基于成都市L区土地增减挂钩试点政策的实践分析. 公共管理学报，2013，10(03)：14—21.

果将执行者所处制度环境纳入分析，则政策执行者被认为同时面临行政体系设计和治理对象主体行动的风险约束，基于“风险理性”发展出多样的应对行为。[①]

基层政府策略行为产生受特定因素影响，其中一个重要因素便是组织结构，主要揭示组织所在结构特征对政策执行的影响。中国特色制度的层级性以及多属性结构导致我国政策执行的多部门合作困境，从而通过高位推动、层级性治理和多属性梳理，达成信任、协调、合作、整合性关系，减少“政策梗阻”。[②] 在基层政府内部，横向不同部门之间的目标、激励和约束差异化，导致科层结构一种高度分化状态，增大被执行政策摩擦，政策执行容易被扭曲化，[③]由于部门间各自分管一段政策，划分监管内容完整性，导致冲突协调问题产生。[④] 结合横、纵两维度来看，基层制度环境由横向不健全的问责机制与纵向有限问责机制形成稳定结构，导致地方政府在政策执行中出现选择性履行职能。[⑤] 基层政府面临的权力、责任与资源之间不均衡结构关系，当面对严密的考核与追责机制，尽管上级政府不断强化压力型体制的威力，但是并未真正消解基层政策的策略执行。[⑥]

另外一个重要影响因素则是激励因素，主要探讨组织激励对政策执行所产生的影响。周黎安等人探讨了政府组织上下级之间发包关系，揭示行政权分配、经济激励和内部控制三个内在一致性维度下的中国政府行为特征。[⑦] 上下级之间构成一种委托代理关系，利益不相容会导致政策执行主体的逆向选择行为，对政策的忠实执行造成影响。[⑧] 地方政府面临政治激励和经济激励有效性的不同组合，执行中央政策行为模式表

① 吕方. 治理情境分析：风险约束下的地方政府行为——基于武陵市扶贫办“申诉”个案的研究. 社会学研究，2013，28(02)：98—124.

② 贺东航，孔繁斌. 公共政策执行的中国经验. 中国社会科学，2011(05)：61—79.

③ 陈家建，边慧敏，邓湘树. 科层结构与政策执行. 社会学研究，2013，28(06)：1—20.

④ 张晓涛，孙长学. 我国食品安全监管体制：现状、问题与对策——基于食品安全监管主体角度的分析. 经济体制改革，2008(01)：45—48.

⑤ 郁建兴，高翔. 地方发展型政府的行为逻辑及制度基础. 中国社会科学，2012(05)：95—112.

⑥ 张紧跟，周勇振. 信访维稳属地管理中基层政府政策执行研究——以A市檀乡为例. 中国行政管理，2019(01)：80—87.

⑦ 周黎安. 行政发包制. 社会，2014，34(06)：1—38.

⑧ 丁煌，李晓飞. 逆向选择、利益博弈与政策执行阻滞. 北京航空航天大学学报(社会科学版)，2010，23(01)：15—21.

现出差异，呈现四种行为：实动、暗动、伪动、缓动。[①] 不断强化的激励机制反而诱导和强化基层政策执行中的梗阻现象。[②] 上级不断加大压力下，基层政策执行也会流于形式，[③]面对上级政府为执行政策配置的奖惩手段越严厉，政策执行的压力越大，基层政府执行政策的动力越大；压力越小，基层政府执行政策的动力越小。在其他条件相同的情况下，执行压力越大，政策越有可能被推行，执行压力越小，政策被推行的可能性越小。[④]

可以看到，现有研究不仅深刻刻画政府行为特征，而且从结构和激励两个因素充分解释基层政府特定行为影响因素，丰富了对基层政策执行行为的知识积累。但也认为有几点可以继续完善的地方：第一，现有研究主要将块块属地政府作为讨论对象，而较少涉及职能部门受我国特定行政管理体制影响下的具体行为选择。第二，有关政府行为的结构性影响因素方面，要么是考虑纵向层级结构，要么是考虑横向不同结构，并没有同时将条块结构纳入对政府行为的结构性影响因素范畴之内。尽管有些文献将条块之间矛盾关系纳入到执行机构面临的制度约束环境，但是并未探讨在面临制度约束情境中执行机构的具体行为选择。第三，已有研究主要分析强激励状态下的行为特征，而来自上级政府的激励能否对被激励方产生作用以及产生何种作用程度，需要对被激励方的主观感知加以深入观察。在愈加强调风险约束背景下，被激励方对责任边界的主观性感知，则是基层执行者权衡激励与责任之间矛盾的内在依归。为此，本部分内容试图增补相应变量，分析条块结构下不同任务激励特征对基层监管执行的影响过程以及相应机制。

“条块”代表我国政府组织之间的关系。“条条”指从中央到地方各级政府业务职能相同的部门，“块块”指由各种不同职能部门组合而成的各

---

① 陈玲，林泽梁，薛澜. 双重激励下地方政府发展新兴产业的动机与策略研究. 经济理论与经济管理，2010(09)：50—56.

② 周雪光，练宏. 政府内部上下级部门间谈判的一个分析模型——以环境政策实施为例. 中国社会科学，2011(05)：80—96.

③ 王亚华. 中国用水户协会改革：政策执行视角的审视. 管理世界，2013(06)：61—71.

④ 陈家建，张琼文. 政策执行波动与基层治理问题. 社会学研究，2015，30(03)：23—45.

个层级政府。条块结构成为我国政府行政体系中的基本结构，由条块交互形成的条块关系亦成为国家治理过程中的重要现象。从中央与地方对公共事务的管理体制上划分，条块关系包括“条块分割型”和“条块结合型”。[①] 在双重领导制度安排下，业务部门在复杂关系中做出判断和选择的同时，也在消耗自身组织精力与力量。因为在协调“条条”上专项化任务以及“块块”上行政控制之间，需要不断分配组织力量。对特定委托者的依赖程度和重视程度的差异成为分配依据，并基于此形成对不同委托任务的敏感性差异，进而分配相应的组织注意力权重。

一、纵向条条对基层监管机构的专项化控制

（一）依靠项目推动的组织激励

“项目治国”是新时代国家治理的重要形式之一，国家通过项目制度自上而下推动社会和市场各领域治理。项目制运作下的政府间关系也随着国家治理方式变化不断增加了新内容。上级政府逐渐以项目作为手段，通过项目形式将专项化社会建设和公共服务资金向下传递，间接实施对下级政府控制。因此，“条条”制度下财政转移控制模式使得所有的建设和公共服务资金都项目化和专项化了。[②] 下级政府为争取更多项目，“跑部钱进”的动力愈加高涨，积极完成项目申报要求的规定动作，并将其作为本部门的中心任务，倾注了较多组织注意力。对食品安全监管部门而言，由国家局发布的“国家食品安全城市创建”项目是整个部门工作的核心，因与本部门的业绩相挂钩，所以提前做好项目申报的各项准备工作。食安办的 X 主任如是说：

“创建国家食品安全城市工作目前来说是比较重要的一个工作。这个创建涵盖了整个行业，包括我们的服务水平，任务指标。原来是 170 个项目。去年年底国家局对考评方案进行了调整，省里面定的考评细则进

① 马力宏. 论政府管理中的条块关系. 政治学研究，1998(04)：71—77.
② 折晓叶，陈婴婴. 项目制的分级运作机制和治理逻辑——对“项目进村”案例的社会学分析. 中国社会科学，2011(04)：126—148.

行了调整，这项工作从2016年起步到现在一直在做，包括关键项和否决项，有5个否决项，有34个关键项目，还有一些其他的项目。”①

国家局发布的“国家食品安全城市创建”项目具有绝对权威性。自上而下发布的专项化任务，可以视为上下级部门间的任务发包，并且可以将其视为上下级之间存在着交易关系。项目由上级部门发起，并发布项目指南书，开展竞争性招标。下级部门在向上申报项目前，依据招标要求进行筹备，并在前期就项目内容做出一些成果，以便能够确保项目中标。在国家局发布的任务项目中，实际操作起来的内容要求不仅多，而且过程复杂。上级部门通过自上而下方式，将工作任务以专项化方式层层传递，向下级部门发包。下级部门非常重视上级发布的任务内容，在面对国家局发布的“食品安全城市创建”工作任务时，H区局将该项目任务作为本部门的重要内容，同时开展积极的筹备工作。

“原来是去年(2017年)就开始申报了，但是国家局一直在调整这个指标。第一批没有G省的城市，第六批就有了GZ、SZ、FS三个城市参加创建。因为全国14个城市统一验收，按我们的方案是可以的，但目前为止要等国家局的通知，反正各项工作先做好了，他随时过来验收就准备好了。”②

可以说，上级业务职能部门通过项目申报、管理、验收的方式，激励下级业务部门完成工作，上级政府借助项目制，将财政自上而下拨付，既能够推动项目的具体实施，同时又能够通过财政手段实现对下级的控制。那么基于对完成项目任务的要求，以及与其他地区具有竞赛压力的情境下，下级政府往往具有较高的重视度。此外，在“职责同构”的制度安排之下，通过上下级之间设置相同机构，确保在历经数次机构改革之后，上级对下级还能具有较高的动员性和权威性。并且能够使得项目制运行持续发挥对下级部门的激励性作用，由此增强对下级的控制力度。此外，职责同构的体制安排下，下级部门依托相应组织机构，开展与上级职能部门的项目对接。即使在机构改革期间，同一时间内上下级之间的变革没有同时推进，但由于上下级之间的职责同构制度安排，能够确保项目的持续进

① 访谈记录：XSQ20180725，H区食品药品监督管理局综合协调科X科长.

② 访谈记录：XSQ20180725，H区食品药品监督管理局综合协调科X科长.

行。正如食品安全委员会办公室X科长所说：

“国家食安委调整了人员。这项工作(创建国家食品安全)现在移交到市场监管总局那边,它现在是放在了综合司里面的。原来是没有对应的牵头来做这项工作。现在省局是在综合处那里。”①

条条自上而下发布的项目与“职责同构”的制度安排相互结合,不仅确保专项任务传递过程中的权威性,凸显出监管任务的专项化,而且具有较强的激励性,对下级部门的工作开展形成较大约束性。正是在上下级部门间发包关系的存在,下级部门作为代理人必须承诺完成上级部门委托的任务,否则将在由上级部门主导的考核体系中难以获得佳绩,而这是作为下级部门极不愿意看到的。

(二) 以业务为考核起点

条条上的职能部门依托任务合法性而存在,履行业务职责是组织存在的依据。上级部门依据业务完成情况予以考核。为了降低考核过程中的信息不对称,上级部门将利用信息技术加强对下级部门的过程控制,不仅在专项化任务中明晰具体考核指标和要求,而且更加关注任务执行过程中的透明性。常用的具体过程控制手段是借助于信息化操作系统,要求下级部门将日常监管工作录入系统,以便于上级部门监管。正如人事科的L科长所言：

“现在监管人员写完材料之后还要录入到电脑里面还要上传照片。现在是两个系统在运作,一个是手工的,一个是电子化的,所有东西都要录入。我们要求监管录入系统都要录两次,区局一个,市局一个。我们要去管理、录入、更新数据。如果不及时更新,那人家要骂你的。包括现在的绩效考核,能够量化的就是这些东西,没法量化的就不好考嘛。说白了,考来考去就考这些,因为这些可以直观了解到底有没有干活的。”②

条条部门过程考核较为严格,几乎要求下级部门将执行过程详细上报,增强对下级部门掌握信息的完全程度。在具体实践中,尽管食品安全

① 访谈记录：XSQ20180725,H区食品药品监督管理局综合协调科X科长.
② 访谈记录：LXJ20180725,H区食品药品监督管理局人事科L科长.

监管从垂直管理转为属地管理，但业务职能部门仍然是以完成条条本职业务为首要出发点。下级部门对职责内的事务表现出较强的责任感。一方面，由于上级对下级部门的考核仍然基于业务的完成程度以及个人业务能力。另一方面，在下级部门看来，如果上级领导认为业务范围内的职责都完成不好，那么不仅不能够留下好印象，还会不利于自身的前途发展。因此，条条部门对业务职责的事项，出于组织任务合法性的认同，认为是理所应当的本职性工作。也正是出于此，对自身条条上的任务会表现出积极的态度，任务的认同感较高。

总的来说，条条采取专项化形式提升任务的权威性和重要性，同时利用信息化手段对下级部门的执行进行严格控制，试图动员下级部门的积极性，并加强控制。尤其在属地管理体制安排下，担心下级部门因体制改革调整对业务工作的积极性降低，而更迫切地希望增强下级部门对本职业务的重视。下级部门基于对组织任务合法性权威的认同，完成任务的积极性并不会出现明显减弱。

二、横向块块对基层监管机构的行政控制

（一）基于人事控制权的制约

近些年来，市场监管由垂直管理改为属地管理，由中央控制的财政分配和人事任免权逐渐向地方政府转移，人财物均由属地政府来分配。地方政府增强对食品安全监管部门领导的同时，也一同承担食品安全监管职责。2019 年出台的地方政府负责食品安全监管职责规定中，不仅明确了地方对食品安全监管的党政同责要求，而且具体规定："地方各级党委和政府是本地区的食品安全工作主要负责人，地方党委主要负责人需要建立健全党委常委会食品安全相关工作责任清单，将食品安全工作纳入地方党政领导干部考核内容。地方各级党委和政府借助考核'指挥棒'推动地方党政领导干部落实食品安全工作责任。"[①]由此可见，地方政府的

① 中共中央办公厅　国务院办公厅印发.《地方党政领导干部食品安全责任制规定》，2019－2－24.

人事考核权对食品安全监管部门具有内在威慑力,能够调动食品安全监管者对块块任务的积极性。

如果说条条上的权威来自专项化的任务本身,那么块块上的权威则主要来自地方政府拥有的人事控制权。置身于条块中的食品安全监管部门,面临两方面的权威碰撞。条条上的任务会被块块吸纳,甚至自身的力量会成为块块所能借用力量的一部分。① 面临条线上的任务,以及属地政府掌握的人员晋升控制权,食品安全监管部门往往会听从属地政府对任务差遣。如果条条任务与属地任务相互契合,那么能够较为得当地处理好。但是当两者发生明显的冲突时候,食品安全监管部门不得不在条条职责和块块事务中重新做出选择。基层监管人员在面临条条和块块的冲突性任务中深有体会。比如街道党委能够对基层市场监管所的干部任命提意见,甚至可以提出反对的建议。对于此,面对属地政府的治理任务要求,食品安全监管部门往往首先采取积极配合的态度,进而换取在晋升道路中获得同僚的支持。

(二) 通过组织联合的动员行动

地方事务的复杂性和多变性,成为地方政府采取多样化组织形式进行治理的现实因素。采取部门间合作方式开展联合行动,是政府经常选用的手段。在由某一权威力量动员下的联合行动不同于常规化的组织模式,而是一种临时性的组织形式,社会主义革命时期的动员传统被沿袭下来,逐步发展为针对某一项重点任务开展突击性的、紧急性的动员方式,称之为运动式治理。运动式治理能够对常规治理的失效起到补充性作用,②开展对某一领域公共事务的集中整治,短时间内聚集组织资源优势。可以这样认为,运动式治理是地方政府面对治理问题的复杂性和资源窘境的情况下所采用的组织策略。

基层政府是一个动员型政府,依托政治逻辑,将行政系统内各个部门的力量动员起来,实现多部门间联合。也正是由于地方政府内在强有力

① 渠敬东.项目制:一种新的国家治理体制.中国社会科学,2012(05):113—130.

② 狄金华.通过运动进行治理:乡镇基层政权的治理策略—对中国中部地区麦乡“植树造林”中心工作的个案研究.社会,2010,30(03):83—106.

的动员性，能够高效率实现不同组织部门间的聚合，将分散的行政力量聚集起来，投入到重要的任务之中。[①] 对特定某一领域的职能部门而言，联合治理过程中不仅需要协调好与发起联合部门的关系，而且还需要继续协调好与行动中其他部门间的关系。面对日益常态化部门间联合行动，下一次的部门间的联合或许就会由本部门发起。因而基层业务职能部门尽管对联合行动的组织方式怨声较多，但又往往不会选择拒绝。因为在这个任务中本部门可能作为配合部门，但或许在下一个任务中就会是牵头部门。因而，联合中的各个部门根据任务与本身职责的紧密程度确定本组织在联合行动中的努力程度。

可以说，块块属地政府常常牵头发起联合行动，试图实现“条条”和“块块”之间的联合，提升基层治理效能。但不可否认，在具体联合实践中，往往会出现“联而不合”的状态。多部门联合出动是为了给社会和市场主体制造紧张气氛，试图对一些不听劝阻的市场经营者营造压力氛围，获取经营者服从。但在实践中，联合行动中的条条部门和块块部门并没有实现较好联合，而是就本部门的职责范围内事项进行处理。例如，为了驱赶一些占道经营的食品经营者，地方政府出动了安监部门、环保部门、食品监管部门、城管部门等几个部门，最后仅由食品监管部门开出“无照经营”的罚单，逼迫经营者关门整顿，剩下的其他职能部门并没有发挥自身的管理功能。对于块块属地政府联合行动过程的评价，监管所的 L 科长向我们袒露了自己的看法：

“大家平时协作还是可以的，就是搞得太多了就影响到我们自己的主业了。大概 6 月份才搞完环保督察(任务)，结果 7 月份开始搞安全生产。我说这个月我才帮环保干完活，这个月又帮安监干活。有时候一起去要个把小时吧，那他们就只是看一下就完了，我们还在那里干自己的活，最后还是各干各的。”[②]

地方政府的联合行动意在通过集中各个不同部门之间的力量，开展对经济社会的治理。治理方式相对简单，短期内能够收到治理效果，但效

---

① 周雪光. 权威体制与有效治理：当代中国国家治理的制度逻辑. 开放时代，2011(10)：67—85.
② 访谈记录：LWB20180725，H 区 SY 街食药监管所 L 副所长.

果的非可持续也是显而易见的。此外，联合行动的实质是想要将科层组织的权威性向经济社会主体渗透，使得社会经济主体迫于紧张状态下的压力而选择服从。而这也正是联合行动日益成为地方政府开展食品安全监管常用方式的原因。

三、条块结构双重约束对基层监管执行的影响

（一）监管权责模糊化

模糊化作为科层组织内部的显著性特征，不仅体现在政策内容上的模糊化，而且还体现在不同部门间的行政职责模糊化。也正是由于部门间职责的模糊化特征，基层执行者往往陷入到条条和块块之间的夹缝之中，对任务执行的判断出现“摇摆不定”，更倾向从条条的上级部门寻求更加确切的任务信息，避免自身陷入到因过多关注“块块”任务遭遇“条条”的责难。向上级请示是基层监管者经常采取的策略，因为可以达到“风险转移”。当得到条条上级部门的确切指示后，基层监管执行者确保对块块任务的执行程度、执行强度和执行力度是能够被上级部门可接受的，进而确定自身在条条和块块矛盾中的安全边界。正如笔者在街道监管所参与式观察中看到的一幅图景：Z科长面对下属转发过来的属地政府发派的任务，是否执行、该怎么执行，感到极度困惑，请示了区局分管领导。

主要的任务经过是这样的：在环保风暴高压下，属地政府对中央环保巡视组发来的环保督察函极为重视，将其作为目前重点工作和中心任务。区政府对这项任务赋予高度关注，专门成立“河长制办公室中心小组”牵头整治。将任务下派街道，要求联合环保、市场监管等多个部门一起开展行动，对督察函名单中的商铺进行集中整治，需要上报整改前和整改后的照片。其中，有一家无证经营的餐饮店在Z科长看来非常尴尬。按照属地政府的政策要求，“河涌6米以内都不准开展经营”。在这项规定出台之前的商铺，可以继续经营，在这一规定之后的都不能予以发证。那么，在面对属地政府的清理任务，监管者选择与属地政府的要求保持一致，不再让市场经营者继续经营。面对属地政府要求的整改前后的照片，

监管者感到为难。

Z科长对任务的要求仔细研读，反复思考，针对整改前后的执行情况疑惑不已。因为，如果按照餐饮监管部门的逻辑，没有办理经营许可证就不存在结果，如果整改后的结果是取缔或者引导办理了证，那么整改前就是无证。现在关键是街道政府又不允许办证，取缔又取缔不了。Z科长感到非常困惑："这是油污处理排放，都没有涉及到主体。没有主体我要怎么搞啊？排污不是我们的主业啊。那我说排污问题，那之前是直接排到河水里的，一个照片，我现在就是经过一个三级分离器吸收以后。可是这个不是我们让他（市场主体）去做的。"①

Z科长尽管也很无奈，但还是向上级业务职能部门的直接领导请示该如何写这个报告。结果对方非但没有给出一个明确的可以操作的解释，反而给Z科长的建议是，由于是环保方面的职责，主要是街道属地政府的责任，对于填报内容的要求，作为餐饮监管部门只要配合来就好。通完电话后，Z科长非但没有得到想要的确切的答案，反而还受到上级职能业务部门领导的批评。而Z科长也感到满脸无奈，"这个是要追责的东西，我们认真了，他还骂你"②。

如果说监管职责的模糊化是由我国特定的条块结构所带来的，那么由职责模糊化对监管者带来的进一步影响，可以说是监管执行呈现出一种摇摆不定的特征。基层监管者受到条条业务的指导，又面临块块委托而来的各项任务，加之面临"不作为""乱作为"的高压问责环境，监管行为显得更加小心翼翼。一方面，仔细斟酌并捋出属于本部门的任务内容，确保是做了事。另一方面，主动向上级请示执行的具体任务，以求实现对问责风险的向上转移，换取相对安全的监管执行边界。在向条条请示和与块块配合的处理策略安排下，基层监管者的具体行为摇摆在履行业务职责与实现相对安全之间。由于监管执行者难以清晰由条条和块块各自下派的任务的合理边界，针对属于自身职责范围内的事项与属地政府的中心工作之间的冲突，难以进行准确的调节。徘徊在不断充斥着张力的条

① 访谈记录：ZQ20180518，H区NZ街食药监管所Z书记.
② 访谈记录：ZQ20180518，H区NZ街食药监管所Z书记.

块之间，基层监管者不仅需要依靠个人的智慧，更需要让监管组织进行自我调适，从而才能够适应紧张的任务环境以及模糊化职责的组织间关系。

（二）监管权威碎片化

如果说，组织权威的产生源于权力的施予方让接受方产生惧怕的心理，那么食品安全监管领域的权威则主要是市场主体畏惧监管者手中的执法权力而服从监管。然而，政府作为一个庞大的科层组织系统，零散化的组织特征难以形成统一的权威。有学者较早指出，中国是碎片化的威权政体，科层组织内部各个部门依据自身的利益进行谈判、讨价还价，最后再制定出议价后以及过滤后的公共政策，这导致了从中央到基层的权威是碎片化和割裂的。

食品安全监管领域的权威碎片化特征，从频繁变动的监管机构变革中可见一斑。从纵向上中央与地方之间的监管权不断变动，从横向上质监、工商、食药、市场监管等多个部门对监管权的不断分割，造成监管权的归属机构不具有稳定性，从而加剧监管权的割裂程度。此外，新一轮机构改革的主旨在于综合多个部门在基层监管领域中的权威，将食药、工商合并为新的市场监管机构，实现执法权的综合。高层的政策制定本意和出发点是为了避免多头执法以及执法资源的浪费，进而能够增强基层监管执法权威。面对现实具体的监管情境，综合执法的改革在形式上达成了综合，但在实际上却还并未真正实现有效的综合，甚至在面向社会执法时，单一领域的监管权威由于需要综合监管多方面的事务，反而监管力量和监管权威被削弱。

总体上来说，食品安全监管权威的碎片化程度发生在政府内部各个部门之间，既包括属地政府与职能部门之间，又包括各个职能部门之间。政府系统中的行政领导机构干扰监管权的使用过程，加剧了原本并不集中的监管权威的碎片化程度。正如食药监管所的X科长如下所言：

“区政府包括街道跟我们职能部门讲，许可证不能发给他，你发了以后就是证明允许他在这里做餐饮。（但是）我们有行政许可法，执行这个法律法规，当面临到这些现实的情况，我们对这些法律法规只能是认得这些条例，那我们就不能给他发许可证。我们作为一个政府职能部门，就夹在中间。这里面你处理得好就是好，你处理得不好就是渎职。你为什么不给他发了，我不给他发就是杜绝污染源头，我们不能收他的资料呐。收了他的资料，就得给他发食品经营许可证呐。他有了营业执照，有食品经营许可证，他就合理合法经营，你想取缔，那肯定会引起行政诉讼嘛。”①

食品安全监管权威的碎片化除了由属地政府与职能部门之间的利益冲突导致，而且还发生在不同职能部门之间对权力划分的讨价还价上。基层综合执法的改革，某种程度上对于整合分散在不同部门的执法力量，组合形成新的执法资源，增强执法的效率方面具有特定作用。近距离观察基层综合执法改革的过程，不同部门之间总会围绕执法权力的分割表达本部门的声音。尽管从名义上，通过综合执法的形式，原先需要通过上一级政府的动员来实现联合执法，目前只需要在一个组织内部就可以完成，减少部门间不断沟通的成本。但是现实中专业执法部门的力量却被削弱了。

在某种程度上，从专业职能部门分割出去监管权力，对本部门的监管权力而言，则是相对弱化了，甚至还会加剧监管权威的碎片化。A 市 H 区的综合执法体制改革采取从专业职能部门抽调政府部门非正式人员，在街道政府内部成立综合执法机构的方式组建。“H 区的 6 个街道试点综合执法体制改革，将协管员的所有保障关系、编制关系全部下放到街道，而且局里面也不管他们了。那协管员需要管理的事情就不确定，工作内容不再局限于食品监管，其他城管、安监方面的也需要管了。”②基层监管所的正式编制的公务员数量远远少于协管员的数量，协管员在日常监管中发挥极大的作用。综合执法体制改革之后，随着协管员的身份从监管所抽离，基层监管所的力量也随之被分散。

与 H 区毗邻的 L 区，不同于将政府雇员抽调组建综合执法的方式，采取分割执法权限，将行政处罚权划给综合执法机构，在原来专业机构内部保留前置环节的审批权、检查权、监督权。当面向公众执法时，专业监管部门由于不再具有行政处罚权，监管权威性相对被弱化了。正如 W 副

① 访谈记录：XZH20180509，H 区 NZ 街食药监管所 X 所长.
② 访谈记录：XZH20180509，H 区 NZ 街食药监管所 X 所长.

局长所言，“我们现在都是一只手别在背后出去干活了，现在把那块(行政处罚权归综合执法局)收走，我们的监管工作就变得没有效力，没有威信。在综合执法改革之后，我们的业户不怕我们的，他们就觉得是吓唬吓唬他们了，没有一次落到实处，所以不怕了已经”①。

可以说，综合执法在整体上实现监管力量的大综合，对于节约监管资源方面的作用也是显而易见，但也会造成监管权威的碎片化。一方面，由于专业监管力量的减少，带来监管权威的弱化。专业监管机构的内部力量被抽走，形成了监管力量的洼地。综合执法机构从各专业部门划转人员，综合性增强的同时专业性方面又难以兼顾得到，形成了“大综合—小专业”的执法现象。对食品监管机构而言，组织机构的权威性甚至是独立性均来自专业性，而一旦专业性不足，那么面向市场、社会的权威性会被大打折扣。另一方面，增设综合执法机构之后，加剧专业机构与综合执法机构之间的沟通成本。将执法权单独划给新成立的综合部门，再一次增加部门间的交流沟通成本。例如当食品监管机构将所有前置证据都锁定之后移交给综合执法部门，实际上是将处罚权割裂给综合执法机构。由于综合执法机构专业性和认可度方面的不足，在执法文书方面需要重走一遍办案流程，不仅需要食品监管部门的专业化协助，而且还要进行持续的沟通，延长整个案件办理的工作时长。对食品监管部门而言，设置综合执法机构给本组织带来的是专业化监管权威的流失，因为日常监管才是占据大部分组织注意力的工作内容，监管末端的处罚权行使仅占了很少的比例。

目前各地的综合执法体制改革方式尚且处于探索阶段，而各个地区具体实践情况的不同，也会形成不同方式下的综合执法改革模式。属地政府希望在总体层面上实现监管力量的综合，但对业务职能部门而言，其监管能力和监管效力会被大打折扣，监管专业性也受到制约，也对监管的权威性造成挑战。不仅如此，条块结构影响下的政府内部碎片化，加之综合执法体制改革带来的影响与冲击，会使得食品安全监管的权威性再次被碎片化，无疑也会增加监管机构的运行成本。

---

① 访谈记录：WHM20170519，LW区食品药品监督管理局W副区长.

（三）剩余监管职责推诿

受剩余控制权和剩余监管权的概念启发，剩余监管职责主要分析上下级部门间的监管权责关系。产权理论中的控制权被分为特定控制权和剩余控制权。特定控制权是指在契约中事前加以明确确定的控制权权力，剩余控制权是在事前的契约中尚未做出明确规定的权力归属和行使问题。[①] 企业的不完全性直接导致了剩余控制权的产生，拥有剩余控制权的一方只要不违背原先合同、习惯中的规定，都可以占有和控制契约规定之外的资产所有权。在政府系统内部不同层级之间，将上下级的关系视为委托代理的关系，上级部门作为委托方，将监管任务及相应要求委托下级部门开展，同时拥有对目标设定、检查验收方面的控制权力。下级部门具体承包上级部门委托的任务，并在相应的任务职责内履行完成，拥有对任务执行情况的实际信息控制权。[②] 在发包制的关系中，上下级部门之间彼此拥有在任务合同中尚未明确规定且相较于对方所没有的控制权力，能够形成谈判地位。上级监管部门难以做到对下级监管部门执行情况的完全监督，上下级部门间的权威关系并非完全由上级部门所主导，有时下级部门向上反馈的可能是与现实执行情况并不相符的监管信息。甚至对下级部门而言，如果按照现实情况执行一些任务反而会带来问责风险，那么会进行选择性隐瞒或者加以修改，这会导致上下级之间的关系出现“逆向选择”困境。

如果说剩余控制权的存在，能够让下级部门获得与上级部门进行谈判的空间，那么剩余监管权则是上级部门为了避免自身陷入治理风险，而将一些风险性较高的事项向下级部门转移。胡颖廉提出“剩余监管权”概念分析属地管理的监管体制背景下，中央政府将兜底性的权力和责任赋予地方，促使地方政府保障区域内不发生系统性食品安全风险的

---

① Hart O，Moore J. Property Rights and the Nature of the Firm. *Journal of Political Economy*，1990，98(6)：1119－1158.

② 周雪光，练宏. 中国政府的治理模式：一个“控制权”理论. 社会学研究，2012，27(05)：69—93.

底线。[①] 如果与西方国家的监管体制改革进行对比，我国的监管体制改革总体上出现了相反的发展路径。2013 年国家机构改革取消省以下工商、质监、食药垂直管理，划归属地管理。2018 年第八轮的机构改革在全国铺开监管体制调整，要求实现工商、质监和食药的合并，形成综合性市场监管机构。很显然，综合性明显增强，专业化却被弱化了。我国“大综合”和“小专业”的监管改革趋势与西方专业化、独立化的监管存在明显的不同。

此外，在中央与地方之间的权责划分上，与西方国家集权化的特征不同，我国呈现出明显的分权化特征。西方发达国家将全国性的食品安全监管职责交由联邦政府统一管理，集中监管，例如美国的监管体制是如此。与之不同，我国的改革做法是将监管权责下放到地方政府。从第八次政府机构改革中也可以发现，监管体制的属地化、地方化的改革趋势更加显现了。中央政府意在通过分权方式，分散社会风险并且将其向地方政府转移。[②] 同样地，在地方政府多层级关系中，上级部门将治理风险层层向下传递，从省一级传递到市，市一级传递到区，区一级传递到街道（乡镇）。上级部门通过将剩余监管权向下级部门转移的方式，将一些风险性相对较高且规模性较低的监管主体下放，完全放权给下级部门，一些规模相对较大，经常与政府形成合作的监管主体则由本级部门管理。监管权责出现自上而下层层传递的过程。中央将监管职责不断向地方下压，地方层级内部的部门也是如此，上级不断把监管职责向下级转移。在规定的市场监管职责范围内，上级基于风险和资源判断，将那些风险较小、利益较大的监管任务掌握在手中，而将那些风险较大、利益较小的监管任务不断向下级转移。在上下级之间形成上级部门“抓大放小”、下级部门“权小责大”的监管权责配置格局。下级部门甚至会认为这是上级部门在甩包袱。区食药监局的综合协调科 X 科长跟我们讲述道：“2014 年以前，分得很细的，反正四星级、五星级（的饭店）我是从来不去碰他的，公共场所四星级以下我们区局也是不去管的。那现在不一样，他（市局）就管那十家重

① 胡颖廉. 剩余监管权的逻辑和困境——基于食品安全监管体制的分析. 江海学刊，2018(02)：129—137.

② 曹正汉，周杰. 社会风险与地方分权——中国食品安全监管实行地方分级管理的原因. 社会学研究，2013，28(01)：182—205.

点接待单位，其余全部往下面扔。以前他(市局)拿着权力不下放，后来追责多了，就下放了，就拉多一点人进坑嘛。他就像抱着一个临时炸弹一样。”①

另一位分管人事的科长也说道：“这么多年的改革，就市和区之间都很难。(市局)有好处的就抓在手中，责任大的没好处的就权力下放。像五星级酒店那些好管，酒店本身也有质量管理在里面，他好管，又有很好资源，就全部在手里抓着咯，也就是利益分配嘛。”②

2005 年食药监局成立之初的辖区内监管对象总量为 1544 家，药店经营成为主要监管对象，共有 671 家，占 43.45%。至 2011 年从卫生局划入餐饮总共数量为 4673 家，监管总量从 2010 年的 2685 家，跃升为 7207 家。2011 年监管总量的增加并没有相应地增加编制总数以及扩招协管员，而是到了 2013 年中央正式明确设置街道监管所才开始大量招聘协管员。截至 2016 年 12 月，辖区内监管总量为 16857 家，其中与食品经营有关的 11731 家，大部分为小、散、乱的食品经营者，其中食品销售占比 55%，食品餐饮占比 42%，单位食堂占比 3%，以规模小的经营者居多，大企业相对较少。③

既然下级部门面临较多的监管事权，会通过招聘大量非正式政府人员填补监管人员不足的窘境。虽然政府雇员能够分担监管事务，但是不能承担监管责任。数量有限的正式监管人员，在监管责任属地化和压力型体制的背景下，面对被层层下压的监管职责，为避免被追责，采取文书留痕方式，以备将来用于自证清白。

第二节　任务情境的叠加性：监管执行调适的任务约束

改革开放四十年来，市场和社会领域发生了翻天覆地的变化。社会

① 访谈记录：XSQ20180725，H 区食品药品监督管理局综合协调科 X 科长.
② 访谈记录：LXJ20180725，H 区食品药品监督管理局人事科 L 科长.
③ 资料来源：“十载同行 · 守护健康”(2002—2012)——A 市 H 区食品药品监督管理局成立十周年宣传册，内部资料。

主义市场经济体制不断完善，市场在资源配置中的决定性作用不断增强，社会领域的变迁逐步呈现出从“总体性支配”向“技术性治理”转型的轨迹，[①]社会个体的主体性意识、权利意识也获得增长。在社会主义市场经济体制发展渐趋完善的进程中，政府管理体制和管理方式随之也做出相应调适和改变，政府的管理理念逐步从发展主义转向了公共服务。[②]“简政放权、放管结合、优化服务”是新一届政府在新时代的重要治理理念，从原先单纯强调管控的思想，逐步升华到服务与管理并重，从单纯强调一元主体，逐步转向了多元主体参与，激发社会各个领域的活力。政府的管理场景也逐渐从单一经济发展领域，跨越到市场、社会多领域共同发展。政府扮演的角色也不仅仅强调经济发展，而且也更加关注社会稳定。

对于基层监管执行者而言，面临着多任务、多目标的复杂情境。在思考提升经济发展的同时，还面临其他方面的治理要求，需要不断平衡不同主体、不同任务的边界。一般地，基层监管执行者面临的叠加性的任务情境包括：转型期维护社会稳定的任务情境，维护社会公众合法权益诉求的任务情境，以及当下环保攻坚的中心任务。

一、维护社会稳定的任务情境

从市场经济体制改革以来，地方政府的任务重心走过了以市场经济为中心向兼顾社会稳定的发展过程，维稳成为了与发展经济具有同等重要地位的一项中心工作任务。在现代国家构建进程中，维稳关系到国泰民安以及国家治理的合法性，因此被赋予了政治色彩，蕴含特定的政治逻辑。国家治理体系和治理能力构建中，稳定成为关系着国家政权和绩效合法性的一项极为重要的指标，从党的政府工作报告中，亦可以看到维稳在国家治理中的重要地位。党的十六大报告第一次将维稳工作独立成章予以集中讨论，写入到党的工作文件之中，维稳被拔高到国家治理的重要

① 孙立平，王汉生，王思斌，林彬，杨善华. 改革以来中国社会结构的变迁. 中国社会科学，1994(02)：47—62.

② 郁建兴，徐越倩. 从发展型政府到公共服务型政府——以浙江省为个案. 马克思主义与现实，2004(05)：65—74.

高度。党的十六届六中全会提出，“积极预防和妥善处理人民内部矛盾引发的群体性事件，维护群众利益和社会稳定”，将化解和处理社会冲突作为维稳工作的重要方面。党的十七大报告提出，“完善社会治理，维护社会安定团结”，将维稳工作与社会建设紧紧绑定在一起。党的十七届四中全会上也提出“发展是硬道理、稳定是硬任务”，地方各级政府“切实抓好发展这个第一要务、履行好维护稳定这个第一责任”。维稳成为地方政府工作任务中极为重要的一项。中共十八大报告中更强调，“提高领导干部运用法治思维和法治方式深化改革、推动发展、化解矛盾、维护稳定能力”。当然，对维稳目标的落实，也更有赖于地方政府执行过程中正确和恰当方式的运用。

在目标责任分解制度以及压力型体制的传导下，具有较强政治性色彩的维稳任务，被地方政府分解为科层组织中的常态化任务，并将其视为高于其他具体的职能工作。当面临具体职能性工作与维稳要求相冲突时，倾向选择守住社会稳定这一底线。此外，在风险感知中，地方政府对稳定和秩序都是极度敏感的，并将其置于重要风险考虑范围的首位。这样一来，以至于基层政府的任务概念构建中，出现了“不稳定幻像”，即认为社会矛盾会很多，且很严重，发生社会动荡的可能性很大的一种主观感觉。[①] 如果说“不稳定幻像”是指地方政府意念中主观认为社会的动荡不安，社会不稳定因素频繁存在。那么在现实中，地方政府对造成社会秩序混乱的担忧与害怕，是有过之而无不及。维稳成为了悬在地方政府头上的一把剑，只要存在可能爆发不稳定因素的一丝可能性，都会将这种因素扼杀掉。为了避免出现社会不稳定的因素，地方政府选择绕开严苛的法律规则，寻求其他解决之道，规避掉风险。在这个过程中，尽管获得了维护社会稳定的合法性，但同时也规避掉了组织的合法性，尚未履行组织职责。正如街道监管所的Z书记说到：

“我们对餐饮店做些督导工作，就像一些排污的检查，就要求一些餐饮企业进行责改，责改不行的话就要整改。这个工作说是这么说，但是做起来就没有这么简单，他（监管对象）不听你的。依法行政是没错，但是你

---

① 孙立平.“不稳定幻像”与维稳怪圈.人民论坛，2010(19)：23—24.

的对象是群众，有的在这里做个店，有的在那里做个店，互相都认识，就在那里聚会。比如我们去处理一个店的时候，他们一个手势，整条街的人都过来了。他这个就不是食品安全问题，他引发了一个维稳的问题了，那你怎么整。对涉及到环保排污的散、乱、污餐饮店，区政府下的取缔命令，只要达到这个目标，方式方法是很多的，那为什么一定要把它爆发呢，让这个社会不稳定呢？”①

带有较强政治性任务建构色彩的维稳要求，与自上而下的压力型体制相结合，对地方政府产生了诸如紧箍咒的作用，对基层地方政府的公共事务管理产生极大的约束性。在基层地方政府看来，不打乱现有的稳定的社会秩序就是最基本的底线要求。因此，在具体执行专项化的任务中，基层监管者为了保住底线，选择绕过法律法规的要求，不再以规则约束监管对象，而是选择从维稳逻辑出发展开执行。

二、维护公众个人权益的任务情境

市场化改革不仅带来经济社会的发展，而且民众的法律意识和维权意识也不断在增强，当公众自身合法权益受到侵害时，会主动向公共部门寻求帮助。基层监管者不仅是政府组织内的成员，也是国家在社会场域的代理人，与社会公众、市场主体之间的频繁接触不可避免。在监管过程中，基层监管者除了向上负责，还要面向公众提供特定服务，体现出以人为本的价值取向，倾听“顾客”的声音，及时对“顾客”的客观要求做出回应，以“顾客”的满意作为最大的价值选择。② 公众个人利益受到侵害，也往往选择向政府部门寻求帮助。在不断强调服务型政府建设的大背景下，基层监管者选择极力保障人民群众的利益，切实满足人们的正当需求。对市场监管部门而言，投诉举报的任务就是公众为维护自身利益诉求而委托来的任务。公众在消费过程中个人的权益受到损害，需要监管者参与帮助解决。

① 访谈记录：ZQ20180509，H 区 NZ 街食药监管所 Z 书记.

② 陈天祥，付琳. 政府煤炭安全生产监管绩效评估体系探讨——来自山西省 J 市的调研. 湘潭大学学报（哲学社会科学版），2009，33(05)：18—23.

强调效能政府建设的大背景下,政府将投诉举报处理中的公众满意度作为一项重要的考核指标。这对基层监管者而言,就像是一支指挥棒,必须要妥善处理公众的投诉举报。辖区群众的投诉举报由辖区政府负责,如果基层监管者对辖区内的投诉举报问题处理得不合理,比如投诉人对处理结果不满意而采取上诉,那将会连带区局领导被复议。又比如,基层监管者在处理投诉过程中出现了明显的程序上错误,处理时间的超期,那么将会被纪委问责,甚至还被记过。现实中来自公众的投诉处理任务量又是非常大,几乎占据了基层监管人员80%的工作时间。正如基层监管所的负责人同我们说道:

"现在投诉特别多,以前是群众投诉,现在是职业打假人嘛。比如地铁口的那个超市,被投诉商标不规范呐,食品过期呐,还有标签标识的问题啦,营养成分问题啦,反正只要是跟食品安全有关的问题都反映到我们这里来。投诉举报现在全所有70—80个,从受理、处理、回复投诉人到回复系统,有时候投诉人不满意你的回复,还要让你把所有材料挂网,还要回函给他。"①

从一般情况来看,基层监管所接收到的投诉举报来源主要包括:专业性的投诉举报集团和职业打假人的投诉、食品生产企业内部人投诉举报、普通社会公众利益受损的投诉。对处理经验相当丰富的工作人员来说,根据投诉人的信息和投诉的内容,就可以大致判断得出两类具有差异化的投诉,即普通群众的投诉举报和职业投诉人集团的投诉,前者是一种"维权型"投诉,诉求在可接受的范围内,后者是一种"牟利型"投诉,投诉者将投诉举报作为谋求个人利益的工具。比如说,在超市买了100盒存在问题的保健品之后,不仅要求退还给他10倍的商品价格,而且还索赔误工费、精神损失费等非合理诉求。而面对这两大类不同的投诉内容,市场监管人员会采取多种策略来摆平,最终得到一个彼此都比较认可的结果。

尽管监管人员对投诉任务处理比较抵触,但是必须按照规定的投诉处理程序来展开,而如果程序上不得当,将会使自己陷入窘境。也正因为

① 访谈记录:ZQ20180509,H区NZ街食药监管所Z书记.

投诉的大部分内容真实且有证据，所以投诉也被认定为帮助监管部门发现案情的来源之一。监管者不得不将这些投诉而来的发现有问题的市场主体进行立案处理。执法办案工作任务因涉及到法律程序，监管人员也必须格外小心，否则会引发办案程序、事实和证据不相符合的更加棘手的情况。区局在原国家食品药品监督管理局颁发的《食品药品投诉举报管理办法》(国家食品药品监督管理总局令第 21 号)的指导下，具体细化了规范性的投诉举报处理流程图(见图 3-1)①。

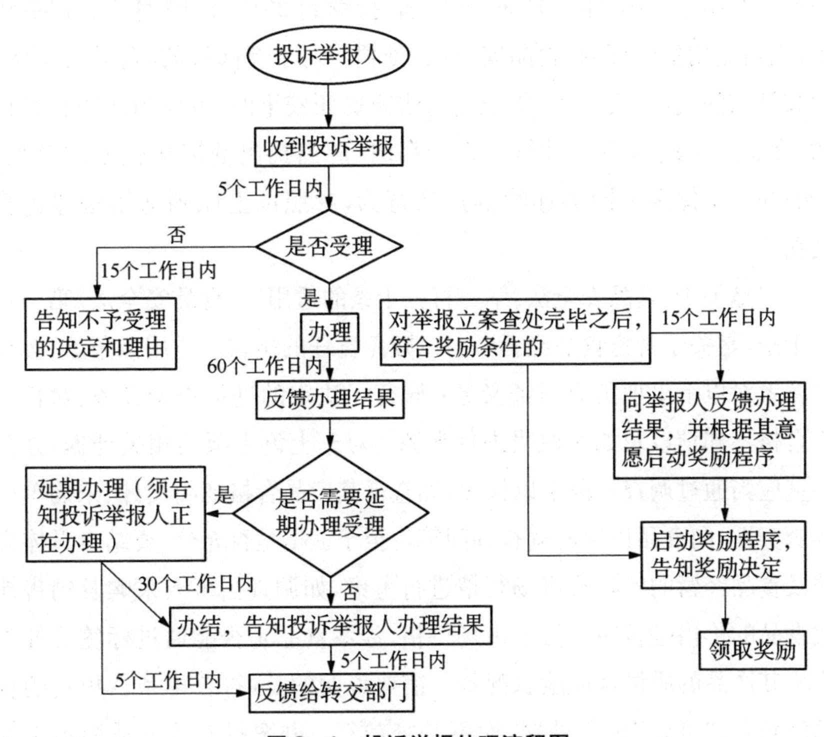

图 3-1　投诉举报处理流程图

为了避免在处理办案中出现问题，上级政府在制度文本上对新出台的总局政策和法规做统一的规定，不仅是从《食品安全法》的适用范围做出了规定，而且对于案件处理中的突发性情况也进行了详细的说明。具

① A 市 H 区食品药品监督管理局关于印发《行政处罚(一般程序)流程图》及《投诉举报处理流程图》的通知. 内部资料. 2018. 5. 16

体内容如下：

A市对新修订的《中华人民共和国食品安全法》(自2015年10月1日起施行)，对其中的法律适用问题提出了几点说明[①]：

一是关于新旧法适用原则的说明。(一)违法行为终了在2015年10月1日以前的，适用修订前的《食品安全法》，但新修订的《食品安全法》不认为违法或者处罚较轻的，适用新修订的《食品安全法》。(二)违法行为发生在2015年10月1日以后的，适用新修订的《食品安全法》。(三)违法行为开始于2015年9月30日以前，持续到2015年10月1日以后终了，应当适用新修订的《食品安全法》处罚。对于新修订的《食品安全法》比修订前的《食品安全法》所规定的法律责任较重的，也应当适用新修订的《食品安全法》，但在进行行政处罚时，应当提出酌情从轻处理意见。(四)同一主体多个同类连续的违法行为，参照以上原则适用法律进行处罚。

二是关于《食品安全法》第一百三十条的适用。《食品安全法》第一百三十条，是关于善意食品经营者可以减免责任的条款。适用该条款，食品经营者对以下事项负有举证义务：履行了法定的进货查验义务、对食品不合格不知情以及如实说明进货来源。对于上诉事项的相关证据，办案科室应当通过调查手段予以核实，如查证其产品合格证明文件、采购单据的真实性，向食品供货商调查询问等。至于证据是否充分，要结合具体案情及食品经营的实际及市场行情进行考虑，如调查当事人采购及销售涉案食品的价格是否明显低于市场价格、涉案食品是否能通过标签等外观辨析其产品的质量及风险状况等。需要说明的是，符合本条款规定的食品经营者，“可以”免予处罚，而不是“应当”。办案科室选择适用本条款时，应当保持谨慎态度。

对于需要面对千差万别的各种投诉情况的基层监管者而言，上级部门制定一些可供参考的制度文件能够提供一定的制度保障，进而避免自身陷入风险之中。但是制度化能够包含的内容远远比不过现实情况的复

---

① 《A市食品药品监督管理局食品监管执法分局关于〈食品安全法〉有关适用问题的通知》，内部资料，2015.11.26.

杂性，上级部门选择将剩余监管权责向下级转移，具体案件如何办理全由各个辖区负责人自主解决。这也就更加考验基层监管者的监管智慧以及监管策略的运用。

三、环保攻坚的任务情境

2015 年 1 月 1 日开始施行的新《环保法》，被称为史上最为严厉的环境保护法律。无论对地方政府、环保部门，还是企业方，都规定了明确的法律责任。对地方政府的责任归咎方面也进行极为严苛的规定，约束地方政府履行环保监管方面的职责。国家设定环境保护目标责任制和考核评价制度，强调地方政府对本区域环境的责任，并且每年需向人大报告环保目标完成情况。新《环保法》建立起一套较为严苛的责任追究机制，以加强地方政府对环保的责任意识。针对包庇环境违法行为、未及时查处造成生态破坏行为、伪造监测数据等违法行为进行依法问责。在极为严苛的《环保法》和"绿水青山就是金山银山"的环境治理宏观大背景下，政府系统对环保工作高度重视，系统内部开启督查模式，上级政府和环保部门监督下级政府和环保部门。督查组代表着由上级部门授意组成的工作组对下级部门的工作开展宣传、督促、检查，集中协调各部门的力量，推动科层组织内部各项工作的开展。① 比督查的权威性更高的是来自中央的"督察"。随着 2015 年 7 月《党政领导干部生态环境损害责任追究办法(试行)》的制定，党委领导也被列入环保治理工作中，体现出党政同责的特点。中央环保督察对党政领导一同进行监督，若发现地方监管不到位的情况，不仅可以约谈省长，而且也可以约谈省委书记。地方民众利用中央环保督察的契机，向政府部门提供违法行为的线索。依据属地处理的原则，民众提供的违法线索一般交回到属地政府执行。极具高压性质的环保任务被层层传递到基层政府，基层党政部门对交办的任务予以高度重视，要求多个部门参与其中，明确规定各个参与部门的主要职责。

中央环保督察交办的案件是食品安全监管部门另一个任务来源渠

① 陈家建. 督查机制：科层运动化的实践渠道. 公共行政评论，2015，8(02)：5—21.

道。日常食品监管中发现的问题，监管者停留在发出责改文书层面，并未强烈要求监管对象完成整改的内容。但是当遇到环保督察的高压政治环境下，监管者又开始高度重视。2018 年 5 月，H 区环保工作领导小组办公室下发有关推进中央环保督察交办案件的通知，要求在环保督察回头看前，确保 100％完成市里梳理出来的 189 个突出环境问题，其中 H 区占有 85 个。食品安全监管部门作为配合部门参与其中，主要查处违规排放废水、废气的餐饮店。具体来说，环保督察文件主要针对 H 区的 LJ 河涌污染问题，由于河面上漂浮有大量的油迹，尽管主要职责不在食品监管部门，但作为配合部门，食品监管者有不可推卸的监管责任。事实上，在环保督察交办的案件来临之前，食品监管执法人员已经发现了一些问题，主要针对经营环境不卫生方面，并且发出责令改正通知书，引导经营者积极改正。在日常监管中，监管者已经完成职责内的要求。但是 LJ 河流边的 F 餐饮店在督察交办的文件中出现，而且该文件是直接从中央环保督察组传递下来，从省办交到市政府、市河长制办公室，再到区政府，最终到各个职能部门。基层食品安全监管者高度重视，除在日常监管中使用常规化手段外，还加强监管的威慑力，查看排水口，拍照取证废弃油脂的回收登记处理情况。

随着中央环保督察制度的推行，基层监管执行者开展运动式治理的方式。在督察期间，H 区下辖的 NZ 街政府提出，到了 2020 年要完全淘汰低态经营者，近期就需要淘汰 500 家，主要包括小作坊、小餐饮的经营业态。面对突如其来的清理任务，食品监管部门对管辖的主体进行集中清查，各个小组分派协管员深入街道清点街道政府所划区域内的经营者户数、规范程度，以及是否属于无证经营。在向街道政府上报的数据中，包括注销、清理、整治的数量。监管者为了能够突显本部门的工作量，尽量多上报一些数据。同时为了能够使得上报的数据更加有条理，要求做到有内容、有事实、归类归档、装订成册上报。可以看出，基层监管部门对环保下的监管任务赋予高度的重视，而且尽力在形式上做到齐全。

当下环保攻坚的任务执行在基层如火如荼地开展，食品监管部门被参与到环保攻坚战斗之中。中央环保督察工作机制倒逼监管者有效推动监管。在短期内追求完成督察组交办的案件中，监管者对本职工作的重视程度和精力投入量都有所增加,较日常监管付出更多组织注意力,对违法违规的经营者形成一定威慑作用。在监管者看来,中央环保督察下来的监管任务,权威性高,日常监管中通过在文书上留下做过事痕迹的方式,已经难以应付,所以必须深入到现场,仔细监督管理。要么真正促使监管对象改善经营环境,要么彻底将那些无证经营者清理。那么,在事实上,面临突如其来的高权威性的监管任务,监管者迫于高压下,也不得不对其采取手段进行处置,被重点关注的往往是那些日常监管中被边缘化的经营者,以及没有达到准入门槛的市场主体。

第三节　目标群体异质性:基层监管执行的对象约束

一项政策、制度被较好地执行,离不开制定者、执行者、目标群体以及政策环境这几大要素之间的相互协调。已有研究较多讨论了政策制定者与执行者的委托代理关系存在,以及所产生的信息不对称,进而导致的政策执行偏差问题。那么在政策被完整执行的另一端,还需要考虑到政策目标群体的接受度。在监管政策执行中,获取目标群体(监管对象)的遵从,被认为是衡量政策是否得到有效执行的另一个重要指标。然而现实中的监管对象往往会基于遵从规则的"成本-收益"分析,表现出从"抵抗"到"配合"之间的行为波动,所以被监管者对规则遵从态度及行为表现并非稳定的。可以这样说,目标群体也成为了影响监管者执行效果的重要因素。在具体的食品安全监管中,目标群体是否愿意接受监管政策的规则约束,以及能够在多大程度上接受规则约束,不仅依赖于监管政策本身,而且还有赖于监管者与监管对象之间的协调。而在具体的互动协调中,目标群体的遵从态度和行为,也会随着监管者的执行态度和执行方式而发生转变。而目标群体的遵从态度和行为变化,又会反过来影响监管者的监管态度和监管行为选择。正是如此频繁互动,使得监管者与被监管者之间进行反复沟通,直至能够获得被监管者的遵从。

一、初始状态:目标群体监管遵从取向的类型化

政策目标群体会基于自身利益的权衡,对是否遵从政策选择博弈策略,进而产生逆向选择。[①] 具体而言,目标群体从利己主义出发,权衡收益和成本,从而对不同政策做出"配合"、或者"敷衍"、或者"抵制"的选择。由此,若目标群体对政策做出的是"配合"选择,那么与监管者的执行目标是一致的,若目标群体对政策做出的是"敷衍"或者"抵制"的选择,那么与监管者的执行目标又是不一致的。所以,在现实生活中,两者之间的目标时而一致,时而不一致,从理想方向去考虑,随着时间的变化,监管双方在持续互动过程中最终会趋向一致的目标。也就是说,目标群体的博弈选择与监管执行的目标是相悖还是相同,在特定政策执行情境中是会不同,在某些特定的政策情境中,监管者与某些监管对象的目标是对立的,而与另一些监管对象的目标又是一致的。当特定情境发生变化,双方在互动开始时是对立的,但是在最后又可能会达成一致。为此,有必要先对监管对象的内部展开更为细致的分析。此外,现实社会中,我国食品经营者在类型、规模、经营水平方面的特征千差万别,如果我们采取一刀切的方式对监管对象进行分析,将会失去变异的因素,得出的结论会有失偏颇。为此,更需要深入剖析具有不同特征的食品经营者与监管者之间的监管关系,从而才能更加深刻、细致地揭示监管互动的精彩图景。那么延续前文对被监管者的类型划分,我们将细致地分析合作型、服从型、应付型、抵抗型四种不同类型监管对象的特征。

(一)合作型:高认同感与强行动力

我们将高认同感与强行动力组合下的监管对象遵从取向界定为"合作型",即目标群体基于自身对遵从监管规则的客观能力和主观诉求评判,对监管者的行为表现出较强认同感,乐于接受监管者提出的具体要

---

① 丁煌,李晓飞.逆向选择、利益博弈与政策执行阻滞.北京航空航天大学学报(社会科学版),2010,23(01):15—21.

求，并且配合监管者的各项检查，从而积极采取行动参与到监管执行之中。

“合作型”目标群体往往表现出显著的特征，一般来讲，从事食品经营的组织负责人安全意识相对较高，会通过建立内部质量管理体系开展自我监管，并主动建立监管评估机制和培训制度以提升食品安全水平。比如一些大型的连锁餐饮企业、餐饮行业中的巨头，都是“合作型”的典型代表。这些企业自身不仅关心内部的质量安全，而且倾力采取措施保障食品安全。近年来，政府监管越来越倾向于选择多主体间的合作，不再单一通过行政化的强制性或命令性的监管方式。加之，食品行业新形态不断出现，新型从业方式都对政府监管方式形成了约束，面对不断发展变化的食品从业行业，政府也更加追求新型的监管方式，比如放松监管、企业和行业的自我监管、政府与企业间的合作监管等。所以，具有较强遵从规则意愿和能力的“合作型”目标群体被认为是最有可能与政府形成“合作监管”的力量，是能够有效实现监管治理的伙伴，从而能够对政府监管形成强有力的补充。正如负责餐饮安全监管的C科长所说：

“有一些比较大型的企业，比如说像肯德基、麦当劳这种，他们自己内部也很注重食品安全。像之前有一个投诉说吃到东西发霉了，（投诉者）就把这些东西直接在网上发布，那他们自己内部也很快去处理。我们说一些注意事项，他们非常认真负责记录下来。这些企业就相对做得好些的。因为他们也怕因为食品安全问题影响到声誉，影响到利润。大的企业来讲，跟我们监管人员的目标是一致的，都是不想出现食品安全问题。”①

那么，也正是因为“合作型”目标群体对监管遵从表现出合作取向，所以会获得监管者的青睐。在此需要说明的是，合作型目标群体与监管者之间是建立在相同的价值取向基础之上的，从而能够形成合作，并且形成相对紧密的关系。这与有关监管失灵讨论中的“监管捕获”是不同的。因为监管捕获所讨论的是监管对象或者企业出于个人私利，而通过向监管者设租，从政策中获取好处。而我们对监管者与被监管者之间的合作讨

① 访谈记录：CH20180927，H区CG街食药监管所C所长.

论是一种立足于提升监管效能，提升食品安全水平的合作。为此，为了能够进一步深入探讨双方合作互动关系，我们从具体的监管实践情境中提炼出两者合作达成所需要的前置性条件，也就是回答为什么监管者与被监管者之间的合作能够实现，主要有以下几个方面的讨论。

一方面从监管者与合作型目标群体的内在价值上来看。政府作为公共权力的代表和公共利益的维护者，维护公共安全是不可推卸的责任。基层监管者作为国家在社会层面的代理人，需要履行实现公共安全的使命。那么保护食品消费者合法权益，避免发生食品安全事件，就是对维护公共安全和公共利益的最好体现。因为一旦发生食品安全事件，那么会产生突发性的公共安全危机，产生的影响也将是非常严重的。所以对于基层监管者而言，公共利益的维护是监管的根本底色。对食品企业而言，实现盈利是其根本的内在动力，而保障食品安全是助力达成经营目标的关键，因为一旦出现食品安全问题，那么不仅会导致消费者对企业的信任危机，而且也会引发社会舆论，给企业的形象和经营造成严重影响。除此之外，食品经营企业发生食品安全问题，也会在某种程度上被认为是监管者的监管不力问题。所以不仅会导致企业声誉受到影响，而且也会使得政府监管能力受到公众质疑。在现实中，公众每年都还能看到大型的食品企业被曝光出这种那种的食品安全问题，这也会降低公众对食品安全的信任，甚至降低对食品安全的感知水平。因而，在监管者看来，这些食品经营大企业，是与公众联系最紧密，代表整体食品安全水平，所以监管者更加重视对这类企业的监管。可以说，这种大型的食品经营者具有较高的意愿提升食品安全水平，那么往往也就会成为合作型目标群体的典型代表。因为从根本性的价值利益上来说，两者的食品安全的目标导向是一致的。都是为了实现食品安全，保障消费者合法权益。那么，企业一方希望通过加强食品安全的管理，维护好企业在本行业中声誉，吸引更多消费者。监管者一方则希望辖区内不出现食品安全问题，守住监管职责的底线。

另一方面从监管者与被监管者的互动关系来看。基于相互契合的价值目标基础上，监管者与合作型目标群体之间的关系会比较融洽，且接近于一种相互信任的监管关系。正如冈宁汉姆(2011)所言，“如果监管者和被监管者之间搭建起相互聆听、互相体谅对方的监管文化，那么更有可能实现高效的监管”①。若监管者与被监管者之间建立起信任关系，那就更有可能形成共同守护食品安全的同盟。所以双方基于相互契合的价值理念，更有可能建立起两者之间的友好信任合作关系。而May(2005)也曾经指出，“如果监管者和被监管者的关系已经发生了严重破坏，普遍不存在信任，那么基本上无法搭建彼此之间建设性对话和持续的互惠合作，也就无法产生遵从监管和改善的意愿”②。所以，大型的食品经营企业本身具有相对完备的食品安全监管制度体系，那么也就越能够向监管者释放出正向且积极的信号，也就更能够促进两者之间通过沟通与协商方式，展开持续的对话，最终能够形成有力的“监管合力”，提升食品安全监管水平。

(二) 服从型：高认同感、弱行动力

当目标群体的规则遵从表现出高认同感和弱行动力时，监管对象的遵从取向为服从型，这主要体现的是监管对象虽然对监管者的规则裁量结果比较认同，本身比较有意愿去遵从监管规则，但是在具体行为方面却并没有采取相应的行动。也就是说，高认同感与弱行动力组合下的目标群体，指代监管对象尽管比较认同监管者做出的结果判断，具有较强的遵从意愿，但是在具体行为上无法得到应有的体现。也即在采取行动能力方面，经营者缺乏对已有存在的食品安全风险进行规避的能力，而尽管也非常有意愿想要去提升自身的食品安全水平。对于此，可能会存在疑虑，既然本身不具备能够较好地达到食品安全水平的话，为什么还能够持续开展经营。这是因为在我们国家食品经营者之中，除了是那些大型的企业之外，更多的还有小型的食品加工制作者，本身对这些经营者的准入门槛已经降低。那么相比于大型食品经营者的雄厚资金和改进食品安全的能力，小型的食品经营者的经营规模较小，对自身的食品安全水平要求要低于大型企业。这也是由食品经营者自身能力受到限制所决定的，尽管

---

① 尼尔·冈宁汉姆，杨颂德. 建立信任：在监管者与被监管者之间. 公共行政评论，2011，4(02)：6—29.

② May P. Compliance Motivations：Perspectives of Farmers，Homebuilders and Marine Facilities. *Law and Policy*，2005，27(2)：317－347.

是对于监管者的监管要求主观上表现出配合态度，但是客观上仍是难以达到监管要求。

在现实中，我国存在大量的“服从型”监管对象，这其实也是我国的监管现实与西方国家存在明显不同的地方。西方国家的监管对象以大企业为主，我国则是大量存在的规模小、数量庞大、分布分散的小餐饮为主。它们的出现有特定经济、社会背景，是在特定地区的历史文化特征、经济发展程度、城市更新速度之下催生出来的特定的经营业态。尤其在城中村地区，小餐饮的数量相对比较多，大体上也有一些典型的特征：经营主体以个体化为主，多以夫妻共同经营形式，凭借烹饪手艺从事餐饮食品制作。经营面积大概在20—60平方米之间，主要采用隔板将操作间与就餐区域相互隔离开来。这些“服从型”监管对象的经营场所主要聚集在城市边缘地带、民房出租屋内，主要面向居住在城中村的租户销售。近年来，这些食品小作坊逐渐引起国家重视，要求地方监管部门加强对小作坊的治理。2019年4月18日，国家市场监管总局在召开食品小作坊监管工作现场会上着重对小作坊的经营环境卫生提出了治理的要求，并提出了优化简化准入方式，推动小作坊升级改造，提高食品产业发展质量。[①] 由于我国居民的饮食习惯、饮食文化以及饮食结构的延续，具有传统美食特色的小作坊具有存在的价值，所以也成为基层监管部门的重点监管对象。

笔者在参与式观察期间也发现，最让基层监管者头疼的也是所谓的“四小”监管对象。因为在基层监管者看来，一致性的监管要求和弱遵从能力的小餐饮之间存在巨大张力，难以引导他们完全按照监管规则要求执行。在现实中，监管者不得不采取降低监管要求方式，尽量使得监管对象能够提升安全意识。比如在笔者蹲点调研期间也发现，“创建国家食品安全卫生城市”的项目任务，其中有一个关于清洗水池数量的任务指标。监管者对已经发证的监管对象，放低监管要求，认为只要是用三个塑料盆来代替，也可以列入已完成指标数量。那么这也是在面对特定监管对象以及在特定监管情境下的选择。尤其在强调“宽进入，严监管”的市场监

① 方晓.市场监管总局：食品小作坊要100%登记，实施动态管理.澎湃新闻，2019-4-22.

管理念下，尽可能让更多想要从事经济活动的主体参与进来，从而对于严格的准入门槛进行降低。在“宽进入”之后随之而来的就是“严监管”，尤其是基层监管者在承接自上而下的任务时，不得不对经营者施以压力，要求被监管对象尽可能地符合监管要求。这对于基层监管者而言是一种两难的选择。既然在审批准入的时候已经降低了门槛，那么在日后常规监管中如果仍然按照严格标准要求来执行，那么将会增加监管执行的难度。所以也就会在特定的行政压力之下，选择降低监管要求。

可以很明确的是，从两者的监管关系来看，监管者与“服从型”目标群体处于非平等的地位。监管对象在实现食品安全方面的能力较弱，这在某种程度上存在经营者不符合监管要求的基本假设。在目标群体看来，基层监管者是国家威权的代表，政府部门的代表，具有天然的威慑性，且拥有强制性的执法权力，所以监管对象往往对监管者会产生畏惧心理。尤其是在经历监管者的相应检查，被指出来经营场所、设施设备存在与标准相冲突的地方，那么更会产生一种紧张感。面对强制性的权威，“服从型”目标群体由于自身能力的不足，会以接受监管的姿态迎合监管者，接受监管人员所做出的安排。所以，如果想要推进实现监管者与“服从型”目标群体之间的信任关系，那将是比较困难的。

（三）应付型：低认同感、强行动力

当目标群体的规则遵从意愿较低，而行动能力较强的情形下，目标群体会呈现出“应付型”的遵从取向。一方面对监管者所提的要求并不认同，主要原因在于对收益与成本之间的计算，是一种“纯粹利益计算者”(amoral calculator)，只要认为成本大于收益，那么就更倾向不遵从。[1] 另一方面，拥有达到监管要求的实力和能力，实际上是能够在提升标准化程度上达到更高的水平。比如在日常监管中，监管者对这些具有较强完善食品安全能力的目标群体，在他们的内部管理制度的完备程度、设备设施标准化水平、具体操作的规范化方面会有较高期待。然而，在监管对象看

---

① Kagan R A, Scholz JT. *The Criminology of Corporation and Regulatory Enforcement Strategies*//Hawkins K, Thomas J. Enforcing Regulation. Boston: Kluwer Nijhoff, 1984. 转引自：杨炳霖. 回应性监管理论述评：精髓与问题. 中国行政管理，2017(04)：131—136.

来，来自监管者的正当合理的监管要求会被误解为是刁难。甚至认为是因为监管者与自己作对，专门来挑刺，无缘无故给自己增加了经营成本，从而对监管者有气。所以在具体行动上，认为即使不按照要求改正，也不会有太严重的后果，所以，口头应承和拖延是监管对象常用的策略选择，在监管者检查方面表现出极度不配合，针对监管者所提的改正要求，也是当场随声应和，表现出极为明显的不情愿和不合作的态度。

“应付型”目标群体把监管者置于与自己对立的一面，针对监管人员的检查过程中发现的问题非但不愿意加以改正，甚至还将监管人员当场指出来的不足认为是与他们过不去，从而没有将监管对象视为帮忙自己提升食品安全的伙伴。那么在监管关系上，将会极有可能产生监管者与被监管者之间的关系缝隙，在行动上通过采取拖延战术来蒙混过关。监管者面对监管对象的不配合态度和拒不履行的态度，会选择采取“大棒”的手段进行威慑。那么，这既是为了获取监管对象对监管规则的遵从，也是为了获取监管对象对监管者权威的认同。正如C科长跟我们讲到的：

“也有存在一些小部分的企业，相对小型一点，利润也比较高，但是食品安全意识和要求都不高。有时候跟他们讲一些让他们改正，他们还不听，表面上说得好好的，一直都不见行动。”①

“应付型”的目标群体甚至会仇视监管者，监管者也并没有对监管对象有较好的印象。那么如果对其内在原因进行分析，认为就是对于食品安全监管过程中的风险沟通过程缺失了，从而让监管对象产生对监管者的不信任感，对监管者形象认知的偏误，以及最终导致的监管不认同。

（四）抵抗型：低认同感、弱行动力

对监管规则遵从表现出低认同感、弱行动力的目标群体类型是“抵抗型”。由于知识文化和能力水平方面的限制约束，对食品安全监管不仅在认知上尚未清晰，而且在行动上很难提升食品安全水平。在监管实践中，监管对象一来出于成本考虑不愿意改善经营条件，二来考虑到正面抵制会产生更大的成本，因而与监管者发生正面冲突认为是不明智，也是不可

① 访谈记录：CH20180927，H区CG街食药监管所C所长.

取的。如果不太愿意接受监管人员的监管，那么会转而采取更加隐秘的策略来应对，即选择一种隐性的、逃避的方式来抵抗监管者。比如采取耍赖、泼皮、装傻的方式抵制监管人员的监管。很显然，“抵抗型”监管对象采取“弱者的武器”[①]，试图逃脱政府的监管。笔者访谈到一位经营牛杂店的老板，听她说道：“有个小姑娘叫我办证，我说阿姨不识字，不会办啊，然后就是那个小姑娘帮我办了。之后办了证之后，还要回来检查，每年都要有两三次。无论你做得多好，他都会说你，这里做不好，那里做不好。做不好以后第二天还会来检查，很严很烦的。所以就是看到他来一条街来检查，在前面一家检查的时候，我就把门关了，跑到对面去玩一下，反正他们检查五六分钟而已，等他们检查结束了，我再把门打开。”[②]

这种目标群体在现实中大量存在，尤其是从事无证经营的小摊贩和小作坊，大体上是属于这一类型。由于食品安全水平意识不强，加之受到经营水平的限制，难以达到市场准入门槛的要求，监管人员不轻易发放准入证书。但监管人员普遍会对其提出整改要求，达到准入门槛之后才准许发证。这也是基层监管人员的两难选择，在“有证比无证好”的监管理念下，采用临时证书成为基层监管人员经常使用的一种权宜手段，将小作坊和小摊贩纳入日常监管中。面对这类监管对象，基层监管人员表现出头疼的同时，更多也是无奈。一方面，监管对象在提升食品安全水平的努力上存在很大空间，另一方面，又受到监管认知和能力水平的客观限制，既无法透彻理解监管人员所提的监管要求，又无能力达到准入要求。正如监管所的 Z 科长跟我们说到：

“在街头巷尾‘四小’场所比较多，基本上没有什么规范的。他们是个体来的，基本上夫妻店，有些是家庭作坊，老的、弱的这些，他们也没有什么规范意识，也不可能给办证，更不可能来食品安全培训。他们的法规意识和安全意识很差，而且配合也不好。你去跟他讲，我不懂啊，我不会啊。”[③]

监管人员面对这些目标群体的监管，表达出无奈的同时，在日常监管中更多是“睁一只眼、闭一只眼”，认为只要不触及食品安全的底线，就默

① [美]詹姆斯·C·斯科特著，郑广怀、张敏、何江穗译. 弱者的武器. 南京：译林出版社，2011.
② 访谈记录：ZAY20190220，H 区 CG 街道牛杂店 Z 老板娘.
③ 访谈记录：ZQ20190509，H 区 NZ 街食药监管所 Z 书记.

许其从事经营活动。

二、理想中的演化：变动中的目标群体遵从取向

为了将现实中的监管情境进行抽象化，我们在静态维度对目标群体的遵从取向进行了划分。在理想情境中，随着监管过程的动态变化，四种类型会发生演化。监管者与被监管者之间持续不断进行谈判互动，不同类型的遵从取向最终都趋向于服从监管。基本的演化路径是其他三种类型向“合作型”转变，监管者的策略性监管行为成为了主要的内驱力（图 3－2）。①

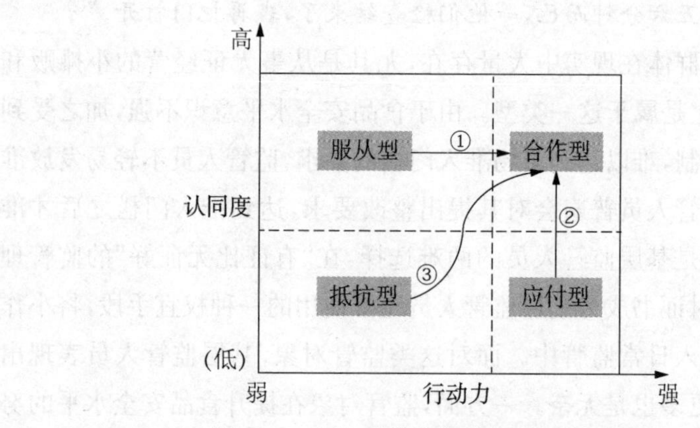

图 3－2　目标群体监管遵从取向的演化图

（一）“服从型”转向“合作型”

“服从型”目标群体尽管对待监管者的态度比较配合，但对风险的预防能力无法通过自身努力来实现，仍需要借助监管者力量增强食品安全水平。监管者的正确引导、积极干预就显得尤为必要。教育、培训、督导成为监管者开展帮扶的方式。对食品生产经营的硬件设施设备进行检查，加强对食品生产经营者安全生产意识的教育，重点加大对食品生产车

① 图 3－2 中，数字①②③分别代表了由“服从型”向“合作型”转化的路径，由“应付型”向“合作型”转化的路径，由“抵抗型”向“合作型”转化路径。具体转化路径既由监管任务决定，又取决于监管对象的互动反馈。

间的检查。监管人员俨然充当教师的角色，引导和督导从业者提升食品安全水平。在监管具备独立性的情况下，监管人员拥有足够时间、精力对众多监管对象进行引导。

（二）“应付型”转向“合作型”

“应付型”目标群体由于对监管者产生排斥感，并没有将监管要求内化为提高食品安全水平的动力。监管者往往会通过施以严厉的监管手段，比如罚款、停业整顿等方式，获取监管对象遵从。尽管监管对象在意愿上仍然不满监管者的处罚和强硬措施，迫于监管执法权的权威，最终屈从监管要求，并且配合监管者。不可避免的是，监管者与监管人员之间的关系必然会产生矛盾。监管对象按照监管者要求进行改正，却可能并非发自内心，也不可能被罚了款认同感就会增强。监管人员对曾经被罚过款的监管对象，也会选择尽量放松监管要求，避免其再次面临被罚款的境地。

（三）“抵抗型”转向“合作型”

“抵抗型”目标群体采取无声的、非暴力的方式试图躲避监管。在现实监管中，监管对象的抵抗只能是暂时的。比如在面临重大的检查活动需要进行全域范围的监管，这些目标群体也被列入监管之中。此外，在基层监管实践“网格化”管理模式下，监管人员对所管网格内的生产经营者负有监管的义务，必须保持每年1—2次检查。随着监管者巡查次数的增加，则能够强化对被监管者的监管。此外，在特定监管任务情境下，若监管者对监管对象继续默许经营，那也会危及个人的工作职责履行，所以那些在日常监管中游离在约束之外的监管对象，也会再次将其纳入严厉的监管过程之内，从而逐步要求其走向更加规范化的经营。

第四章　基层食品安全监管的具体行为策略

基层监管执行正因为受到组织任务和目标群体双重约束，因而依据任务敏感性不同，对不同遵从度下的目标群体开展差异化监管，裁量规则使用边界，调适监管规则运用。在不同任务敏感度下，依据不同目标群体遵从度，分别采取协商式、强制式、关照式和督促式四种不同类型的监管行为。在不同的监管行为中，基层监管者采取的行为策略不同，进而导致的监管者与被监管者之间的关系也不同。在协商式监管行为中，基层监管者往往采取正向激励的沟通对话策略，促进彼此间信任型监管关系的培养；在强制式监管行为中，监管者采取负向激励的命令控制策略，有可能导致双方之间的对抗关系；在关照式监管行为中，监管者采取绕过规则的协调策略，会导致两者之间合谋关系的产生；在督促式监管行为中，监管者采取规则软化的监管策略，却会产生严厉检查与形式化监管之间的张力。由此，基层监管执行呈现出监管行为的波动性。

第一节　协商式监管行为的调适策略

基层食品安全监管者的协商式监管行为主要发生在高敏感度的任务情境，以及高遵从度的目标群体监管情境之中。由于具有高遵从度的目标群体类型主要集中在“合作型”的目标群体，也就是辖区内规范化程度比较高的企业，那么他们在协助监管者完成特定监管任务方面往往能够发挥作用。因而，在一些专业性较强的监管任务情境之中，监管者与合作型目标群体进行充分沟通。与此同时，监管者与被监管者之间位于相对平等的沟通地位，选择向目标群体分派更多的任务指标，并且持续采取积极的激励措施，能够激发被监管者遵从监管规则的需求。那么监管对象在对监管者所提要求认同的基础上，权衡"收益-成本"之后，与监管者一同建立起一致性的目标，进而遵从监管者提出的监管要求。我们将从具体的监管情境内容中展开对双方监管互动过程的分析。

一、调适的情境：监管任务的高敏感度与目标群体高遵从度

（一）高敏感度：专业化的监管任务与数字化的绩效考核

1. 由专业化产生权威性

威廉姆森(1999)曾经指出，任务的专业化程度越高，代表着完成任务的专一性要求也越高，代理者在某种程度上形成了对该项任务的资产专用性，也就无法将完成该任务的资源用于其他委托者委托的任务。[①] 也就是说，专注于完成某一项任务的专一性增强了，但是实际上的兼容性却下降了。这样的一种规律，在基层监管任务执行中，仍然具有解释力。由条条部门委托而来的监管任务，是属于自身职责领域范围内的具有普遍专业性的任务，其任务的专业化程度需要由具有特定技能的专业化监管人员来执行，而这些监管人员往往是需要通过专业化培训才能够获得相应的监管技能。与此同时，自上而下随之而来的监管任务，具有较高专业化水平的同时，任务的权威性也一并产生。从某种程度上来说，由上级条条部门委托而来的任务约束相当于一份任务合同，从中央到地方所在职能部门层层向下传递，对任务的具体执行标准、执行程序、执行期限给予明确规定，相应做出了较为完备的规定。那么在具体任务执行过程中，基层监管执行者专注于完成条条部门委托的任务，对上级部门的任务权威性给予认同。从而进行组织内资源分配过程中，往往会付诸更多，并将专业化的条条部门委托下的任务认为是自身职责范围内的事情。那么基层

---

① Williamson O E. Public and Private Bureaucracies: A Transaction Cost Economics Perspective. *The Journal of Law, Economics, and Organization*, 1999, 15(1): 306 - 342.

监管执行者对条条委托任务的重视程度越高，就越能够对上级职能部门的任务形成专用性。那么也可以说，作为条条的上级职能部门正是通过专业化的任务，能够确保下级职能部门对本部门任务职责的负责任完成。

具有明显层级特征的政府组织系统内，上下级间的委托代理关系，由于存在信息不对称的问题，那么尽管通过专业化的任务委托，使得下级能够专注于完成本部门的任务，但与此同时，上级部门也面临着来自下级部门的逆向选择。因而，在强化下级部门的权威认同过程中，上级部门通过考核制度的设计，能够对下级部门形成约束性。尤其是在下管一级的部门间关系中，委托者为避免由信息不对称带来的逆向选择问题的产生，采取多种方式激励代理者，即通过任务的专项化设计，确保代理者的组织注意力专注于执行委托的任务。我们将在下文中通过具体的监管内容来进一步做出阐释。

近年来，基于风险管理理念的"餐饮量化等级"作为一项监管方式的创新，已经成为食品安全监管者工作计划中的重点内容。具体的任务要求是，要求监管人员对餐饮企业的食品安全卫生状况进行量化评分，并向社会公示食品安全的相应等级，进而向社会释放食品安全级别的信号，引导消费者尽量选择安全等级高的餐饮企业消费。参与"量化等级"工作的人员必须经过培训达到相应要求后才能展开业务。那就从任务的专业性而言，既包括了任务层层传递所带来的权威性，也包括了具体监管任务的内在指向性。

(1) 任务层层传递

餐饮企业的"量化等级工作"成为我国改变监管模式，逐步从传统的一刀切管理模式，向"风险管理""信用管理"和"关键控制环节管理"模式转变的重要契机，该项任务的发布是由中央职能部门到地方职能部门层层下发传递。具体来说，2002 年 4 月，卫生部首次发布了《关于推行食品卫生量化分级管理制度的通知》，指出量化分级管理模式对食品生产经营单位的守法意识提高具有的重要意义，鼓励各级卫生部门推行食品卫生监督量化分级管理制度，并制定了制度实施的指南。2003 年 9 月，卫生部又再次发布了《关于全面实施食品卫生监督量化分级管理制度的通知》(卫法监发[2003]242 号)，在原先试点基础上，向全国范围内全面推行量化分级管理制度，这标志着量化分级管理工作正式在全国范围内推行。

同年，G省发布了《转发卫生部关于全面实施食品卫生监督量化分级管理制度的通知》。紧接着，A市卫生局制定《关于印发A市实行食品卫生监督量化分级管理制度工作方案的通知》，着手开始实施食品安全量化分级管理工作。

"量化分级管理"制度的实施单位随着国务院机构改革的调整也发生了变化。2008年的机构改革方案中，将卫生部的食品卫生许可，餐饮业、食堂等消费环节食品安全监管的职责划入到国家食品药品监督管理局。① 餐饮业的食品安全监督量化分级管理工作也由食药监局负责实施。2012年国家局发布了《关于实施餐饮服务食品安全监督量化分级管理工作的指导意见》(国食药监食[2012]5号)，比最初《通知》(卫法监发[2003]242号)对量化分级管理的规定更加具体化，同时也增加了可操作性条目性内容。比如对评定范围、评定依据及相应的评定项目都进行了规定，要求对餐饮服务单位的许可管理、人员管理、设施设备、加工制作等项目进行量化评定，对评定的"A、B、C、D"等级进行动态管理，具体划分为动态等级和年度等级。动态等级依据每次监督检查做出结果评价，年度等级依据过去12个月期间对监督检查结果的综合评价，主要包括优秀、良好、一般三个等级，见表4-1、表4-2。②

表4-1　食品卫生监督量化分级表

食品卫生信誉度分级	卫生许可审查结论	经常性卫生监督审查结论	风险性分级	监督类别
A	良好	良好	低度	简化监督
B	良好	一般	中度	常规监督
	一般	良好	中度	
C	一般	一般	高度	强化监督
D	良好或一般	差	极高	不予验证或停业整顿
	差		极高	不予许可

注：得分为总分的85%以上者为良好，60—85%者为一般，60%以下者为差

① 参阅《国务院办公厅关于印发卫生部主要职责、内设机构和人员编制规定的通知》(国办发[2008]81号)。

② 资料来源：《关于推行食品卫生量化分级管理制度的通知》(卫法监发[2002]107号)。

表 4-2 食品卫生量化分级监督频率表

食品卫生信誉度分级	监督类别	一类	二类	备注
A	简化监督	2次/年	2次/年	一类:餐饮业、学校食堂、学生集体供餐单位等。二类:企业事业单位集体食堂、茶馆、酒吧等。
B	常规监督	6次/年	4次/年	
C	强化监督	10次/年	6次/年	

从表4-2国家层面规定的量化分级监督频率中可以看出,被评定等级越高,要求监管者的监督频率越小。G省作为量化等级工作的试点单位之一,较早在全省范围内制定了量化等级工作的规定。《G省餐饮服务食品安全量化分级管理规定的通知》(G食药监食[2011]144号)中,省级政府对餐饮服务食品安全的量化分级管理工作给予了高度重视,从省政府一级连续发布红头文件,向下级传递该项工作任务的重要性,并且划定了应当纳入量化分级管理工作的餐饮服务提供者,以及具体评定时间的期限。《通知》中要求对餐饮服务提供者取得餐饮服务许可证(原已取得食品卫生许可证的单位)满6个月,且已接受日常检查1次以上,进行首次等级评定,要求每年不得少于1次。关于等级评定的执行主体也有明确的规定,"A"级餐饮服务单位的首次评定,主要由省局做最终审查,通过者授予"A"级,再次评级则由发放餐饮服务许可证的餐饮服务监管部门评定即可。同时特别规定,G省内的A市由省级单独委托市局进行"A"级单位的评定,实行备案制度。至于"B"级和"C"级的餐饮服务单位评定则由发放餐饮服务许可证的餐饮服务监管部门负责。

继《通知》之后,G省紧接着发布了《关于进一步做好我省餐饮服务食品安全监督量化分级管理工作的通知》(食药监办[2012]120号),要求加快量化分级管理工作的进度,对"A"等级和"B、C"等级的评价主体进行了说明和调整。省食药监局负责"A"等级的首次评级,后续的等级评定由发证机关负责。"B、C"等级从原先的由发证机关负责,调整为由监管执法人员根据检查结论现场给予评定。可以看到的是,"A"等级的最终评定权仍然掌握在省局的手中,"B、C"等级的评定权下放到基层一线。也就是说,对餐饮企业的量化等级工作,不同层级监管者之间进行了一定的分工，那些食品安全水平相对较高的餐饮企业主要由省局来负责评定，由于市局、区局上报的初审的"A"级企业单位，最终还需经过省局的终审才能确定，所以省局实际上掌握了"A"等级企业评定的主导权。而"B"和"C"两种等级的评定，则是完全下放到基层，将评级的自主权完全下放给基层监管者来裁定。那么从另一个角度而言，在对"A"等级进行评定的工作中，上级部门通过把握住对评级结果的最终确定权，实际上形成了对下级部门监管任务的监督。同时也可以看作是上级部门对自身日常监管努力的一个检验。因为若由下级部门报送的"A"等级企业数量越多，那就越能代表辖区内日常监管的绩效。若省局对上报上来的"A"级单位审核通过，既是对企业本身的食品安全水平的认可，同时也是对下级部门日常监管工作的一个肯定。由此形成了一种内在激励，希望下级部门能够重视食品企业的"A"等级评定工作，同时也希望不同辖区能够获得更多的"A"级餐饮单位。

(2) 任务的具体化

上下级的委托代理关系中，由于信息不对称有可能会导致上级部门对下级部门监控存在失真的问题。那么通过对明确任务的具体要求，将任务各方面进行具体化则是避免因信息模糊化而导致监督不畅的一种改进方式。在由上级下发的任务中，通过设定明确的任务内容指向来体现出专业化水平。具体而言，市局在省局发布通知的基础上，对文件进行再次转发，《转发省食品药品监管局关于进一步做好我省餐饮服务食品安全监督量化分级管理工作的通知》中，并要求区局执行部门"对照 2012 年 4 月 24 日全国餐饮服务食品安全监督量化分级管理工作推进会议和省局《通知》要求的工作进度，在完成'A'级评审、报审的同时，推动'B、C'级评定工作的开展"。另外，在该文件中还规定了"针对前期 A 市餐饮服务食品安全'A'级评审组复审时发现部分地区标准尺度把握不严，未按照等级评定标准和要求统一评定尺度等问题，强化对监管人员的培训，使其掌握量化等级评定标准和要求，推动量化分级管理工作规范化、标准化"。区局作为具体执行部门，更加关注的是量化分级管理工作的具体执行过程。此外，当区局在开展量化分级管理工作时，A 市在 2016 年被列入"国家食品安全示范城市"的创建名单中，而量化等级评定工作则是其中一项重要的工作指标，要求在全市范围内分步骤开展餐饮服务食品安全量化升级工作。那么在两者叠加之下，该任务的重要性被再次提升了。

上级部门将工作任务具体化，这主要是指对任务内容、任务执行方式、任务时限都进行明确规定，以此增强执行部门的重视程度。比如，H区规定了任务完成所需要的具体时限、工作的重点、考核的要点，以及推进该项工作的实施方案。量化等级的工作内容中明确规定，要求量化分级工作每个季度报送一次，在每年的7月前必须完成对辖区内学校食堂、集体用餐配送单位、中央厨房、大型餐饮的量化等级评定，12月底前要完成其他餐饮服务单位的量化等级评定。以此来实现对下级部门工作任务开展情况的监督。那么现实中对量化等级工作具体开展情况则是，大部分精力都被放在对“A”级餐饮单位的监管上。因为省局对“A”级单位是重点关注，所以对“A”级单位的评审任务也成为了下级业务部门的关注点所在。而能够参与评定“A”等级的餐饮单位，往往是那些内部拥有良好的质量管理系统，相对可以做到企业自律的经营主体。反而是那些“B、C”等级的小型餐饮企业，依靠自身的力量，能够达到的食品安全水平相对有限，所以才更需要更多监管部门的力量投入。这也成为了在高权威性的任务导向下，所产生的特有的监管现状。

2. 量化考核的激励性

在上下级政府组织体系之内，上级部门通过自上而下的方式实施考核，实现对下级部门的约束性。而下级部门也在代理执行上级部门委托的任务中，强化对执行任务的权威性感知。比如对于自上而下委托而来的食品安全量化等级工作任务，A市专门成立了餐饮服务食品安全量化分级管理工作领导小组，主要由市局的副局长担任组长。从上下级之间的具体任务分工方面，市局和区局一同合作执行量化分级任务。具体而言，由市局发放《餐饮服务许可证》的经营主体主要交由市局来评定，此外，纳入重点考核内容范围内的“A”级评定工作任务也一同由市局负责实施。区局主要负责由本级发证的餐饮服务单位，以及“B、C”等级的量化评定。关于量化分级评定的指标，也是由市局和区局共同来统一制定，主要是按照风险度高低，分别从检查项目的关键项目、重点项目和一般项目实施开展。

可以说,条条职能部门自上而下委托任务的清晰度越来越明显,这也就对任务的量化考核提供了基础。执行部门通过将具有模糊性的任务内容和任务目标进行分解,从而将具体的任务执行转化为可被量化的执行指标。2016 年市局发布的量化等级工作要点中提出了任务要求和任务目标。针对餐饮服务食品安全量化分级"A 级较少,B 级不多,C 级众多"的三角形问题,开展提级工程。特别是学校食堂、大中型餐饮服务单位和连锁餐饮企业,要求达到良好级别水平,从而逐步构建起橄榄型的餐饮服务量化分级结构。这样的任务目标要求在 2016 年底前基本完成,即量化分级管理率须达到 96%以上,参加量化分级评定单位的公示率达 100%。此外,进一步细化了任务目标,对于不同类型的餐饮经营者提出了相应的量化等级目标,学校食堂在 2016 年要求全部达到"B"级及以上等级,学校食堂"A"级的比例达到 20%;供餐人数在 800 人以上的工厂企业食堂,达到"B"级以上等级的比例不低于 50%;承办宴席能力达 1000 人的餐饮服务单位,量化级别应达到"A"级等级;承办宴席能力达 300 人的餐饮服务单位,量化级别应达到"B"级以上等级。以此来逐步提高 A、B 级餐饮服务单位的比例。与此同时,之所以市局对于量化评级工作如此重视,还在于与创建"国家食品安全城市"的工作任务指标相一致,不仅如此,创建指标中还对餐饮服务示范单位的建设提出了要求,比如每个区必须建有省级餐饮服务食品安全示范街(美食广场),开展小餐饮示范街创建活动。而这些具体化的被量化了的工作任务,激励下级部门更有针对性地开展任务执行。

那么,H 区针对市局明确提出的量化目标,同步发布了加强量化分级和示范街区创建工作的通知,并且以创建活动作为抓手,用来激发下级部门开展工作的动力,从而推动量化工作的开展。与此同时,作为具体任务的执行者,对于量化了的任务指标内容,进行重新解读和修订,并制定相应的执行策略。比如省局提出在 2016 年底,"A、B"级的占比要达到 30%,且该任务目标列入年终考核之中。针对这一任务目标,区局采取将"C"级提级为"B"级的策略,改变目前"A、B"餐饮服务单位仅占"12.41%"的现状,从而到年底能够完成省局规定的"30%"考核任务。采取的具体做法是,将日常检查结论为"中"或"好"的餐饮服务单位评为"B"级,并要求各个街道派出机构按照"A+B"级 30%的比例对任务指标做出合理分配，能够在不降低标准的前提下，确保评审任务的完成。从各个派出机构反馈的现实监管情况来看，18 个派出机构均没有达到指标要求，“A+B”等级的完成比例从最低的 3.99%到最高的 27.19%之间，那么均需要再重新调整相应餐饮企业的等级。

具体而言，为了能够完成量化考核指标任务，基层监管执行部门开展多举措提升食品安全的整体等级。一是 H 区局采取“三结合，三到位”方法推进餐饮量化分级管理工作，主要结合食品安全城市创建工作，向社会进行宣传引导。以创建国家食品安全城市为契机，对辖区餐饮服务单位摸底，全面排查无证经营，严格规范日常管理。在执行该任务期间，共向社会发放和印制创建国家食品安全城市海报、网络订餐宣传海报等宣传资料 30 万张，向食品经营者发放食品安全管理制度汇编 2.5 万本，从而能够引导消费者形成“固定比流动好，有证比无证好，有级比无级好，级别高比级别低好”的消费观念。二是开展清理无证经营和小餐饮、校园及周边食品安全整治等专项行动，督促指导辖区内餐饮服务单位实施“明厨亮灶”工程，对于不达标的单位，责令其限期整改，对于仍不整改到位的经营者进行行政处罚及关停处理，与此同时增加对量化分级低、高风险的餐饮服务单位的巡查频次。此外，充分发挥基层网格化管理的优势，对作为网格员的执法人员、协管员、餐饮服务单位负责人开展业务培训，要求按照网格化监管要求，分片包干、责任到人，不仅对辖区内餐饮单位依据各项考评指标进行现场打分，确定考评等级，而且开展对餐饮单位负责人的安全知识培训，让其掌握量化分级管理的目的和意义，促进各餐饮服务单位自觉按量化分级管理的标准进行自我管理。①

由此可见，基层监管部门为了能够在短期内达到量化的任务要求，开展积极的监管行动，除了检查和排查之外，将更多的工作重点放在要求餐饮经营者提升食品安全监管水平之上。这在短时间内可以强化经营者的食品安全意识。但在具体执行策略中，我们也看到了，基层监管者会选择采取“降低标准”的方式来开展任务的执行，因为实际中餐饮经营企业难以达到量化等级中的要求。而如果日常监管中监管者若能够评出较高的

① H 区内部资料.《H 区市场监管体系建设统筹协调小组工作简报》，2016 年第 129 期.

等级，也就能够增加“A+B”等级的餐饮数量，而不至于等到具体任务下达之后，才迅速展开监管行动。但也不可否认，食品安全量化等级的提升，并非单靠监管部门就可以达到，而实际上更需要餐饮企业的积极配合。

（二）高遵从度：“合作型”目标群体

技术化手段在食品安全监管中的运用，着重体现在“量化分级”和“明厨亮灶”方面。即通过利用“互联网+”技术、风险管理技术改善监管现状。通过上文可以发现，能够将这些技术真正运用起来，是离不开餐饮经营者的积极配合和主动合作的。那么，实际上往往是那些比较大型的餐饮企业，愿意且能够安装这些新技术，以便于更好地服务食品安全监管。也可以说，目标群体对于这些监管技术和手段的接受过程，在某种程度上，也就是对食品安全监管规则遵从的过程。所以当监管者执行这类专业化和技术化水平均较高的任务时，往往选择这些能够合作的政策目标群体，能够实现良好的合作。

众多监管对象之中，单位食堂是参与“量化分级”管理和“明厨亮灶”工程的重要主体之一。单位食堂服务的餐饮人数规模往往比较大，而且主要依托实力较为雄厚的企业单位，监管者将其视为是参与升“A”等级的重要主体。为了能够完成“A”级餐饮企业数量的指标，H 区的 NZ 监管所计划督导一家自来水厂的食堂升“A”。该公司的实力相对雄厚，供水能力达到平均每日 100 万立方米，占地面积 24 万平方米，服务人口达到 300 万人，是全国供水规模最大的臭氧-活性炭深处理工艺自来水厂。笔者调研期间询问到，该水厂的食堂需要每日供应将近 200 多人用餐，所以监管者认为非常有必要引导其尽量能够达到“A”级餐饮的水平，这样可以确保食品安全。在全程跟随监管人员开展“量化评级”的升级工作过程中，深入观察了基层监管者通过采取特定策略，获取被监管对象同意合作完成升“A”等级任务的过程。

二、调适的策略：基于正向激励的平等沟通

基层监管者督促餐饮企业完成升“A”等级工作任务，实际上是需要

监管者与被监管者之间相互协调配合完成，从而能够达到相应标准，而后接受上级部门对完成结果的再一次检查，直至最终被评为“A”等级。从具体的评级流程上来看，首先由区局上报“A”等级单位的相关资料给市局，主要包括许可证、营业执照、经营场地流程布局图等。其次，由市局采取“随机抽取”的方式组成“A”级评审小组，对升“A”的餐饮服务单位进行现场检查，并给出相应评审意见，等确定等级后再上报给省局。最后，若省局无异议，则由市局向餐饮服务单位发放“A”级标识牌。可以说，评定的关键在于市局的现场检查，若能够通过，则就可以完成“A”等级的任务。那么，在此过程中，监管者需要全程与被监管者之间达成合作关系，获取被监管者的配合，为此监管者采取了多种策略，主要包括：跨越程序，直接晋级；积极激励，试探意愿；制造趋同，强化意愿；标准化执行，渗透规范化要求。

（一）跨越程序，直接晋级

依据量化等级评定程序的要求，餐饮企业的等级评定是从低等级再逐级向上升级。那么在特定的任务压力之下，基层监管者会打破逐级评定的要求，采取跨越某一层级的策略。具体而言，监管者为了能够尽快达到辖区内“A”等级数量的任务要求，除了将原有的“B”等级数量提升到“A”等级之外，还需要将部分的“C”等级也提升到“A”等级。此前水厂单位食堂的食品安全等级是“C”。迫于客观上的时间紧迫性，如果让水厂单位食堂先从“C”等级升到“B”等级，那么就只能在下一次的量化等级评估中再参与“A”等级的评定，所以监管人员让单位食堂负责人在评定材料上签字，直接将水厂食堂的等级定为“B”级，并且制作了“B”级标识牌给水厂，这样就简单完成了“B”等级的认定。

基层监管人员本身具有直接确定餐饮单位“B、C”等级的权力，那么对于餐饮企业的跨级评定，可以被认为是在完成特定任务中采取的灵活措施，并且是在自身的裁量权范围之内的。与此同时，直接将餐饮单位的等级提升一个级次，也会对被监管者形成特定的激励作用，并且能够在帮助餐饮企业完成“A”等级认定过程中，在形式和程序上实现合规性。

(二) 积极激励,试探意愿

被监管者拥有较强的升“A”等级意愿是监管者能够完成任务的主要前提。因为,如果没有被监管者的升“A”等级需求,那么监管者也无法对其进行强迫,所以在监管者看来,只有当餐饮企业自身也有内在需求的前提之下,才有可能完成相应的升“A”等级任务。所以监管者完成特定的升“A”等级任务,离不开被监管者的积极配合。因此,对于监管者而言,确定以及激发被监管对象的升“A”需求,是主要的任务。

那么首先采取的便是夸耀的策略,用于试探被监管者的升“A”等级意愿。监管者立即向被监管者表达了意愿,“从外面看,管理看起来还是比较不错的啊,你这个不升‘A’有点浪费啊”[①]。与此同时,对被监管对象进行积极鼓励,从而形成相对比较宽松的沟通氛围。那么,被监管对象也向监管者做出了积极的回应,表示自己也愿意参加升“A”,并且说到,恰逢今年水厂进行提标工作,如果单位食堂能够得到“A”级,则是锦上添花。所以,无论是监管者还是被监管者,双方在“升A”方面达成了一致的需求共识。而水厂食堂的一个特殊情况,是上一次的评级之中被作为“A”级单位上报,但是后来市局的检查不通过,又被退回到“C”等级了,所以负责人对于上次没有能够升“A”表示可惜。

其次监管者为了避免餐饮单位会中途退出而不参加评级的情况,所以再一次与其确认意愿。站在被监管者的角度认为,最终能否得到“A”等级,既需要看你们单位领导的意愿,也要看市局给出的最后裁决。等到确认餐饮企业是非常有意愿参与升“A”的,关于上次升“A”却未得而感到可惜,表示愿意继续提供帮助,直至拿到“A”等级,为了增强监管对象的信心,监管者再次说道,“那你们这一次试试升‘A’,好不好,你这个都OK得了,直接就可以评了。现在已经做得很好的了,但是还有一些细节类的东西还需要再改进。我们再一起去努力,两个月后评A,绰绰有余”[②]。监管者试图不断增强监管对象的信心,进而坚定意愿,为下一步开展指导

---

① 访谈记录:ZQ20180511,H区NZ街食药监管所Z书记.

② 访谈记录:ZQ20180511,H区NZ街食药监管所Z书记.

升“A”工作做好了铺垫。

（三）制造趋同，强化意愿

监管执行者为了防止目标群体中途退出“A”级的评审，通过制造趋同的策略，不断坚定和强化合作的意愿。保持经常性沟通是主要的方式之一，首先会反复确认目标群体的合作态度，同时利用同行竞争的方式展开激励。例如，监管者会告知对方，某个比较知名的餐饮店在上一轮的申报中，获得了“A”的评级。并且鼓励目标群体尽管漏掉了上次一个机会，仍然不需要气馁，按照监管人员提出的要求进行整改，也是能够有机会实现成功的。监管者不断表现出愿意提供帮助的诚意，同时分享此前其他已经成功升“A”单位的整改前后材料，供其参考。这既可以说是提供了一个整改的模板，同时也可以通过同侪效应，正向强化意愿。从更大的范围来说，被强化意愿的监管对象加入“A”级的评审行列，使得其他同等规格的餐饮从业者纷纷效仿，进一步产生趋同效应。已经完成了升“A”的餐饮企业不断发挥对其他从业者的标杆作用，并产生扩散的效应，吸引那些徘徊在升“A”和不升“A”之间的目标群体参评。

监管者与监管对象在升“A”任务中达成的合作，形成了委托-代理关系。将升“A”的部分任务和责任委托给代理方。正如所有委托代理关系中，委托人所担忧的代理人的投机行为和逆向选择问题，监管者也为此提出了忧虑。为确保作为代理方的监管对象能够按照标准化的要求完成整改，稳定持续的合作意愿，监管者采取多次沟通的方式，主动强化监管对象合作意愿，以此来确保获得信息的准确性。

（四）标准化执行，渗透规范化要求

监管执行者确定企业升“A”意愿后，将一系列关于食品安全的规范化要求和操作标准告知企业，并由专业的监管人员协助指导，进行全程跟踪，引导其达到操作的规范化。在升“A”等级的工作中，基层监管者开展了培训会议，从许可审查到理念引导，与目标群体全程对接，且要求得到结果反馈，每周信息反馈 1 次，每月督查 1 次。

由于升“A”工作的强考核要求，因而基层监管者不仅对升“A”工作表现出了较高积极性，而且对目标群体也表示了较大的耐心。监管人员在与目标群体的交流过程中，扮演起教师角色，凡是涉及评审指标内容，给以一项项提出要求，且告知“标准化”的操作规范。从硬件方面的设施、设备、操作规范，到软件的制度文本，每一项与评级相关的指标，监管者一项不落给以细心指导。监管者对水厂单位食堂负责人，如下说到，“这个要一项项过一下，建立五个盒子，第一个是制度盒，包括食品安全管理制度，主体资料啊，营业执照啊，食品经营许可证啊，健康证。第二个是进货台账盒，那就是供应商的资质材料，供货商的许可证，营业执照，还有检验报告，特别是那些肉类的，还有面啊，油啊，面粉啊。一定要有供货商的检验报告，每一个批次都要有。第三个是食品安全培训盒，单位所有人员的培训计划、培训年度、实施情况、培训人登记、还有考核记录；第四个就是日常检查，消毒记录、检查记录、日常监管检查记录、留样记录，就这四个盒子，至少要有这些东西”[①]。监管者不仅在口头上传授具体的内容要求，而且模拟市局的检查人员，对单位食堂的所有评级项目都预演一遍。从原材料的入口操作间开始，一直到烹饪间、配餐间、预进间，凡是涉及到的检查项目和要求，都进行手把手指导。对标准化程度要求较高，几乎要与文本规定中的一模一样。如果在现场发现标准化操作还尚未达到，监管人员也会通过口头传授方式，要求随同检查的负责人当场记录下来。

监管者对于具有较强考核要求的监管任务表现出积极的行动力，升“A”工作就是较好的证明。针对那些同样是具有较强的考核力，但是已经外包给市场的监管任务，监管者则是保持中立者的立场，扮演配合者角色，不主动参与到监管对象的行为过程。以客观性的立场，监督市场主体达到“标准化”的要求。比如与“量化等级”工作一样，“明厨亮灶”工程同样是作为创建国家食品安全城市中必须要完成的指标任务，规模较大的餐饮企业都需要实施“明厨亮灶”工程，其中，学校食堂、单位食堂是被要求安装的主要对象，以此来便于监管部门实时监管，同时也利于公众的实

---

① 访谈记录：ZQ20180511，H 区 NZ 街食药监管所 Z 书记.

时监督。具体的做法是,通过对餐饮操作间安装一些摄像设备,将后厨的情况直接联网到市局,由市局进行监控,公众通过摄像头就可以观察到后厨的操作情况。该项工程的主要费用由市局来承担,通过招投标的方式,将该项任务外包给第三方有资质的企业来做。具体安装的谈判过程由餐饮从业方和第三方协商开展。众多具有食品安全意识的大型餐饮饭店事先安装有摄像头,这也表明其在食品安全方面相对做得规范。但也有存在安装不合规范的问题,比如在专业的第三方机构看来,原有的安装位置不太对,有些需要探明到的地方没有显示出来。并且按照每100—150平方米需要安装一个屏幕电视,总数要求为2个的原则,有些餐饮企业仅仅只是安装了1个,所以被要求在原有1个摄像头基础上再加装。但餐饮企业负责人会考虑到成本问题,刚开始表示出反对的态度,但被告知不用企业自身承担费用的情况下,则又会对后厨加装摄像头表示欢迎。作为基层监管者,其监管功能的发挥,主要是督促餐饮企业完成设备的安装,从而能够助力提升食品安全监管能力。

三、调适的绩效:搭建相互信任的桥梁

可以看出,基层监管者在面对升“A”等级的任务情况下,展示出来的是一种与被监管者相互协商的监管过程。一方面,监管者需要依赖被监管者的配合,从而能够达成合作。另一方面,被监管者对于监管要求积极配合,所以某种程度上能够提升食品安全监管的规范化水平。在监管双方互动过程中体现出来的监管关系就是一种基于双方各自需求而达成的稳定的合作互动关系,体现出来的是在平等对话和协商基础上,双方携手推进食品安全监管。这也有助于双方之间信任关系的构建。具体而言,从监管行为产生的绩效来看,主要包括彼此间的资源依赖来促进合作,以及借助标准化设定,提升食品安全监管水平。

(一)资源依赖,促成合作

当任何一个组织面对环境的不确定性时,需要追求更多的资源来保

障自己的利益,从而减少由于环境不确定性产生的强烈冲击。[①] 这样就形成了组织之间的相互依赖关系。例如在基层监管执行中,监管者需要依赖餐饮企业的配合,协助完成监管任务,与此同时,餐饮企业依赖监管者给出的食品安全评定等级,等级越高,越能够在市场中赢得声誉。所以双方之间形成了相互依赖的关系,形成彼此之间的"互赖型合作"。具体而言,在基层监管者看来,执行具体监管任务的过程就是获得被监管企业遵从的过程,是需要依赖大量餐饮从业人员的主动参与和积极配合,由此来提升本辖区内的食品安全水平。所以基层监管者积极动员市场经营主体主动参与监管,并且为市场主体提供持续的帮助。从中也可以看出,监管者与被监管者之间理论上是一种相互独立的关系,但实际上两者之间基于彼此之间的利益需求,能够达成一种合作关系。

也正是监管者与被监管者间的资源依赖,能够维系两者之间的合作关系,并以此为基础搭建起平等对话的沟通平台,从而形成一种比较融洽的互动氛围。正如在调研过程中发现的,当基层监管者知道市场主体主动参与量化等级评定之后,既向其表达欢迎态度,同时也向其表露达成合作的意愿,在对话过程中采取协商的方式,正如监管者对主动表示愿意参评的企业说道:"那欢迎呐,我们几个人过去再帮你规划规划好不好,下一周我找时间也过去一下。你这个不是说一次两次就可以搞定的,肯定要去多次。你这样,按照我这边的步骤来,我这边上报上去也是承担了一个风险的,按我这边来至少提前通知你三个时间,跟你协调好这个时间和工作的这个环节,好不好。"[②]当然,如果让市场主体主动参与到监管政策执行过程中,那将是一种理想化的想法,现实中的大部分餐饮企业,是在监管者鼓动之后才答应参与。但是一旦能够确定被监管者的意向,两者之间的互动合作关系都能够持续。因为只要并没有让餐饮企业认为是有损自身利益或者会带来成本的,那么基本上都会答应完成食品安全等级的评级工作,以及接受一些新的监管技术。所以,一旦监管者与被监管者已经达成了相互合作的意向,那么彼此通过协商对话,共同促进食品安全监

① [美]杰弗里·菲佛,杰勒尔德·R·萨兰基克著,组织外部控制:对组织资源依赖的分析.北京:东方出版社,2006:3.

② 访谈记录:ZQ20180511,H区NZ街食药监管所Z书记.

管水平的提升。

(二) 借助标准化，提升安全水平

可以发现，基层监管者通过督促餐饮企业遵从食品安全监管的标准化要求，从而提升食品安全水平，这也可以被认为是近年来国家强调标准化建设完善治理水平的一个基层实践。正如国家自上而下对餐饮企业提出的“量化分级”以及“明厨亮灶”的提标工程，按照标准化的要求开展具体的执行活动，加强对市场的监管，并且通过技术化的方式促进餐饮市场主体提升食品安全水平。标准化建设被认为是作为国家治理的一个手段，是国家对社会事实进行抽象后形成数字与图表，是通过想象来治理社会实践。① 那么可以在实践之中发现，标准化的监管要求，事实上可以推动食品安全监管领域的治理效能提升。这种建立在技术基础上的标准化建设，可以使得监管者与目标群体共同合作一同执行相应的标准化程序，提升食品安全等级，以及共同促进规范水平的提高。与此同时，标准化的要求往往被认为是高于现有水平的，上级希望通过标准化的建设能够实现相应的水平。尽管下级部门为了能够描绘出看起来达到相应标准水平的图景，因此会通过报送精美的图表、数据来加以呈现。然而，我们的研究中却可以看到，具体执行标准化的过程中，为了能够达到相应的要求，基层监管人员往往会选择那些在能力和水平与标准相差不远的对象，只需通过简单地完善和引导就可以达到相应的水平，某种程度上也是完成了对标准化要求的严格执行。因为被选择出来的目标群体，基本上是能够达到监管要求的，那么在获取监管对象配合意愿基础之上，只需向企业渗透相应的标准化要求，再通过完善制度文本与技术手段，最终获取监管对象对标准的遵从。

无论是内生的提升食品安全水平意愿还是外部的监管执法，通过执行标准化，大型餐饮企业的监管效能产生了，并且是监管双方共同促进了标准化的有效执行。那么随之而来的一个问题是，如何在任务执行之后，标准化的食品安全监管要求还能够持续？也就是如何在企业实现升到

① 杜月.制图术：国家治理研究的一个新视角.社会学研究，2017，32(05)：192—217.

“A”等级的目标之后,还可以保持对标准执行的持久性,进而形成组织惯性。那么可能需要的是双方持续共同的努力。因为监管者对“A”级企业的监管任务量要求是,一年中要求至少检查1次。即使对“B”级餐饮从业者,检查任务量也只需要2—3次。所以,为了避免目标群体在监管者宣贯标准之后,无法持续坚持下去的情况,为了避免监管者在该项任务完成考核之后,因缺乏持续跟进监管效果的动力而不再激励企业执行标准的情况,则需要彼此保持相互信任的合作关系。为此,既要确保监管对象对标准执行的持续性,又要促使监管者有持久的监管动力,以及监管者积极“回应”监管对象的诉求和困难,帮助克服标准执行中的困难。双方保持持续的日常沟通,进而也能够产生对目标群体的持久监管。

第二节　强制式监管行为的调适策略

在另一种特定任务情境之中,基层监管者的行为呈现出另外的特征。即当监管者面临同样是高敏感性的任务情境下,若目标群体的遵从程度较低,那么监管执行者就会出现强制式的行为特征,以此来捕获目标群体的遵从。监管对象迫于监管执法者的权威选择了被动服从,这既表现为一种表面化遵从,受到了执法权威力量的威慑,接受监管者提出的各项监管要求,也更是表现为对监管者的直接抵触。那么,由此形塑的监管关系会导致目标群体降低监管认同感,甚至还会导致一种误解,从而更加不愿意配合监管者的监管要求,难以达到监管关系的良性循环。

一、调适的情境:任务高敏感度与目标群体低遵从度

对基层监管者而言,特定任务是否会产生高敏感性,是取决于对压力的感知。比如条条委托的任务,由于是专业化的本职任务,且具有较强的考核性,所以会有较高的敏感性。其中,考核压力是基层监管者面对的主要压力。那么在块块委托任务中,尽管并非专业化的任务,但具有同样的考核力度,会使得监管者表现出较高的敏感性。相对来说,条条委托的任

务被视为本部门的主责，监管执行者以履行监管为主要责任。块块委托的任务却有时是因为时间性的压力，而不得不具有较高敏感性，这主要是基于块块委托的任务会对正常的监管任务构成冲击，所以会产生组织注意力的争夺。

此外，在现实情境中，监管辖区内的经济社会发展形态的差异会导致块块任务量多少的差异。比如在一些城乡接合部，大量中小型餐饮店的存在，会增加属地政府的综合治理任务，那么委托给监管机构，要求监管者联合治理的任务也就越多。又如在一些经济发展水平较高，且地价相对较高的商业区域，综合治理的任务相对较轻，所以监管组织的注意力可以更多地集中在专业化监管任务上，那么需要参与到属地政府委托的综合性任务就相对较少。由此，面临的块块委托任务不同，可以形塑出不一样的监管风格。

笔者参与式观察期间发现，NZ 街道和 CG 街道是典型的城市化水平处于不同发展阶段的两个行政区域。NZ 街道属于典型的城中村社区类型，CG 街道则是发展相对繁华的商业地区。置身在 NZ 街道的监管者经常疲于参与块块委托的联合治理任务，相反，CG 街道则专注于本身的监管职责事务。笔者在蹲点调研期间也发现，NZ 街道的监管文化相对比较强制，而 CG 街道的监管文化则相对比较宽松。强制式监管行为也往往产生于块块高压性任务的情境之中。

（一）高敏感度：任务的高压性与强动员性

块块属地政府委托的任务一般具有时间压力较大的特征，要求职能部门在短时间内完成，从而制造出一种高压性的氛围。此外，为了突出任务的重要性，政府部门往往作为牵头部门，增强任务的权威性。在属地管理的体制之下，基层监管者无法避开属地政府牵头的联合行动，往往会选择积极行动起来，参与联合行动的治理任务之中。

1. 任务的高压性

压力型体制作为我国行政系统固有的特征，使得自上而下推动各项治理任务的实施成为可能。任务量化分解和物质化评价体系成为压力型体制的主要内在因素。[①] 改革开放以来，政府角色经历了从“发展型政府”向“服务型政府”转型的变迁历程，政府的治理重心从单纯强调以经济建设为中心，逐步转向维护社会稳定与保护生态。近年来，压力型体制下的考核内容，强调经济建设的同时，也愈加倾向于环保方面的建设。地方政府不断增强对环保的重视度，职能部门对环保任务的敏感性也不断提升。水污染和大气污染就是当前环保任务重点考核的指标。为完成任务指标，块块属地政府将向下级传导压力，作为完成复杂化任务的主要手段，不断具体化综合性的治理目标。

对水污染治理的工作主要由省政府负责，若发现尚未达到考核要求的区域，由所管片段的辖区政府负责整治。H 区所在的省政府对水污染情况进行监测后发现：H 区政府所管辖的两段地表水水质检测结果为劣Ⅴ类，明显低于考核中的任务要求。省政府对 A 市政府进行环保约谈。市政府随即发文《A 市环境保护局关于省政府召开水和大气污染防治工作约谈会有关情况的报告》。针对辖区内的水污染问题，H 区政府随即成立了领导小组，由副区长牵头成立，制定针对性的工作方案，并提出了具体化的任务目标。针对流经 H 区的省地表水考核断面水质，要求在 2018 年底达到Ⅳ类，2019 年提升到Ⅲ类。此外，展开部门间的比较排名，领导小组对各个单位工作落实情况开展检查督办，对推进缓慢的部门予以通报批评。[②] 大气污染环境监测站的国控监测结果同样牵动地方政府的敏感神经。H 区接收到由市环保局通报的大气污染防治方面存在的问题：2019 年 1—8 月，H 区的 CS 国控点二氧化氮同比上升 2%，是全市唯一上升的国控点，PM_{10} 同比上升 3.8%，是全市同比上升的国控点之一，且升幅最大。8 月份 PM_{10} 同比上升 27.8%，同样是全市国控点中升幅最大，且 $PM_{2.5}$ 大幅上升 22.7%。领导小组进一步强调，污染防治进入了压力叠加的关键期，需要强化部门的联合执法，建立起联合执法常态化机制。比如要求充分发挥环保、市场监管、食药监等部门及属地街道的

---

① 荣敬本、崔之元等. 从压力型体制向民主合作体制的转变：县乡两级政治体制改革. 北京：中央编译出版社，1998.

② 材料来自 H 区政府内部资料，《关于印发 2018 年 HZ 区 DL 及 LD 断面水质改善工作方案的通知》，2018 年 4 月 3 日.

监管职能，督促既有餐饮服务企业和机关单位食堂规范安装油烟净化设备，确保稳定运行。为了引起各个部门的重视，针对并未较好落实，且整改成效差的部门进行通报批评，程度严重者予以问责。①

H区面临的环保治理问题除了因考核不达标引起，还有来自公众对环保问题的投诉举报。群众在中央环保督察组进驻G省期间进行投诉举报。A市政府成立"环境保护督察整改工作领导小组办公室"，在2018年5月28日提出了任务执行的目标：要求对环境污染投诉案件进行源头减量，且对2016年底中央环保督察组交办的83宗已经完成整治的案件，不允许出现污染反弹；对于市政府梳理下发的189个突出环境问题，在本次"回头看"督察前必须确保100%完成；对"12345"热线接报的环境信访件，实行限时办结制度。任务考核主要以污染是否消除、群众是否满意为关键标准，并且规定了具体的办结时限，在5月31日前必须完成整改工作。若发现整改不到位，出现污染反弹，则对责任人员进行严肃问责②。在同年8月15日，区环保督察工作协调联络组办公室再次下发针对中央环保督察"回头看"的文件，既要防止原有污染问题回潮，也要防范新污染问题产生，案结事却未了的需要继续跟进整改的案件，继续按照整改计划落实，有序推进整治工作。针对有关餐饮业扰民的问题，形成每周汇报案件整改进展情况的制度，以便于领导小组的监督。这项任务在基层政府看来，是当前一项重大的工作任务。③

自上而下的压力传递，以及来自领导小组的监督激励，提高了环保治理任务的压力值。面对层层向下传递的任务，基层监管机构被要求参与到高压性的环保任务中。面对属地块块任务的高压性，监管部门选择主动配合，积极完成本部门的职责任务。这对属地管理原则下的监管部门而言，是最好的策略选择，因为职能化的监管部门的议价空间较小，几乎不可能与属地政府进行谈判。

① H区内部资料：A市H区环保工作领导小组办公室关于印发H区落实A市污染防治攻坚战集中约谈会大气污染问题整改工作方案的通知（H环领导小组办〔2018〕139号）.

② A市H区环保工作领导小组办公室关于推进中央环保督察交办案件及突出环境问题整改工作的通知，2018年5月28日.

③ H区环保督查工作协调联络组办公室关于进一步加强中央环保督查"回头看"交办案件跟踪处理工作的通知，2018年8月15日.

2. 任务的强动员性

动员各部门的力量参与其中,是压力型体制的另一个重要特征。地方政府对各项事务的治理仍然延续动员的方式。领导小组的高权威性使得动员力量的发挥成为了可能。环保攻坚大背景下的污染问题治理是地方性的高压性任务,相关的各个部门几乎都被动员到任务之中。比如,在上述的水污染整治中,领导小组牵头组成了12个部门,包括区住建水务局、区城管局、区环保局、区发改委等。区食药监局作为主要的参与部门,要求按照“清理取缔为主,就地整治为辅”的工作思路,负责加强对河涌流域范围内“散乱污”场所清理整顿工作。为了强化考核的压力,建立了信息报送机制。要求各个牵头单位将当月的专项整治任务完成情况报送区环保工作领导小组办公室,将工作情况每月通报区政府。再如,在大气污染防治的过程中,为了在月底前扭转国控点监测到各项指标上升的不利局面,H区环保领导小组设立具体化整改任务目标,要求环保、食药监管、市场监管、城管等部门对国控点周边的污染源进行全面排查,且加强对站点周边废气排放的整治,杜绝露天烧烤、焚烧垃圾现象,管控周边餐饮业及学校、单位食堂油烟排放的措施。对各个部门的任务进行分工,比如要求区城管局负责制定站点周边道路冲洗、洒水方案,明确洒水的路线、频次。对于预判有不利污染物扩散气象条件时增加冲洗频次、洒水频次,且每日至少增加1—2次。食药监部门要求强化对周边餐饮业排污监管,督促餐饮业业户安装与其经营规模相匹配的高效油烟净化设施并定期清洗维护。对无证照违规经营的餐饮店依法查处整治,引导周边餐饮业搬迁或改营无油烟污染项目。

面对任务的高压性和领导小组的强动员力量,作为非主要参与部门的监管机构被要求完成环保的任务,发挥作为发证机关的权威性以及威慑性作用,对违规排污的餐饮企业进行取缔。然而,对监管者而言,取缔并非监管的目的,引导和督促餐饮企业提升食品安全水平才是目的。加之,在可能引发社会风险是任何一个部门都无法触及的高压线的背景下,监管者在行使执法权中,必须在任务完成与秩序维持之间达到平衡,避免因手段的强制性,引发冲突性事件。监管者为了顺利完成任务,将工作压力进行逆向传递,以监管作为手段,完成压力性任务为目标,获取目标群体的配合，被建构进入任务中的目标群体遵从取向特征主要表现为一种“抵抗型”。

（二）低遵从度：目标群体“弱者的抵抗”

监管者面对较高权威性的任务以及较大的时间压力，为了尽快获取目标群体的配合，采取施压的方式，劝说改营其他项目或者搬离。事实上，被建构进入块块任务中的目标群体的经营业态大部分是小餐饮和小企业，经营者的文化水平普遍较低，离家进城从事餐饮经营以谋得生计。这类目标群体相对让监管者感到头疼，因为按照餐饮从业的准入门槛，没有达到合法经营的条件便不能够给予发证，但若进行硬性驱赶，又可能引发冲突性的事件，导致监管者自身陷入没有许可又为何能够持续经营的窘境。面对监管者的整改要求，因难以支付较高的成本，目标群体的遵从取向表现为“抵抗型”。面对监管者的强硬的监管手段，目标群体无奈接受的同时，进行“弱者的抵抗”。

“抵抗型”目标群体并非一开始就选择抵制，而是随着监管部门执法手段严肃性增强，逐步以弱者的姿态做最后的抵制，但是最终做出妥协与屈从。H 区的环保攻坚战役中，在辖区内一家临河边无证经营的 FJ 小餐饮店进入到污染源的名单中。此前，辖区的监管部门已经发出责令改正的通知单，督促办理经营许可证。遇到这次环保风暴，监管人员再次踏入这家店时发现，已经由另外一位黄姓的老板接手，并对经营场所重新装修了一番。为了能够正常营业，餐饮负责人非常配合各个部门的上门检查，并且尽量在控制成本的前提下，答应改动的要求，比如加装油污排放的简易过滤设备。当然在餐饮店负责人看来，配合好就可以获得政府颁发的经营许可证。隶属街道的环保工作人员告知餐饮负责人，现在由于是环保整治时期，目前规定是河流两岸的 6 米之内都不能办理餐饮，也就不给办理场地证明。面对监管人员增加的办证前置条件，餐饮负责人表现出无奈的情绪。原先充满期待的黄老板瞬间感到很无助，态度由“主动配合”转为“无奈哭诉”，并对监管人员说道，将来一家人的生计都依靠在这家餐饮店上。

在环保攻坚战役中，凡是在河边两岸经营的餐饮店，都与此次环保任务有关，需要被取缔。尤其是一些低端餐饮企业，食品监管部门都要清查一遍，尽力对他们进行劝退，要求停止经营。靠近河边经营的一家沙县小吃餐饮店既没有安装正规的油污排放措施，也未获得营业执照和食品经营许可证。食品监管部门要求该餐饮店关门停业。而餐饮店的负责人却是认为，他们的各项条件已经做得很好了，店内比较干净卫生，但监管部门都不给他们办证。尽管如此，由于无证经营的事实存在，最终餐饮店负责人不情愿地关了门，在责改通知书上签字。

二、调适的策略：规则硬化下围攻“无证”

基层监管人员在面临环保高压之下，对监管对象开展“无证”的排查。为了使低端餐饮从业者退出经营市场，监管者强化执法权行使，采取运动式治理方式，强制要求从业人员停止营业。同时，通过吸纳社区的社会力量，协助监管人员劝说餐饮从业者退出市场。

（一）分类引导：淘汰抑或扶持

基层监管人员面临环保高压，对同样场域内的监管对象，面对相同的“无证”问题时，会依据实际情况采取迥异策略。比如对一些规模较大且较为高档的“无证”经营者，会引导其合法化，要求完善办理相关手续。而对那些规模较小低端的“无证”经营者，监管者尽量引导其退出餐饮市场。食品安全监管者作为发证的后置部门，要求从业者取得前置部门的审批条件后，才准许发证。然而，当面临以环保任务为中心工作的情境下，常规的发证流程和条件不再适用，并增设新的要求。具体而言，常规情况下，餐饮监管部门出具经营许可证前，需要市场监管部门开出营业执照以及街道办开具的场地证明。而在非常规的情况下，不仅如此，还需要经营者获得环保部门的环评验收凭据，才会给予发放经营许可证。可以发现，准入的门槛被提高了，想要从事餐饮的市场主体需要拿到相应资质要求，以及需要投入更多设施设备，才可能符合准入的条件。而实际上，餐饮经营者的准入门槛正是环保任务来临时所要求的那些，只不过是在正常的状态下，监管者通过发放“临证”的方式，准许其暂时经营，并口头引导被监管者改善食品安全条件。所以在监管者看来，面临的这种高压性的任务，也正是能够通过提高准入门槛，尽可能淘汰低端餐饮业，减少污染源增加的可能性。

那么，当面对的是非低端的餐饮从业者，尽管是同样处于属地政府划定的敏感地带，且同样是“无证”问题的目标群体，但监管者采取“扶持”的监管方式。与被要求关停的小餐饮企业相距不到200米的一家海鲜餐饮店，监管人员对其做出限期整改的决定，要求安装排污和排油烟设施管道，若环评结果显示没有超标排放，则准许办理餐饮经营许可证。现场检查中，海鲜餐饮店已铺设有排污的水管和设备，装修相对豪华。这也足以展示出餐饮企业的经营实力和能力。所以通过比较可以发现，在特定的环保攻坚任务时期，尽管监管者对该片区内的监管对象统一不予以办证，要求不能从事餐饮经营，但从具体来看，监管者对相对较小的餐饮企业，是要求强制性关门处理，而对于相对大型的餐饮企业，监管者选择进行引导和扶持。这实际上也是从总体性的食品安全监管水平层面进行的考虑。大型企业越多，相对而言能够通过硬件设施和技术手段提升食品安全水平的能力就越强，可能产生的食品安全风险就会相对较弱，所以基层监管者往往都倾向于支持相对大型的餐饮市场主体。

事实上，基层食品监管者面临着大量的小餐饮企业，尽管规范化程度较低，但是经营者想要符合规范的意愿非常强烈。按照监管者的话来说，餐饮店负责人也很想办证，也想要合法经营。但是在面对一些租赁的经营场地出现产权纠纷，或者营业执照难以顺利申请得到等因素引起前置条件不充分时，监管部门无法给以发放食品经营许可证。所以餐饮从业者会处于一个无证经营的状态，日常的食品安全监管职责仍然由监管者负责。站在监管者的角度来说，他们也想要给以发证，只是其他部门不给予满足前置性的条件，他们也表示无奈。那些在日常监管中并未获取经营许可证的从业人员，处于违法经营的边缘，那么再加上类似环保攻坚的高压任务，“无证”便成为了监管者对其展开强制性执法的一个强有力的依据，并且淘汰低端的经营业态。

（二）运动式执法：硬化规则约束性

环保攻坚任务下的多部门参与联合行动，往往以运动式执法的形态在基层出现。当基层监管部门接收到有关餐饮店油烟扰民的投诉举报时，采取联合环保、城管等多部门一同对被投诉的餐饮店进行处理。**一是联合多部门施压**。各个部门对餐饮店进行分头检查，哪个部门发现问题比较严重，罚款比较重，则由该部门出具罚款通知单，目的在于形成威慑力量。例如，食品监管部门主要查看是否有"许可证"，市场监管人员主要查看是否有营业执照，环保部门查看是否有环评审批，以及是否存在违规经营的问题。若从业者屡劝不改，每个部门进行集体施压，要求整改到位为止。**二是硬化执法权，采取执法行动**。针对餐饮油烟扰民的问题，首先调查该店是否持有《工商营业执照》和《食品经营许可证》。其次查看其是否填报了《建设项目环境影响登记表》的餐饮项目，若没有，则发出责改的通知书，进行书面警告，这是属于较轻的惩罚手段。监管者希望得到来自被监管者的反馈是，餐饮店停业整改，复查后发现该地址已经停止经营行为，或者改营其他项目。但若出现屡劝不改的餐饮店，仍然没有加设油烟排污处理的餐饮店，负主责的环保部门开出立案处罚单，并移交法院强制执行，要求整改后的油烟经过处理后排入下水道。**三是要求改正制作工序，减少油烟污染的产生**。针对一些被投诉相对严重的餐饮店，监管者介入到餐饮从业者的制作工艺流程。比如要求停止生产产生油烟、异味、废气的餐饮服务项目，整改更换制作工艺，从事蒸煮经营，而不设煎、炒、炸、烤制作工序。

（三）借力施压：吸纳社会力量

基层监管人员为了缓解在执法中与被监管对象之间可能产生的对抗与冲突，借助社会力量缓解双方的矛盾对立关系，使得社会力量与监管者站在同一立场，达到驱逐"无证"经营者的目的。出租屋的屋主、物业管理人员、社区经联社的负责人、村委会主任或村委书记等人员都成为了基层监管者擅长借用的社会力量。

一是采取"利益补偿"的方式。通过让房屋出租方补偿部分租金，以减少餐饮从业者停止营业的损失。一方面监管者对出租方进行协调，动员其解除与餐饮店负责人的合约。动员的理由是餐饮从业者是“无证”经营，属于违规违法行为，若持续将房屋出租给从业者从事违法行为，屋主也会受到牵连。二是在执法现场，监管者劝说餐饮店负责人停止营业，屋主也承诺愿意退还租金。餐饮店负责人得知能够获得赔偿，内心相对平衡，不满的情绪也随之减半。对出租方来说，劝退租户带来的是利润的降低，但是仍然会遵从依法依规的要求，答应配合监管者协调经营者退出该地经营。

二是采取强硬措施。当监管者面对一些不愿意配合，且不愿意撤离的餐饮企业时，会选择与出租方讨论采取简单、粗暴的强制性方式阻止“无证”经营者持续经营。针对投诉案件中在现场发现的餐饮店未经处理直接排放废水、油烟的问题，监管者责令餐饮经营者立即停业整治，并依法进行立案处理。房屋出租方采取停电措施，对房屋张贴公告和封条，要求被投诉的小餐馆停止营业。由于屋主采取了停电的措施，餐饮店便不再具备自行复产的可能，并且将该地的实际用途变为仓库。监管人员与屋主一同采取了强制性措施之后，“无证”餐饮从业者有的解除租赁合同，退出经营场地。也有的听从监管人员的要求，关门停业按要求整改，直到提供餐饮项目建设的环境影响评价表之后再恢复经营。

之所以社会力量与监管人员会达成联盟，共同向“无证”餐饮经营者施压，主要原因在于屋主为了保护自身的安全，避免承担市场主体违规经营带来的连带责任，屋主认为自身有义务中断与这些违规经营者的市场契约关系。我国在 2013 年颁发了《最高人民法院关于审理食品药品纠纷案件适用法律若干问题的规定》，第八条中明确规定了针对市场交易的开办者、柜台出租者、展销会举办者若未履行相应的审查、检查和管理等义务，发生食品安全事故的情况，消费者可以请求承担连带责任。房屋所有人或物业管理公司将房屋租赁给经营者，有责任要求租户必须从事合法的经营，否则自身也会受到监管机构的责备。正如一位前往监管所提交相关租赁合同的张屋主说道：“如果知道他们是这样的人，那我也不会把房屋租给他们。”[①]所以，监管者通过对社会力量的吸纳，对“无证”经营的

① 访谈记录：ZWZ20180922，H 区 CG 街道出租屋户主。

小作坊展开了围攻，并且针对这些高压任务环境中存在的小作坊，监管人员向其释放的生存空间也已经在不断缩小。

三、调适的绩效：硬化监管执法

可以发现，由环保攻坚任务带来的高压之下，基层监管执法者选择了硬化监管权的方式，对于日常监管中并不遵从的被监管者展开强制执法。具体而言，主要针对那些表现出“抵抗”态度且又是“无证”的目标群体。由特定任务产生的高压性，使得监管者最终选择采取取缔违规经营的执法策略。那么由此产生的监管效果，是将部分处于违规经营的从业者驱逐出市场，从而能够整体上提升食品从业者的素质以及食品安全水平。并且基层监管者通过强制执法，增强了其监管权威性，对于其他食品从业者产生了威慑作用，能够进一步引起餐饮经营者对合法经营的重视度。但同时不可否认的是，增强了基层监管执法者对食品经营者的威慑力的同时，也存在着负向效应。

（一）以“堵”代“疏”的监管方式，导致监管威慑力的不稳定

可以看到的是，在自上而下块块高压性任务之下，监管者要求在短时间内完成特定任务指标，所以将执行的时间压力进一步向被监管者转移。尽管基层监管者是为了能够完成属地政府的中心工作，而采取了硬化监管执法权的策略，在向上递送任务完成报告的部门对象也是属地政府，看起来监管者完成的是属地政府的以环保为目标的任务，而并非监管的任务，监管只不过是一种手段，并且监管的目标也看起来让位于属地政府的中心任务目标。

但是不可否认，的确在这样的高压力执行情境之下，激发出了基层监管者对被监管者执法的权威性。基层监管者联合多个部门开展运动式执法，使用强制性的监管手段，迫使不符合新规定要求的“无证”餐饮加工小作坊退出市场，或者现场关门停止营业。针对那些能够获得许可证经营的加工餐饮企业，也被要求获得环保部门开具的审批之后才可申请许可证。由此，监管者通过查处“无证”，以及增设准入门槛的手段，试图控制

小餐饮企业的进入门槛，形成了以“堵”为主的监管方式。这种由特定的监管任务情境下产生的特定监管方式，监管效果的持续性并不理想。具体的监管过程是主要由执法人员在现场开出《责改通知书》，拍下现场已经关门停业的照片，以此作为任务执行的证据。但当执法人员离去，餐饮从业者仍然会继续开门营业，在没有其他外在因素触发之下，如群众投诉或者类似的高压性任务，那么监管者将会面临“堵不胜堵”的监管境地。因为在日常监管中，监管者便无暇再对此类的经营者进行持续监督，那必然存在的是经营者仍然会无视监管要求，继续开展“无证”经营。

所以，运动式、强制性的监管方式伴随而来的是“短、平、快”的取缔方式，从监管效果的稳定性与持续性来看，能够在短时间内，使得小餐饮企业遵从监管者的监管要求，在短期内取得较好的监管效果，比如增加了取缔“无证”经营者的数量，整体上提升了食品从业经营者的水平。但是从长期来看，理想中的监管效果并没有能够很好达到，众多的小餐饮企业仍然未能够完全遵从监管要求。所以，如何能够确保在运动式治理过后，可以持续性地提高监管对象的遵从意识，仍然是需要持续探索的问题。

（二）联合社会力量的围攻式监管，为监管关系冲突埋下了伏笔

在基层监管执法中，监管者为了快速达到取缔和关停违规小餐饮企业的目的，联合社会力量一同向餐饮从业者施压，迫使其接受监管者的强制性要求。我们从两个角度分别来看，就监管者而言，通过采取围攻式的监管方式，提高了监管执法的效率。但是从被监管者而言，突如其来的取缔和关停手段，会加重被监管者内心的抵抗情绪，同时也会带来对监管者的怨恨。因为在基层监管执法中，还存在着在某一个区域是重点要求监管，而在另一个区域可能就是可以暂时默许的，所以这样一来，被划入到运动式执法范围内的被监管者会产生不公平和不满的情绪。据调研中发现，大部分的餐饮从业者本身是很愿意去办理经营许可证，只是由于一些长期存在的不规范问题，比如场地的产权证没有，所以办理不了场地证明，或者是某一方面的检查不达标，也就无法办理证件。所以，监管者和被监管者而言，双方都存在难处。那么加之这种急速的监管方式，更加剧

了餐饮经营者内心的不快，甚至是委屈感。

所以从另外一个方面来看，假如在日常监管过程之中，监管者对这些处于违法经营边缘的从业者采取循序渐进的监管方式，逐步引导其走向规范化经营，向食品经营者持续地输入形成良好食品安全规范意识的重要性，那么可以减少监管者与监管对象之间的冲突性。否则没有在日常监管中与被监管者做好充分的正向和负向沟通，可能更会导致的是被监管者的反抗情绪。例如提前告知如果不能够按照规范化要求经营，可能面临的就是被关停的风险，那么即使是当运动式治理风暴来临，被监管者自身也会选择愿意配合。待到运动式治理任务结束之后，被监管者也会乐于接受监管者提出的规范化要求。否则的话，监管者未给被监管者理解和消化的时间，而是采取疾风骤雨般的监管手段，那么被监管者迫于害怕心理而选择被动接受监管者提出的正当要求，即使运动式治理过后，监管者对其采取引导性的监管方式，有可能由于彼此之间存在的隔阂关系，而对监管执法者形象认知产生偏差，从而不利于良性互动监管关系的构建。

第三节　关照式监管行为的调适策略

若具体监管情境之中的目标群体监管遵从度较高，而任务敏感度相对较低时，监管行为呈现出一种关照式特征。不同于强制性监管行为采取硬化监管规则，对被监管者进行以“堵”为主的“围攻”策略，关照式监管更多是采取以“疏”为主的“协调”策略。也就是说当监管者面对这样一类特殊的目标群体，在关系较为复杂的监管情境之中，监管者往往会在综合判断后，选择采取柔性的监管执法策略。监管者会对该具体监管情境之中的目标群体有一种价值倾向，一来是被监管者主观上的违法意识并不强，二来是处理的案件本身是由于外在职业打假人出于获取利益而采取的举报行为，那么这种借助举报制度获取私利的行为是不值得提倡的。那么，监管者在综合权衡基础上，对被监管者采取软化执法，采取其他方式获取被监管者遵从的同时，又能够对于一些非正当的投诉举报行为予以遏制。当然在完成该具体监管任务情境之中，也不可避免地会发生监管者与目标群体之间一起合谋来达到特定的监管目标。

一、调适的情境：任务低敏感度与目标群体高遵从度

监管者对任务敏感性的感知与任务本身的时间压力有关。相比于政府系统内部委托任务的高压性，来自群众的投诉问题虽然占据基层监管者大量的工作时间，但时间上的压力往往会比较小，而更多的压力主要集中在投诉人对处理结果是否满意。此外，对于该项任务的考核，也主要是以投诉人满意为考核目标，所以主要的执行压力来自投诉人对处理结果的评价。接下来，我们就对该具体任务的执行过程进行阐述。

（一）低敏感度：投诉处理的程式化

1. 投诉任务具有较大的时间弹性

食品安全问题投诉主要是通过政府热线收集上来，而后派发给各个相应职能部门进行处理。为了能够对群众的需求做出及时回应，国家确定了投诉问题处理的相应主体以及具体的处理流程。《国家食品药品监督管理局关于印发食品药品投诉举报管理办法》中规定，投诉举报管理工作按照“属地管理、统一领导、分级负责”的原则来开展，由各级食品药品监督管理局投诉举报中心具体承担本辖区内的食品药品监管工作。《办法》详细规定投诉举报工作的受理流程，并且预留出了较大的时间弹性。监管者收到投诉举报之日起的“5”日内需做出是否受理的决定，符合受理情况的，应当自受理之日起“15”日内，以书面形式或其他适当方式告知投诉举报人；不符合受理条件的，应当自做出不予受理之日起“15”日内，以书面形式或其他适当方式告知投诉举报人，并说明理由。整个投诉举报的受理、办理、协调、审查、反馈等环节，应当自受理之日起“60”日内全部办结；情况复杂的投诉问题，则可以经负责人批准，适当延期，但延期不得超过“30”日，并且需要告知投诉举报人延期的理由。

在基层监管者看来，也正是由于投诉任务占据了所有委托任务中的大部分比例，所以才需要统一化的操作流程标准来进行。正如一位

监管所的Z书记曾经谈到，监管所80%的工作时间都被投诉问题占据了，没有其他的时间进行日常检查。虽然投诉问题处理时间上并没有很大的压力，但是在具体投诉处理过程中如何让投诉者满意，却是存在较大的时间压力。所以困扰基层监管人员的是，如何裁量监管规则，既能够使得处理过程是合乎处理规范和处理流程的，同时又能够让投诉者满意。那么监管者就需要考虑更多的因素，面对更多需要协调的内容。

2. 投诉者的牟利性

从基层监管者口中反馈得知，他们接收到的投诉问题，是具有两种不同性质的。可以根据投诉者投诉目的的不同，主要分为两种类型，一种是公众个体自身的合法权益受到了侵害，希望能够通过政府部门得到解决，从而提出自身的诉求，要求获得合理赔偿。另一种则是将投诉举报作为一种手段，投诉人的举报行为并非自身权益受损，而是为了能够从投诉中获得多倍赔偿，谋求私人利益。我们将上述两种类型分为“维权型”投诉和“牟利型”投诉。在基层监管人员看来，后者是最令人头疼的，因为投诉者个人的动机是不纯粹的，甚至会想要获得经济利益才肯罢休。而这部分的投诉人也就是职业打假人，他们是抱团存在，甚至是通过组织化形成企业化的运作，通过学习专业化的法律知识，揭露出市场上流通的假冒伪劣商品，或者标签标识不符合标准的商品。若发现某一个商店存在不规范的商品，那么就会对销售同样商品的其他商店都进行举报，这在某种程度上能够达到净化市场营商环境的作用。而职业打假人的投诉举报，若被受理部门证实了商品生产者、经营者确实存在违法行为的，也可以获得相应的赔偿。

职业打假人的投诉举报权利是受到法律保护的，监管者无法直接驳回他们的诉求。2011年颁布的《食品药品投诉举报奖励办法》(国食药监办[2011]505号)规定，对提供属实且有价值举报信息的公众予以奖励。2014年3月15日起施行的《最高人民法院关于审理食品药品纠纷案件适用法律若干问题的规定》中也明确指出，商品生产者、经营者针对消费者明知食品存在质量问题仍然购买为由进行抗辩的，人民法院不予支持。实际上，这是对职业打假人投诉行为的一种保护。2015年修订的《中华人民共和国食品安全法》同样对消费者投诉举报进行鼓励。然而，随着消费群体中渐渐出现利用举报奖励制度为自身牟利，借奖励制度向商家敲诈勒索的职业打假人群体，市场监督管理总局于2019年11月30日颁布了《市场监督管理投诉举报处理办法》，明确规定：不是为生活消费需要购买、使用商品或者接受服务，或者不能证明与被投诉人之间存在消费者权益争议的举报，市场监督管理部门不予受理，监管人员需对此行为进行甄别。另外，国务院颁布的《关于加强和规范事中事后监管的指导意见》（国发[2019]18号）也明确指出需依法规范牟利性"打假"和索赔行为。新规定赋予市场监管者执法裁量正当性，也为其提供一种保护机制。在这种情况下，职业打假人的牟利性举报受到了一定的制约，他们不敢过度坚持诉求。但对监管者来说，由于对牟利性举报的甄别存在一定的难度和成本，因而不能对举报无动于衷。而被举报的商户最关心的则是如何尽可能减少被举报带来的损失。三方均有难言之隐，为监管者调和纠纷创造了空间。

投诉者的牟利性诉求在监管者看来，不仅增加工作量，而且带来监管执法的压力。"这些投诉是执法大队分下来的。执法大队先接到，下面各个所再继续弄，继续做事。一个执法大队有四个队，哪里跑得过来。投诉来了就要受理，就要出去检查，而且还要回复投诉者，投诉者满意了才能好。上次我有个投诉处理没有让投诉人满意，然后再继续处理，他还是没有满意，结果我就写一份履责报告。"①面对比较难缠的投诉者，投诉者自身牟利性诉求若不能够得到满足，则将会使得监管者陷入到与投诉者的纠缠之中。W科长又与我们坦言："现在就有要求投诉人结果满意，那无非就是要拿点钱才会安心，所以就会调解商家给些赔偿，这样投诉人也就满意了。但是我们去查了投诉的内容，比如KFC吃东西吃出来苍蝇，那我们检查的时候肯定就又是没有的啊，那最后KFC也就是给免单了。我们大部分时间都在做这些事情，很多具体的详细检查工作都被这些给占据了。"②由此看来，基层监管执法者对投诉任务感

① 访谈记录：WL20180905，H区CG街食药监管所食品组W组长.
② 访谈记录：WL20180905，H区CG街食药监管所食品组W组长.

到了头疼，那么对于该任务如何处理，基层监管者也有多方面的利益需要权衡。

（二）高遵从度：目标群体的服从

对被投诉的商家而言，投诉人的投诉将会带来自身声誉的下降，从而希望能够尽快摆脱投诉者，所以会选择积极配合监管人员。由于商家事先并不知晓有违法行为的存在，因而监管人员能够在现场找到违法的证据，并且会对其进行立案调查。而在监管人员收到投诉之前或者之后，职业打假人都不会单独找商家私了，所以需要借助监管者在中间进行协调双方的需求与诉求。而商家对职业打假人投诉的商品心知肚明，知晓自身的违法行为也的确存在，担心自身会受到处罚，所以对监管者的要求倾向于选择言听计从。从解决方案来说，若对投诉者的投诉予以立案，违法事实证据确凿，那么监管者会依法对商家进行处罚，而投诉者也就能够拿到数额的奖励。如果不对投诉问题进行立案，而是争取商家与投诉者之间的协商解决，那么商家可以避免受到处罚，也可以认为投诉者是选择了中止投诉。所以，从监管者和商家双方而言，投诉者能够撤销投诉是最能够符合利益期待的。所以，对于投诉问题解决方向的把控，完全取决于监管者在商家和投诉者之间的调和情况。

二、调适的策略：监管规则的变通适用

基层监管者构建了一套应对职业打假人的处理方式，对被管理对象采取“做思想工作”方式。[①] 对于大多数基层监管执法者而言，处理职业打假人的投诉举报问题过程中，往往是需要充当投诉者和商家之间的调和者角色，综合运用各种策略，尽量能够引导商家与投诉者对投诉问题的私了。那么在处理投诉任务过程中，监管者主动裁量监管规则，对规则的变通适用是采取的主要策略。具体的投诉案例背景是这样的：基层监管者收到一则投诉，投诉人举报一家食品经营店销售的香港生产的维他饮

---

① 易江波.“做工作”：基层政法的一个本土术语.法律和社会科学，2014，13(02)：89—115.

料没有简体中文标签。监管者现场检查后发现,商家销售的产品确实是没有中文标签,与监管要求不符合,认为商家的销售行为确实是构成了违法,并且也将违法的货品进行查封立案。就监管执法人员自身的角度而言,为了不助长职业打假人的举报行为,对商家做出的是免于处罚和要求责令改正的决定,这样职业打假人也就拿不到奖励。而同样拥有执法权的执法大队则认为这样的决定可能不符合执行程序,不能够通过审核。那么针对存在的分歧,监管人员一来不希望看到职业打假人仅仅因投诉标签标识问题就拿到奖励,二来也不想让自身陷入处理程序不合法的尴尬境地,所以试图采取引导投诉者撤诉的方式,对该投诉案件重新处理,尽量能够引导投诉者同意私了的解决方案。在具体处理过程中,监管者既向商家施压,引导其选择私了,又向投诉者转移目标降低诉求和期待,最终调和商家支付,投诉者表示愿意撤诉。监管者使用的具体调适策略如下。

(一)借助外部压力,引导商家趋向妥协

对于监管者而言,对于投诉任务的处理,既需要确保处理程序上的合规合法,避免出现原则性错误,又需要能够尽量满足投诉人的诉求,即能够让其得到预期的赔偿。那么,监管者认为职业打假人的动机并非基于自身合法利益受损,而是希望以此获得收益。所以监管者认为如果让职业打假人的个人诉求得到满足,那么越会激发他们持续以此牟利的兴趣。所以,为了能够使得投诉问题得到妥善处理,监管者选择在商家和投诉者中间,协调彼此需求。

首先,监管人员向商家采取压力转移策略,获取商家接受私下解决的方案。压力转移主要是说,监管人员将自身所需要承受的压力转移到商家身上。因为对监管者而言,如果投诉者对处理结果不满意,则会需要更多的流程来进行补救,甚至还会连带领导被复议,所以在监管者看来,如果商家和投诉者之间能够通过沟通解决,使得商家能够让投诉者感到满意,那是一种比较好的解决方案。为此,监管者采取"晓之以理,动之以情",加以"大棒"威胁的方式说动商家,获取商家同意沟通。一方面,迫使商家承认并接受自身的违法事实,同时向商家讲明作为监管人员介于做

出决定罚款还是不罚款的为难之处。由于投诉人一直紧追监管人员不放,要求对商家进行罚款。作为监管执法人员,迫于外在投诉者的压力,也就可能要对商家进行处罚,若不予处罚,则会被公众评议为没有秉公执法。况且,的确在检查现场发现了违法事实,售卖的进口食品也的确没有中文标签。在监管人员的威慑之下,商家为此感到忐忑,对于监管者的建议更加愿意选择服从。另一方面,监管人员鼓动商家与投诉者进行沟通,争取投诉者撤诉。监管人员给商家提供了两个选择,若是能够让投诉者撤诉,那么就可以免予罚款。否则投诉人不放弃投诉,监管人员就不得不处罚商家。具体地,监管人员与商家进行了一笔计算:当时投诉人说是想要 600 元,而如果处罚了商家,那么投诉人就可以得到 2000 元的奖励。处罚都是从 5 千到 5 万,最起码都是要 5 千起。监管人员向商家讲明,若不撤诉将会面临 5 千的罚款,试图让商家自己在支付 5000 元还是 600 元之间做出权衡。

(二)移花接木,淡化投诉事实

其次,监管人员试图通过移花接木的策略,降低投诉者对利益的期待。为了能够让投诉者撤诉,监管者运用了另外一种说辞,即检查结果与投诉内容并不相符,无法对商家进行处罚。监管人员与商家进行合谋,寻找同类包装的其他商品进行替代,双方决定采用现场检查到的是“维他芒果汁”而不是“维他苹果汁”的办法。对此,监管人员与投诉者围绕执法检查结果与投诉单的商品差异进行沟通,迫使其接受调解。一是监管人员主动承认,归咎于监管人员的疏忽,导致现场检查重点的偏误。投诉单上说的是维他苹果汁,但是扣押回来的是芒果汁,与投诉单上说的不是同一个批次的产品。二是愿意为投诉者向商家协商索要赔偿金。尽管检查结果与投诉单的内容有所偏误,但是仍然愿意充当中间人,与商家协商沟通,尽量满足要求。同时也提出,若是协调成功,投诉者是否可直接撤销投诉单,不用书面回复。监管人员与投诉者反复确认是否撤销投诉单。三是传达商家让渡的利益。监管人员在向商家达成一致意见之后,以第三方的口吻向投诉者传达,如果说放弃投诉,商家愿意支付 600 元。同时采取动之以情策略,告知对方商家也仅仅是一个小小的食品店,本身就赚不了多少钱。到此为止，监管者基本上完成对商家和投诉者之间的调和。

（三）借力出击，确保撤诉

再次，监管者的最终目的在于确保投诉者撤诉，为此借助商家的力量，约束投诉者。一方面，继续给商家施压。投诉人提供的证据是连接的，并且确认有卖过这些东西。只是如果愿意给投诉人 600 元，他就放弃撤诉。另一方面，借助商家付款给投诉人的机会，约束投诉人必须撤诉。监管人员告知商家，采取分阶段付钱的方式，先给一半，等到撤诉之后再给剩下的一半。当然，在投诉者看来，也担心撤诉之后，商家不会给以剩下一半赔偿，但是由监管人员在中间充当调和者，投诉人接受了这样的解决方案。

（四）利用信息不对称，协调双方利益

最后，监管人员利用商家和职业打假人之间的信息不对称，使得调和彼此的利益能够获得成功。在监管者看来，职业打假人的投诉动机是不纯粹的，且职业打假人群体的存在增加了他们的监管工作总量，所以是希望这种明显牟利动机的投诉能够减少，而对于提升食品安全本身具有实质性帮助的投诉能够增多。为此，面对商家被揭露出来的违法行为，监管者思考的是通过什么办法能够降低对商家的处罚，而能够约束职业打假人的牟利投诉行为。那么，监管者介于商家和投诉者之间，掌握商家和投诉者双方各自的诉求点，在双方中间利用信息不对称，分别向双方施压，从中加以策略性的鼓动和沟通，以此来达到商家和投诉者对调和处理结果的满意。从商家的角度而言，在调和过程中，处于相对劣势，既没有接触到投诉者的诉求，又有违法的证据被掌握在监管者手中，从而不得不听从监管者的安排，成为投诉处理过程的主要付出者。从投诉者的角度而言，由于投诉者获得了想要的利益诉求，所以其需求得到了满足。从监管者的角度而言，监管者达到了让投诉人撤诉的目的。所以三方调和过程中，监管者利用商家与投诉人之间的信息不对称，主导整个调和过程朝着能够让三者利益获得平衡的方向发展。

三、调适的绩效：正式权力的非正式运作

基层监管人员在特殊监管情境过程中，选择对监管对象的变通适用监管规则，尽管看起来是已经偏离了具体化的监管要求，甚至说监管行为不符合相应的监管规则。在与监管对象的调和过程之中，看似并没有遵从监管要求，但是仍然向被监管者说明了具体的监管法规法律，而且也已经引起了经营者的重视。只是说监管者在自身的裁量权范围之内，能够调和多方的利益基础上，也达到了相应的监管目标。即对目标群体合法合规经营的引导，促进提升食品安全监管水平。但也不得不指出的是，监管者在面临职业打假人投诉任务过程中，通过对正式权力的非正式运作，实现了监管的目的。而无论是从监管者采取调和策略的动因还是结果来看，监管者对正式监管执法权的非正式运作主要体现在：第一，由于部门间对处理方式存在冲突，促使监管者采取非正式运作方式；第二，为了既能够约束职业打假人牟利型的投诉行为，又能够引导目标群体遵从监管规则，通过对规则的变通适用，调和彼此利益，同时也达到监管的目的；第三，尽管在任务处理过程中展现出了监管者对被监管者的恻隐之心，但对监管规则的软化并没有降低对被监管者的威慑作用。

（一）各部门相互推诿投诉任务，促使非正式运作方式的产生

在食品安全监管属地管理的体制要求下，来自社会上的投诉任务主要是由属地政府委托给监管职能部门的执法大队，再由执法大队依据投诉所在辖区，分派到各个基层监管机构。在具体执行分工上来看，监管所完成投诉处理的前置程序，例如现场调查取证、事实认定、结果裁量等，执法大队则是汇总各个投诉任务的处理与审核。一般来说，作为后置部门的执法大队主要审核投诉处理文书形式上的合法性，而对于具体投诉处理过程并不给予关注。但是负责具体执行的基层监管执法者更在乎投诉人对结果的满意与否。所以可以看到的是，基层监管所与执法大队对投诉任务的处理流程和处理方式并没有统一起来，那么这样就容易发生因处理过程不同而产生的处理结果的不一致，为此就需要进行不断协调。

那么不同部门对同样一个投诉问题的处理进行的协商谈判，不同的认定将会对违法信息线索产生分割，同时也会导致对正式规则下投诉问题处理程序的消解。那么呈现在部门内对投诉问题处理的协调图景会导致相互推诿，即体现在下级监管机构向上级推诿，也体现在部门与部门之间的推诿。

基层监管机构向上级部门推诿，主要是认为上级应该制定统一的处理方案。曾发生过类似的案例：职业打假人QXJ，投诉了整个H区局辖区的19家店，结果只有3家监管所给予奖励，QXJ对此进行了信访。基层监管人员为此觉得上级部门应当提供统一的做法："我以前跟区局说的统一搞，他们不统一搞，现在全市局都不搞统一的处理结果，投诉人一看怎么有些给我钱，有些不给我钱。刚开始我就要求统一处理嘛。一个人投诉同样的一个问题不在同一个所，你全局要统一回复的嘛，统一有个结果，现在大家都不统一。法规科应该统一，大家都统一不给，同样一个事情你统一来一个结果嘛。因为你同样的东西一个局统一来处理嘛，你没有规划一个统一的东西，那不就是乱七八糟了，五花八门了，那同一个投诉人肯定感觉不对。同样的东西投诉到一个局里面，各个单位给的回复都不一样。"[①]职业打假人的存在的确在提供违法线索方面发挥了重要的作用，客观上也能够让经营者有所警惕，从而能够强化食品安全的规范化意识。但与此同时，职业打假人的投诉动机是值得怀疑的，只有是想要通过投诉来获得利益，才会在得到3个监管所的奖励之后还需要剩下16个所的同样的奖励。所以说，对于基层监管执法者来说，那些真正的对于提升食品安全水平具有贡献的，会给予奖励，而那些想要通过钻法律空子来获得牟利的，则会尽量不给予奖励。那么当基层监管执法者发挥个体自主性，自由裁量监管规则对投诉问题的处理之时，还必须要确保从区局的层面是一种统一的做法。所以，基层监管执法者在处理投诉问题时，需要平衡的是自身监管所与区局之间的统一性。

除了下级向上级进行推诿，在平级部门间也围绕职业打假人的投诉问题进行协商与谈判。基层监管机构与其他部门进行沟通谈判，主要是

① 访谈记录：TJP20180906，H区CG街监管所药品监管组T组长。

对投诉任务处理责任得相互推诿。笔者在参与式观察期间关注到，基层监管机构与执法大队接到同样性质的投诉任务，为了避免出现处理结果不统一的问题，双方进行了沟通。执法大队和CG监管所都分到了两个投诉单，主要是由同一个投诉人对同一家超市中经营食品的同一个问题。在如何进行定性处理上，双方出现了分歧。CG监管所赞同要立案但不予以处罚，执法大队却是说要予以处罚。最后彼此双方都没有妥协，更没有达成一致意见。CG监管所的态度愈加强硬，如果执法大队执意按照原来的做法给予处罚来定性的话，那么这些投诉单都交由执法大队来处理。若是执法大队坚持由CG所来处理的话，那就按照自己所里的标准来处理了。显然，CG监管所对如何判定不愿妥协。事实上，区局将投诉问题处理的权责下放到了基层监管所，既给予更多的自主处理权限，能够让基层监管所依据不同的投诉处理情境，做出相应的判断和裁量。但与此同时，基层监管所对投诉任务的处理结果需要考虑到整体区局利益，所以对监管规则的裁量增多了其他相关的因素。

可以看到，面对来自公众的投诉问题，由于内部关于处理方式的不统一，不仅带来部门内协商成本的增加，而且也导致处理效率的下降。基层监管所承接执法大队分派的投诉任务，实际上在基层监管所与执法大队形成了一种委托代理关系，那么在执法大队与监管所之间的协商谈判过程中可以看到，两者之间的协商最终没有关于统一处理标准达成共识，而是监管所会对执法大队形成了"逆向委托"，即执法大队需要赞同监管所的处理方式，才继续对被委托的投诉任务做进一步处理。因为在监管所和执法大队之间都非常清楚，如果双方没有按照统一的处理方式来做，那么出现投诉人不满意的情况下，将会导致区局被复议。所以在这种情形之下，监管者往往会选择发挥自由裁量权的情况下，对监管规则进行非正式运用。

(二) 变通规则的利益调和，监管功能得以实现

基层监管人员对投诉问题的整个处理过程的主导，实际上是一种变通适用规则的利益调和，利用监管权威协调投诉者与被投诉者之间的利益，最终寻求一种相互妥协的方案。在投诉处理过程中，监管人员软化执

法职能，但执法的权威性仍然存在，这也就使得协调过程得以顺利进行。一方面，监管人员向商家表达自身被迫无奈不得不对其进行罚款的矛盾境地，从而使得商家选择一条有利于自身降低成本的方案，向投诉人支付所需的赔偿。另一方面，监管人员通过对执法事实的部分修改，降低投诉人的利益期待，进而使得投诉人接受监管人员无法对商家做出处罚的决定。

在调和过程中，监管者分别出现两个不同面向。当面向商家时，监管者以执法权威来获取服从，通过对执法现场证据事实的认定让商家做出妥协，使其承担这场投诉中的损失。当面向投诉者时，监管者以协调者的身份来满足其诉求。从形式上看，监管者在商家与公众之间保持中立的协调者角色，实际上，与商家保持统一的口径，共同来合谋应对投诉者，使得投诉者在达到自身个人利益诉求情况下，做出撤销投诉的决定。置身其中观察整个调和过程，是监管人员以非正式的方式来行使监管权，促成达到三方都能够满足的结果。对监管人员而言，投诉者的撤诉，可以让他们不用担心由于执法程序不当而导致的部门审查。对商家而言，则支付比受惩罚要少得多的成本，对投诉者而言，获得了想要的利益诉求。即使说按照相应的监管要求，如果按照执法程序来进行，是要严肃且严格地加以处理投诉问题，但是迫于来自组织内外的现实压力，使得监管者采用了变通规则的调和策略，既完成了投诉任务，也能够使得监管功能得以实现。

（三）达到了威慑目标群体的目的

我们可以从监管者调和商家和投诉者之间诉求的过程中发现，看似监管者对于目标群体给予了一定的关照，即不采取处罚手段，让其免受到高额的处罚金额。如果我们脱离具体的监管情境之中去看待这样的做法，那可能会认为这是不被允许的。但是，如果我们将这种做法放置在更大背景之下来考虑，又会认为这实际上是可取的，而且也是可行的，甚至说在最终的结果上来看，也是较能接受的。监管者利用处于信息优势地位，让商家和投诉人做出相对较优的选择，不仅是从个人角度而言，而且从整体的监管效果而言，都是相对较好的选择。

可以看到的是，监管者对于这类“服从型”目标群体进行了某种程度上的庇护，即主要采取柔性化的处理方式，绕过严苛的监管要求以及处罚条款，让其减少罚款。比如针对无证经营的很多投诉，如果依据《食品安全法》，无证经营者需要被重罚，且被认为是很恶劣的违法行为，监管者对此拥有的自由裁量空间很小。但面对一些“服从型”目标群体，他们不是主观上不想要办证，而是没有办法办证，监管者则会出于恻隐之心，寻找到适用的法律情形，尽量帮助其减轻罚款，但并不会降低对他们的监管要求。比如当有一个被投诉者主要是比较朴素的农民，监管执法人员T科长同我们说道：“他们不是不想要办证，是办不了证，地是纠纷地，街道不给出租屋证明，他们已经交了租金了，那叫他们不开门营业么？有时候也是前置条件的工商不给他发营业执照。”[①]面对类似的投诉问题，监管者也尝试进行引导办证，但由于前置的条件没有办法达到，引导后也无法办理下来。最后出于减少处罚的考虑，监管者选择与监管对象商量，先把餐饮设施设备搬出来，然后贴上封条，最后再拍照取证，并不要求罚款。但要求在后续中必须要能够完善手续，或者关门停止营业，直至拿到经营许可证。所以当面对这样一些经营状况并不是很好，在社会上相对弱势的监管对象，监管者一方面需要满足投诉的需求，另一方面也要确保自身的执法是符合程序的。否则就会被指责为既然已经触犯到食品安全法了，为何还不进行处罚，那么就会被认为处理不当。T科长针对这样的情形，也讲出了他的担忧：“你说维稳不处罚他，那后面追责到你，违法为何不处罚？因为这个，工商那边就有因为违法没有处罚被别人信访举报。”[②]所以在监管者看来，在很多的情形之下，需要协调和处理的利害关系很多，也就需要对这些情境进行权衡之后做出综合性的裁量。

从表面上看，监管者并未遵循正式举报制度处理流程，而是采用非正式调和方式，平衡投诉者与商家之间的利益诉求。从监管效果来看，由于商家本身盈利水平并不高，600元的支出足以引起其今后对食品安全的重视，从而达到监管的目的。所以在这种看似关照行为之下，监管者在管理对象之前扮演了双面的角色，既通过对规则执行的软化，让其减少罚款，从而会对监管执法者产生感激之情。又揭露出监管对象实际存在的

① 访谈记录：TJP20180920，H区CG街监管所药品监管组T组长.
② 访谈记录：TJP20180920，H区CG街监管所药品监管组T组长.

违规行为，使其感到畏惧。所以在双重的情感作用之下，监管对象对监管者所提的要求会表现出遵从。从而在经历了成本支出之后，会更加关注食品安全经营的规范化。那么，如果说商家再次遇到类似的投诉问题，监管者是继续采取调和规则策略来执行，还是按照正式规则处理程序来进行，仍然值得考虑，而这既取决于组织内处理投诉的价值导向，也取决于目标群体的遵从程度。

第四节　督促式监管行为的调适策略

当监管者同样是面对敏感度较低的任务，但目标群体的配合度较低的情形之下，监管行为又呈现出另外一种特征。参与式观察中发现，基层执法者的监管行为会呈现出督促式的特征，即严格按照监管要求，对照相应的监管检查项目表，对目标群体展开逐一对照检查，发现有不符合之处，要求加以订正。那么督促式监管行为产生的任务背景，既不是来自条条抑或者是块块的委托，而是由本级职能部门内部制定的相应的监管制度，基层监管者负责执行该项制度。此类任务主要包括日常检查任务以及交叉检查任务，但都是作为增强监管效果的内部制度。所以一般而言，作为监管者会刚开始采取相对温和的方式，将检查过程中发现的问题向管理对象反馈，引导目标群体遵从监管规则。但是若被发现问题，仍然拒绝改正的，即目标群体在遵从方面表现出“应付型”的取向，那么监管者则会选择照章办事，要求按照规范化条件予以改正，并且全程为其提供指导。

一、调适的情境：监管任务低敏感度与目标群体低遵从度

（一）低敏感度：任务的弱考核性与监管随机性

1. 检查任务的弱考核性

近年来，为了提高监管的科学性和有效性，以及减少监管者的寻租空间和防止监管过程中的人为干预，国家局在全国范围内铺开对市场主体

的“双随机、一公开”监管方式创新，具体的实施方案由各省进行编制。在具体的工作方案实施中，中央赋予地方各省较大的自主权，允许地方发挥各地优势进行自主创新。正因为“双随机、一公开”的监管方式是作为一项制度创新，国家向地方释放出较大的探索空间，对探索部门的考核压力相对较小，但对科学性要求较高，从国家层面到地方层面颁发的制度中，无不体现出了对监管人员操作过程的规范化和科学化的要求。

“双随机、一公开”的制度探索规定了具体的监管方式，包括监管项目、操作程序以及监管频次。2015 年国务院办公厅下发《关于推广随机抽查规范事中事后监管的通知》(国办发[2015]58 号)，确立了“双随机、一公开”监管制度。2016 年国务院在《关于印发 2016 年推进简政放权放管结合优化服务改革工作要点的通知》(国发[2016]30 号)中明确提出了政府监管体制改革的要求，全面推开“双随机、一公开”的监管，构建事中事后监管体系。要求“县级以上政府制定出‘一单、两库、一细则’，被纳入随机抽查的事项原则上要求达到本部门市场监管执法事项的 70%以上、其他行政执法事项的 50%以上”。随后国家食药总局发布了《关于进一步做好食品药品安全随机抽查加强事中事后监管的通知》(食药监法[2016]154 号)，详细制定了对“四品一械”的监管要求。一是按照风险程度确定必检和随机抽查项目。“双随机”按照“分级分类监管”的原则，由国家总局和省局确定“四品一械”必检项目，其他检查项目按照一定比例和频次开展随机抽查。二是向市局和县局铺开“双随机”的监管方式。市局、县局在原有网格化管理基础上，采取“双随机”方式进行检查。同时，上级部门对下级部门开展的执法监督检查，也采取“双随机”方式进行，各个层级的食药监管局对必检项目和检查人员进行随机选取。三是对食药监总局规定必检的项目类别进行特别规定。法律、法规、规章明确规定的高风险产品，被投诉举报存在质量安全问题的产品，被纳入黑名单企业生产经营的产品，发生食品药品安全事故的产品，必须纳入必检项目。

“双随机、一公开”监管制度相对严格，对监管人员的考核要求并不是很严苛。自上而下的国家局发布的文件(食药监法[2016]154 号)中强调了推进“双随机”监管工作的具体责任要求，要求省局增强属地监管与随机抽查之间的有机结合，对职责进行科学划分，保障履责，明确责任主体、责任方式以及追责的情形。G省是较早出台操作方案的省份之一，《G省食品药品监督管理局关于全面推行"双随机、一公开"监管工作实施方案》的通知(G食药监局办[2016]175号)中，要求将"四品一械"的专项检查、飞行检查(有因检查除外)纳入"双随机"监管范围。并且将日常检查与专项检查和飞行检查相互衔接，形成新的基层监管模式。在具体推行中的责任落实方面，省局的规定并不很明确，仅仅是要求"负有执法检查职责的政府部门作为责任主体，按时完成好各项年度量化目标任务"。并没有针对尚未完成任务目标做出规定，也没有进行阶段性的任务考核要求。可能的原因在于，"双随机"是作为一项在监管方式方面的制度创新，上级部门期望发挥基层的创造性精神，给予较大的创新空间，降低考核的要求。

2. 检查任务中的随机性

"双随机、一公开"监管方式的创新体现在监管主体和监管对象的随机性。G省在2016年9月1日起正式实施的《G省市场监管条例》成为全国首部市场监管领域的综合性法规。该《条例》首次以法律形式明确规定，市场监管部门可以采取随机抽取市场主体和随机选派监督检查人员的方式进行检查，并及时向社会公示市场主体的信用信息。《G省食品药品监督管理局关于全面推行"双随机、一公开"监管工作实施方案》的通知(G食药监局办[2016]175号)中明确了随机性产生的具体过程。监管部门确定双随机抽查事项清单包括：抽查依据、抽查主体、抽查内容、抽查方式等要素。事前确定检查对象和检查人员的抽取范围，由计算机系统随机生成检查对象和检查人员。在检查任务下达之前，检查人员和检查对象之间随机匹配，互不知情。

次年，G省在全省范围内细化"双随机"监管工作实施方案，对随机性产生的过程进行了细致规定。G省人民政府办公厅印发《全面推行"双随机、一公开"监管工作实施方案的通知》，其中对随机性的操作程序做出了更加细致的规定，"为减少对市场主体正常经营活动的干预，原则上均采取'双随机、一公开'的方式进行检查。"同样事先确定随机抽查事项清单，从市场主体名录库随机抽取被检查对象，采取摇号的方式从本局执法检查人员库随机选派执法检查人员。依据是否设定随机条件，对摇号产生的检查对象主要分为“定向抽查”和“不定向抽查”两种方式，前者主要是基于特定的检查对象类型通过摇号方式随机确定检查对象名单，而后者则不设定随机条件，通过摇号随机确定所有市场主体类型中的检查名单。实际上，是否设定条件，主要由当时的检查任务来定。

区局作为主要的执行部门，具体执行省局的实施方案。借助计算机系统的“信息化”和“技术化”手段，产生检查人员和检查对象，能够确保客观性和随机性。在区局食品监管部门中的“双随机”抽查流程中，借助“双随机”抽查模块的条件筛选功能，选择确定本次检查的检查对象、检查人员的抽取范围，检查人员完成后再将抽查的情况与检查结果上传至官方网站。正如一位参与双随机的监管人员所说，由系统产生的“双随机”检查还是需要通过人来完成。“参加过三次双随机，回来以后还要将检查的结果一份录入系统，一份交给监管对象，要求监管对象把双随机检查结果公示出来，但是有没有公示就不清楚了。听说以后都要开展双随机来进行日常监管了。自己辖区的都管不过来，还要去帮助其他辖区检查发现问题，检查来检查去也都是那些问题，都差不多。现在还没有跨区，都是在区里的不同监管所管辖的对象进行检查。”[①]在基层监管人员看来，“双随机”检查就是帮助其他部门开展检查。尽管“双随机”的操作过程相对比较完善，由于缺乏适当的考核性，对参与“双随机”检查的监管人员的激励，以及被抽查辖区的监管人员的激励，还有对被抽查对象进行问题整改的动力，都尚显不足，而这些也才是“双随机”检查应当要发挥的作用。“双随机”在检查方面的有效性和科学性是毋庸置疑的，但是在真正获取被监管对象的遵从方面却还仍然存在较大的探索空间。

(二) 低遵从度：目标群体的“象征性遵从”

面对“双随机”的检查结果，一些目标群体的遵从取向会表现出“应付”的态度，对具体监管要求的遵从行为还会呈现出“象征性”的特征。主要体现在以下几个方面。

一是针对“双随机”检查中发现的并未达到规范的问题，被监管者主

---

① 访谈记录. WL20180905，H区CG街食药监管所食品组W组长.

动整改的意愿并不强烈。由于“双随机”检查任务的考核压力相对较低，监管人员无论在本辖区还是其他辖区进行检查，较少有动力采取强制性手段迫使监管对象遵从。由于是检查，监管对象相对会配合检查者的要求，提供相应的制度文本材料，比如索证索票、营业执照、许可证、健康证等等。另外，监管对象比较担心被检查者发现问题，因为若被检查后发现问题，不仅要加以整改，还需要在文书上签字画押，认为这是比较麻烦的事情。对于监管者提出的整改要求，内心也是比较抵触，更加不会愿意主动、积极地进行整改，而只是简单地配合监管者检查。若被检查者发现存在不规范的问题，监管对象当场的态度会比较诚恳，并且在口头上也会做出予以改正的承诺。

二是即使本辖区内的监管者已经指出了问题所在，但管理对象仍然会选择性忽视。辖区监管者若在日常监管中发现了问题所在，那么基本上采取口头劝告的方式，告知被管理对象，要求进行改正。此外，监管者也会与被管理者沟通“双随机”检查的重要性，而如果这些问题不能在“双随机”检查之前予以改正，而且被再次发现，那么面临的就有可能是罚款。所以，一般而言，监管者日常中对管理对象的监管态度是较为温和的，希望监管者自身能够主动重视这些问题的存在。然而，在目标群体看来，即使是开展“双随机”检查，那也可能是“走过场”，并不会真正地予以处罚。而且即使在“双随机”检查中被发现存在问题，那么仍然是由自己辖区内的监管者来处理的，并非检查者来跟踪处理。那么在管理对象看来，由于与监管者的熟悉关系存在，而且检查中发现的又并不是关键性问题，那么也就还是会口头上说说而已，监管者的态度并不会太过严厉。所以，在一大部分管理对象看来，被检查出存在问题并不是很大的事情，也就会导致进行整改的主动性不强，遵从监管规则的主动性较低。

二、调适的策略：执行规则下的监管方式创新

（一）交叉检查制造监管威慑力

作为一项监管方式创新的“双随机”检查，不同辖区之间的监管者进

行交叉监管，弱化因监管者与监管对象之间熟悉关系存在而带来的监管问题，因此在由随机抽取产生的监管者展开检查，对被监管者形成一种新的监管威慑力。“技术监管”模式下，双随机监管任务正是在“大数据”基础上进行的一种智能化监管，具体操作过程是这样的。检查人员接收到系统的任务提醒后，反馈是否参与。若有检查人员回复不参与则进行重新分配。检查人员确认参与之后，能够查看任务的基本信息，但是无法查看需要检查的企业信息。只有当随机抽取的检查人员都反馈确认参加后，任务制定人将双随机任务的企业信息下发到各个检查人员的任务列表之中，供检查人员查看自己的任务。当然，不同辖区的检查人员之间基于私人关系，可能在检查前一天进行信息的交流，以便于监管者做好准备，提前告知监管对象需要做好各个方面的规范，以迎接双随机检查。监管对象在面对其他陌生的检查人员时，反而对监管者会产生警惕感，甚至会害怕被检查出问题，而会面临罚款。可以说，在交叉检查过程中，监管者对其他辖区的监管对象保持中立立场，检查过程也往往会相对严格。不同于日常监管中，监管者发现管理对象存在不规范的问题，往往采取的是和缓的语气，进行口头劝告，并且还会网开一面，不采取严厉的处罚措施。双随机检查中的监管者则会更加严格对待其他辖区内的被监管者，并且往往都会在双随机检查中发现较多问题，而这样也会是代表监管者本人的监督检查的业务能力更强。

“双随机”检查实际上开展的是交叉检查，且由“上级部门”作为任务下达人，牵头下级监管人员组织开展检查。区局对餐饮生产企业的“双随机”检查，就是由区局的食品科设置随机抽查系统，从区局和街道派出机构的监管所随机抽取监管人员。区局和监管所之间并没有行政上的领导与被领导关系，监管所是作为一个派出机构，协助区局开展具体的检查工作，可以说在基层区一级的“双随机”是同级的交叉检查。尽管自上而下的权威性文件要求推开“双随机”工作，但对监管人员而言只是交换着检查。因而相对来说，在任务压力性感知并不强烈的情况下，检查人员的工作积极性也并非很高涨。尽管如此，交叉检查带来的严肃性的确增强了被检查对象的压力，使其对检查结果感到畏惧。

（二）逐项式检查与对照式批改

“双随机”检查人员依据日常监管中的检查表格，对被检查对象进行对照检查。日常检查中监管者采取“双随机”的方式进行检查，针对不够规范的方面予以指出，供监管人员进行参考，并引导被监管者加以改正。对于检查人员而言，主要依据检查表，对监管对象的现场经营场所进行询问和观察，进行逐项检查。笔者查看检查人员的记录表中，对食品加工制作企业的“双随机”检查中发现的问题主要有以下几项：

一是卫生管理不到位。主要表现为个别企业生产场所卫生状况不理想，预进间洗手、干手及消毒设施不能正常使用，车间天花板脱落未及时维修，车间杂物未及时清理。**二是出厂检验把关不严**。主要表现为个别企业检验员不在岗，检验记录、报告不齐全，未按规定做好产品留样工作。**三是资料管理不规范**。主要表现为部分企业的原料进货、生产过程、检验、销售记录等资料未及时归类整理好，存在资料杂乱、对不上号、查找困难等情况。**四是食品安全管理制度不完善和信息公示不完整**。部分单位现场未能提供食品安全管理制度和食品安全事故处置方案；部分单位未张贴并保持上次监督检查结果记录；个别单位没有公示证照信息、量化等级、承诺书、食品安全管理员等相关信息。**五是厨房环境不卫生**。部分单位的厨房、洗消间的天花板有剥落、破损；个别单位的专间天花板有缝；个别单位的墙壁有较重的油污痕迹；个别单位的厨房卫生较差，蟑螂较多。**六是食品原料把控不严**。部分单位没有设置食品添加剂专柜，“五专”管理落实不到位；个别单位食品仓库杂乱，未定期进行清理；部分单位现场未能提供进货单据、供货者的许可证等相关凭证。**七是加工过程操作不规范**。部分单位的食品原料与半成品没有分开盛放、贮存；部分单位制作食品的设施设备及加工工具、容器等没有显著标识；部分单位散装食品没有标签标识；个别单位从事冷食制售，没有设置专间；个别单位蛋糕制作人员没有戴口罩、手套加工糕点；个别单位的食品直接置于地上；部分单位未记录食品留样情况。**八是设施设备缺失或损坏**。部分单位食品处理区未配备带盖的垃圾桶，专间入口处没有配备消毒设施；部分单位的保洁柜不能封闭；个别单位的消毒柜不能正常工作。

检查人员总结出本次“双随机”检查工作中存在的总体性问题，供监管人员进行参考，希望做到举一反三，同时也将每一家被检查对象存在的具体问题列明，具体呈现的问题如表 4-3 所示。

表 4-3　2018 年 H 区食品加工制作企业双随机抽查情况汇总表(部分摘录)

序号	企业名称	检查日期	存在问题	检查结果	属地监管所
1	A 市鹭园酒家有限公司	2018 年 7 月 9 日	1、餐具保洁柜没有密封；2、厨房天花板有损坏、厨房卫生较差；3、厨房垃圾桶没有盖子。	基本符合	CG 所
2	A 市龙强餐饮有限公司	2018 年 7 月 9 日	1、没有食品添加剂专柜，落实食品添加剂专人管理不到位；2、食品原料、半成品混杂摆放；3、制作食品的设置没有标签。	基本符合	CG 所
3	A 市炳胜饮食有限公司	2018 年 7 月 9 日	无	符合	BJ 所
4	A 市食尚国味饮食管理有限公司 JY 分公司	2018 年 7 月 10 日	1、现场未能提供食品安全管理制度和食品安全事故处置方案 2、专间天花板有缝，洗消间天花板有破损；3、现场未能提供进货单据、供货者的许可证等相关凭证；4、散装白砂糖没有标签标识；5、垃圾桶没有盖。	基本符合	NST 所
5	A 市梦吧餐饮服务有限公司 H 区分公司	2018 年 7 月 11 日	1、经营场所没有公示证照信息、量化等级等相关信息；2、没有记录采购的蛇供货商信息；3、食品原料、半成品混杂摆放；4、制作工具、容器没有显著标识；5、从事凉食制售，没有设置专间；6、消毒柜不能正常工作；7、餐具保洁柜没有封闭摆放；8、洗手池没有消毒液；9、厨房卫生状况较差；10、没有张贴上一次检查记录。	不符合	LF 所

续表

序号	企业名称	检查日期	存在问题	检查结果	属地监管所
6	A市双桥股份有限公司	2018年7月17日	无	符合	NST所
7	A市H区妙栈烧腊加工场	2018年7月17日	1. 内包间预进间有杂物；2. 留样冰箱未发现有实物；	基本符合	RB所
8	A市H区骨香鸡食品加工场	2018年7月18日	1. 车间有天花板脱落；2. 干手设施不能正常使用；3. 没有应急预案。	基本符合	NZ所
9	A市四口商贸有限公司	2018年7月18日	1. 车间杂物较多；2. 手消毒设施不能正常使用，干手装置安装位置不合理；3. 抽查2个样品无检验数据及报告记录；4. 抽查2个样品无留样记录；5. 有召回食品，但无召回计划等记录。	不符合	SY所
10	A市H区江海新桦隆豆制品厂	2018年7月18日	检查发现该厂已搬走停业。	/	JH所

检查人员根据检查表中的要求，对被检查对象做得不够规范的地方进行细致的检查。对尚未达到要求的地方，给以批注出来，要求进行改正。但是也可以发现，检查人员专注于以检查表为依据，要求被监管者按照检查表的内容做到规范。通过这样的具体的操作化方式，简化而又清晰，能够让被监管者知晓自身是存在哪些方面的问题，从而也能够具有针对性地加以完善。但可能会存在，检查得过于细致，而会让监管对象认为只需要完善这几项就可以了，而没有从整体上来提升检查对象的规范意识。所以也不可避免地可能会出现，因过于专注具体的制度文本的完整性而产生监管形式化和表面化的问题。还可以看到，在检查人员看来做得比较规范，或者被认为是符合食品安全要求的被检查者，大部分是索证索票比较规范、培训记录比较完整、操作工具以及各类食品的标签标识较为清楚。这也就是说市场主体能够提供完备的制度文本，呈现的是形式上规范化的食品安全。而大部分的食品从业者自身，并不知道为何需要

提供这些制度文本,这些制度文本所真正蕴含的安全意义何在。在他们看来,这是监管者要求的,只要按照他们的要求进行配合,就不会被责改。所以,在对照检查表进行检查的过程中,被检查者成为被动的遵从者,而难以真正将监管的理念深入到日常经营行为之中。

除此之外,监管者的日常检查也会存在一种集中而又片面的情形。比如特定时期媒体曝光餐饮店的餐具消毒存在不合格的问题,那么监管人员在检查过程中会仅针对餐具消毒问题进行检查,那对餐具以外的其他问题就暂时不予以进行检查,但也会顺带口头上要求监管对象予以重视。正如一位监管人员告知协管员:“有记录表还有消毒剂的使用,我们查到这些就可以了,至于沥干这些我们不用管,健康证不用管他,明天要的是餐消的数据。”[①]检查过程中,监管者要求被检查对象提供相应的文本资料作为凭据,比如与餐具消毒公司之间签订的合同。一方面是证明了餐饮企业的确进行了餐具消毒的行为。另一方面,作为监管人员向上级部门交代执行任务的凭据。若被监管者现场不能够提供相应的凭据,则要求在规定时间内提交相应的证明材料。所以在日常检查中,制度文本是主要的检查依据,如果要求监管对象提供的资料文件,能够提供出来,那么也就可以证明是做到了相应的规范化水平,也就被认为日常的操作经营是比较符合要求的。

(三) 监管者的再度引导与督促订正

“双随机”作为一项检查方式的创新,增强检查结果严肃性的同时,也还会受到辖区监管者和被监管者的重视。检查组针对检查结果,向被检查对象提出限期整改的要求,且必须向属地所提交整改报告。同时,属地所负有职责督促辖区企业按时完成整改,向区局提交整改前后的证明材料。

在“双随机”检查中发现的问题,成为了监管者面临的新的委托任务。对监管对象进行再度引导,要求其对照检查表中的要求逐项进行改正,若辖区被监管对象无法进行改正,则由监管者在一旁给以指导。本应该是

① 访谈对象:CX20180828,H区CG街食药监管所食品组C组长.

对被监管者做出全面的引导，而当基层监管者认为发现的问题较多，难以进行全面改正的情况下，会选择需要重点关注的问题，侧重对某方面问题的检查。在一般情况下，通过双随机或者飞行检查可以发现由于本辖区日常监管中把关不严格，检查不仔细存在的问题，抑或者是在日常监管中忽视了的问题。整改后若辖区监管者进行复查，仍发现存在不合规范的行为，那么会要求对其进行依法处理。

三、调适的绩效：严格检查与严格执行监管规则

（一）交叉检查利于形成竞争压力

“双随机”的检查方式确保检查者相对独立于被检查者，对检查结果做出相对客观与公正的评判的同时，监管人员作为检查者参与到对其他辖区的检查，会形成一种相互竞争的压力。“双随机”实际上是监管人员对其他同事日常监管效果的一种检验，本地辖区的监管效果与该辖区的监管效果之间会形成一种比较的感知。参与“双随机”检查的监管人员，若发现其他辖区的被检查者存在众多不规范的行为，甚至发现存在缺乏基础性且重要的规章制度时，反而自身日常监管的成就感相对提升，认为平时的监管效果还算比较不错。大部分检查人员返回到自身单位将检查结果与其他人分享，并将其他辖区的检查结果与自身的日常监管效果作对比。若发现自身做得更加规范，面对“双随机”检查时更加自信。若发现自身的日常监管也存在同样问题，或者比被检查单位做得还不够规范，那么监管者也会提高警惕，激励做好对本辖区的日常监管。此外，当检查到一些相对做得比较规范，在现场几乎没有发现任何问题的被检查对象，监管者也会受到激励，产生提高监管效果的动力。

“双随机”不仅对参与抽查的监管者形成一种竞争的压力，而且对被抽查辖区的监管者同样形成压力。按照区局安排的“双随机”检查，检查人员可以在检查过程中，要求辖区监管所具有正式编制的监管者到达现场。一来便于直接向辖区反馈存在的问题，减少沟通成本。二来也是让辖区监管者直面日常中的检查结果，引起重视。此外，当辖区监管者对日

常监管的效果不够自信，无法坦然面对检查的结果时，会选择避开与检查人员的正面相见，选择安排其他人员到达现场。据一位参与“双随机”检查的工作人员说道，检查一家问题较多的餐饮店时，到场的是没有执法权的政府雇员，监管所的所长或者其他监管员都回避了。尽管区一级的“双随机”是相互帮助检查辖区，提高监管水平，在看似增加工作量的同时，更为关键的是，作为对自身监管工作的另一种监督和检查的方式，也即是作为对监管者的监管。在日常检查中，监管者能够不处罚就尽量不处罚，能够少写文书就尽量少写，能够写“责改”就不写文书，所以在平时，监管者基本上通过发出“责改”的方式。但遇到“双随机”，监管者也担心日常监管方式难以持续维持。正如一位监管者对被监管者说道：“每次检查都只是给写个责改，别到时候区局市局检查发现问题，我们没发现问题，说我们不作为。”[①]尽管日常监管中已经使用了监管手段，但是还没有达到预期的监管效果，若在“双随机”中被检查出来，那么对监管者来说，也会非常不利于上级对他们工作的评价。

（二）全面的检查，监管严厉性增强

“双随机”检查为了增强地方监管人员的积极性，同时减少监管者和被检查对象之间的寻租空间，形成的一种相对公正、公开的监管方式，在相当程度上避免了人为确定检查对象的随意性，在某种程度上形成对监管对象的威慑。“双随机”检查需要局里和其他所一同来检查，发现问题就要责改。“双随机”制度下，不同层级安排下的“双随机”检查，其检查程度及对监管双方的威慑都不同。发起检查任务的层级越高，“双随机”检查花费的时间也越长，对监管对象的检查也更加仔细。

“双随机”检查下监管者扮演两种角色，既是其他辖区的检查者，又是本辖区的监管者。在扮演检查者角色时，公正无私的检查人员对被检查对象的要求相对较高，检查相对严格。在扮演监管者的角色时，出于庇护心态，往往难以做到客观检查。一方面，对监管对象进行口头引导，面对严格的检查，要求被监管者对“双随机”引起重视。另一方面，当“双随机”

---

① 访谈对象：TJP20180906，H 区 CG 街监管所药品监管组 Y 组长.

检查来临的时候，监管者与被监管对象之间的关系回归到日常监管中的状态。即监管对象协助监管者提供上报所需的材料，以此作为证明整改的依据。被检查者也心知肚明，若不提供相应的资质证据，有可能面临的就是罚款，因而对属地监管者提出的要求会进行配合。

监管者作为代理人，负有对检查问题进行督促整改的责任。当“双随机”检查人员给出特定的检查结果，要求监管者督促进行整改，并且在15天之内对企业完成跟踪复查，将整改复查情况及时录入日常监管系统，将企业整改报告（证明企业完成整改的记录、照片等资料）上报。为了能够顺利完成对检查中发现问题的整改，监管者针对问题，帮助进行逐项地修正，细致加以指导，直至监管对象能够提供相应的整改前后的照片。也可以说，在日常监管中，监管对象忽视的问题，在双随机检查过程中，监管者再次提出来必须要加以改正。依据检查表中的各项检查内容，针对被检查发现的问题，要求监管对象加以修正。除此之外，经过严格的相对全面的双随机检查，监管者不仅对于发现的问题要求整改，而且即使是在此次检查中没有发现的问题也要求监管对象特别重视。也就是说，对被监管者的监管要求提升了，对检查的全面性要求提高了。而并非只是对特定的问题进行整改，对于那些依然存在却未被检查的问题也会更加重视。由此，在全面的检查之下，监管者会更加严厉地要求被监管者，既对存在的问题进行照章办事，也对其他潜在的问题予以严厉要求，从而能够引导被监管者形成系统化的和整体性的食品安全意识。

（三）监管对象从“象征性”遵从到主动配合

“双随机”检查中的被监管者定位为被检查的对象，可以看到的是，在检查阶段和在日常监管引导阶段，被监管者展现出来的态度是不一样的。在日常监管中，会表现出一种象征性遵从。然而在面对陌生的“双随机”检查人员，表现出主动配合检查的态度，并且主动按照监管要求，提供相应文本材料。即使是在双随机检查之后，面对熟悉的属地监管者，那么也会表示愿意主动配合。

触动监管对象态度的积极转变是因为担心自身会受到金钱上的惩罚。那么监管对象表现出了较高的配合态度，对于监管者所提要求也积极配合和加以改正。此外,从监管者而言,再次引导被监管者针对检查中发现的问题予以改正,其中的动力来源于更加严格的双随机检查,这也是辖区监管者和被监管者都知晓的,所以共同面对双随机检查中发现的问题,监管者和被监管者两者的利益是一致。通过完善措施达到监管要求,并且针对被提出来的问题予以改正。这样之后可以向检查组提交整改后的材料。所以说,"双随机"检查在日常监管实践中发挥了重要的作用,引起了监管者和被监管者双方的共同重视,从而也能够激发出两者共同提升食品安全意识的动力,尤其是能够让那些应付型的被监管者正视监管中发现的问题,并能够持续地加以改正,提升监管效能。

第五章 内嵌性监管：基于“调适性遵从”的阐释

前面章节的内容，分析了基层监管执行的行为策略，认为在特定任务情境之下，基层监管者面临的特定目标群体，共同形塑出了基层监管者的“调适性遵从”行为策略，即通过变换执行监管规则，获取目标群体从不遵从到遵从的行为过程。那么如果说前面章节内容是对现实中基层监管情境的描述性分析，那么这一章节的内容，我们将进行的是一种阐释性的分析，即希望能够深入到体制性的因素，揭示出基层监管执行者行为策略产生的内在根源，以及在此基础上，进一步分析基层监管执行者调适性遵从行为策略所带来的影响，尤其是对监管效果影响的讨论。

从基层监管者的调适性遵从行为策略的影响因素来看，我国基层监管执行本身离不开客观存在的治理体制和治理结构的约束，那么从回答基层监管者调适执行监管规则的行为过程中可以发现，基层监管执行更多是嵌入在特定的体制结构之中而产生的行为特征，其呈现出的是一种“内嵌性监管”的内在机理。即从结构上来说，我国的基层监管执行内嵌于整个科层系统，系统中存在的结构性张力，影响着基层监管者对规则的执行，或者是制约或者是促进基层监管者对监管规则的调适执行，由此就呈现出了基层监管行为的波动性，有时是硬化监管要求，有时是变通执行监管要求，有时是严格执行监管要求等等不同的监管形态。其中，既存在偏差执行监管规则，也有完全按照监管规则执行。

此外，从呈现出的特征上来看，如果说西方国家的监管执行强调的是监管机构的独立性特征，能够不受其他组织机构的影响，可以独立执行监管部门的各项规则要求。那么我国的监管执行则是一种综合化的特征。这既体现的是我国监管机构在科层组织结构中与其他组织之间的互动和联系，同时又体现的是在具体执行过程中，通过不同组织之间的联动，可以增强基层监管执行的效能。所以说，我国的基层监管执行主要呈现出来的是在综合化的科层组织结构之中，在特定监管情境之中，多主体之间的合作与互动。

我们既可以看到的是，在基层监管综合化特征不断明显的背景之下，基层监管的权威性也在综合化的过程中不断增强，尤其是针对于监管对象所产生的权威性，也在监管综合化的过程中得到了强化。与此同时我们还需要看到的是，监管作为一项专业化的职能，是需要借助于专业化的人员队伍、专业化的技术和方式来实现，所以在综合化的过程中，必然会产生综合化与专业化之间的张力。嵌入于科层组织结构之中的基层监管，也不可避免地对监管的整体性和专业性形成挑战，使得监管机构的功能边界被分割，监管目标靶向被科层组织综合化的任务目标所重塑，监管规则执行被科层组织激励所置换，也就不可避免地会产生基层监管力量分散化、零碎化的状态。

从被监管者方面的遵从效果上来看，嵌入于科层组织结构之中的基层监管，能够借助于其他组织的权威性力量增强威慑力的同时，也会发现基层监管者在选择特定监管方式上存在着交替使用运动式和常规化，从而并未形成稳定、统一且持久的监管方式。此外，在对有限的监管资源分配上，监管者更倾向于向大型餐饮企业进行分配，尽管说一些小型餐饮企业存在的提升空间更大，但对于后者监管者的监管会保留在一个限度之内。这也就在某种程度上出现了对监管资源分配的“抓大放小”格局，而不是按照目标群体遵从能力的强弱来进行分配。这既是由受到食品行业市场主体特征的影响，也是从食品行业整体发展趋势所决定的，而且更是综合权衡社会秩序和社会发展之后的理性选择。尽管说，我们也看到了，面对监管遵从取向差异化的不同群体，监管者塑造了冲突与信任之间的多种监管关系，但这都是在当下具体监管情境之中监管者所选择的较优解。

第一节　“调适性遵从”的理论启示：内嵌性监管

基层监管执行的专业性特征受到政府组织结构化特征的影响，从而形成了职能专业化与结构科层化之间的张力。在这样的结构之下塑造出了基层监管者的调适性遵从行为逻辑，“内嵌性监管”是我们用来阐释何以产生调适性遵从的一个概念，进一步揭示出特定治理情境下特定监管行为逻辑产生的内在机理，同时也体现出了基层监管者所做出的适应性选择。“内嵌性监管”呈现出了具有本土化特色的监管综合化特征，从整合来看，增强了监管的综合效能与综合权威性，从分离的维度来看，综合化过程中的监管职能也存在着以下的鲜明特征：被分割化的监管功能边界、被替代的监管目标和被置换的监管规则。

一、内嵌性监管的产生：组织张力与制度环境

（一）监管职能专业化与组织之间的结构性张力

从历史时间维度上来看，食品安全监管部门经历了从综合到专业，再到综合的演进过程。食品安全监管机构原先受到卫生部门的管辖，后来独立出来形成专业化的国家食品药品监督管理总局，如今回归到国家市场监督管理总局综合性机构之中。从监管机构的组织设置变化中可以发现，监管机构的综合性在不断地增强。这与美国等西方国家强调的监管机构的独立性设置是不同的，但却是适合于我国的实际监管国情的。我国对食品市场方面的监管，面临的是成千上万的形形色色的中小型餐饮企业，如果要发挥有效的监管，则务必需要借助于地方政府的力量，渗透进入社会，进而借助基层社会的力量，深入监管现场。因而，若单单依靠独立化的监管机构，则难以顺利实现对这些中小型餐饮企业的监管。正是基于我国食品安全监管机构的特定设置，所以对于食品安全监管行为的讨论也就需要放置在特定的组织结构之中，而且更需要关注到约束基

层食品安全监管行为的组织性因素。从食品安全监管机构的组织设置上看，不仅是综合化水平提升了，而且对于监管的专业化要求也提升了，监管人员的专业化培训，技术手段的专业化都使得食品安全监管领域的专业化职能获得了增强。

可以发现，基层食品安全监管人员的具体监管执行是在综合化的组织机构之中展开的，有时可以相对独立地执行监管要求，有时又是受到其他部门的约束后再执行监管规则，所以说监管人员的专业化规则执行和综合化组织设置之间既存在联系又充满张力。监管者的规则执行是需要在综合性的组织机构设置之内来实现的，其具体执行行为实际上是被"嵌入"在更大的综合性的组织结构之中，从而呈现出了"内嵌性监管"的特征。"嵌入性"的概念是由格兰诺维特(1985)在研究市场经济活动时被提出来的。"经济活动是嵌入在社会网络之中的，而社会网络属于社会结构"[①]，这一过程称为"结构嵌入性"。之后，祖金和迪马吉奥(1990)在结构嵌入性基础上进一步提出了"认知嵌入性""文化嵌入性"和"政治嵌入性"。[②] 实际上，任何制度的正常运转都嵌入在更大的制度、结构甚至文化因素之中。有必要在分析某个现象因素的时候，对这些制度的、结构的因素进行深入分析，否则只是就某个现象研究某个现象，将会陷入到单纯叙述性的描述，而缺乏学理上的机制解释，也就无法为解释相应的现象提供指导。[③] 此外，正如何艳玲(2013)研究土地执法部门的摇摆现象中所揭示的，土地执法嵌入于更大层面的集中体制之中[④]。那么，受到上述研究的启发，基层食品安全监管者的执行行为也是嵌入到更大范围内的制度性、结构性的环境之中。

① Granovetter M. Economic Action and Social Structure: The Problem of Embeddedness. *American Journal of Sociology*, 1985, 91(3): 481 - 510.

② Zukin S, Dimaggio P. *Structures of Capital: The Social Organization of the Economy*. United London: Cambridge University Press, 1990: 1 - 36.

③ 顾昕，方黎明. 自愿性与强制性之间——中国农村合作医疗的制度嵌入性与可持续性发展分析. 社会学研究，2004(05)：1—18.

④ 特别指出的是，本文的"内嵌性监管"概念受到何艳玲老师文章的启发，她将土地执法部门放置在整个国家体系中，由于土地执法部门在中国集中体制下的"嵌入式执法"，导致土地执法呈现摇摆不定的执法效果。具体参见：何艳玲. 中国土地执法摇摆现象及其解释. 法学研究，2013，35(06)：61—72. 在此表示感谢。

具体来说，条块结构是我国行政组织体系设置中具有的典型特征。基层监管任务执行也正是受到条块结构性关系的约束，从而使得基层监管行为嵌入到“块块”和“条条”的结构之中。有时候，基层食品安全监管作为一项专业化的职能，其执行过程会嵌入到综合性的属地事务之中，一方面能够借助于属地政府权威性增强效能，但另一方面也会使得专业化的监管职能被综合性的任务所裹胁。尤其是对于基层监管者面临下沉的各项监管任务时，需要面对的是各项复杂化、多样化的基层治理任务，而这是远远超过了单一性的监管任务，从而约束基层监管者的执行角色在专业化和综合化任务之间切换。正如现有的食品安全监管属地管理体制之下，在特定条块结构之下出现的各项任务之中，基层监管执行者面对属地政府的中心工作下，需要在约束性任务和激励性任务之间进行权衡，选择对于监管规则的何种执行方式和执行力度。而当特定的任务委托与基层监管者对目标群体的监管目的相一致时，那么往往能够带来增强监管效能和增强监管威慑力的作用。而当特定的任务委托是与基层监管者对目标群体的监管目标相不同时，那么基层监管规则有时就会被视为是执行该项任务时的一种工具。因而，基层监管效能的作用发挥，也就取决于更大环境中属地政府中的不同组织结构对于特定任务的建构。

（二）任务制度环境下的风险预判

风险社会理论揭示出，风险社会的到来加剧了我们对所处社会潜在危机的敏感性，使得嵌入于社会环境中的组织或个体更加意识到外部环境的多变性和不确定性。[①] 由于风险难以准确计算和测量，如何规避风险便成为社会行动者做出行为选择的重要考虑。对于基层政府而言，规避政治风险成为首要的选择。在自上而下问责风险激增的情况下，避责成为了基层市场监管者规避风险的重要行为取向之一。[②]

对于理性的食品安全监管者而言，完成特定任务便是规避问责的首要路径选择。现实中，囿于监管资源的有限性和责任无限性之间难以调和的

① ULRICH B. *Risk Society*: *Towards a New Modernity*. London: Sage Publications, 1992: 3.

② 倪星，王锐. 从邀功到避责：基层政府官员行为变化研究. 政治学研究，2017(02)：42—51.

矛盾，基层市场监管者面临的多任务委托环境，需要对不同任务之间的风险进行排序，确保自我安全的边界，进而分配监管资源和组织注意力。基层市场监管机构的任务由其嵌入的整个条块结构所构建，既包括条条上业务职能部门下派的专项任务，又包括块块属地政府摊派的联合任务。由于基层食品安全监管者处于我国行政组织体系中的末端，既向上承接来自国家的任务委托，又向下连接市场与社会，任务的完成也依赖市场和社会主体的配合程度，任务完成过程也就是监管者与被监管者持续互动的过程。

面对特定组织任务环境，基层监管者的风险点感知并不同。基于任务是否对被监管对象所接纳的角度，我们尝试进一步细分为常规性任务、约束性任务和激励性任务。常规性任务主要是指基层监管机构职权范围内的事务，包括许可审查、日常检查。这些任务由组织的“三定”方案所规定，任务相对稳定且有一套普适性的执行程序，出现风险的概率相对较低。约束性任务则是指监管者对被监管对象提出一种负向性、制约性的要求，获取被监管对象的遵从。约束性任务也往往会遭遇被监管对象的抵制而很难完成，因而存在的风险性相对要高。激励性任务与约束性任务则相反，是指监管者对被监管对象提出一种正向性的、鼓励性的要求，帮助被监管对象改善食品安全水平。由于激励性任务的非强制性，因此监管者对该任务的风险感知相对较低，风险可控性也更高。

有关国家组织结构与基层政府行为的经典讨论中，钱颖一和许成钢曾对比我国和苏联的组织形式发现，我国“M”型组织结构的安排下，尽管地方政府与上级政府之间讨价还价的空间尚且狭小，却对推动非国有经济发展拥有很大的自主性，进而能够获得经济改革的成功。[①] 基层政府的“自主性”在街头官僚执行的讨论中尤其激烈。街头官僚理论奠基人李普斯基就曾指出，街头官僚与其他类型的官僚存在差异，在执行政策的过程中拥有自由裁量权对规则和法律的运用做出解释。[②] 但是街头官僚自主性发挥的空间并非不受限制，而是受到政策议题、时间敏感度、空间敏

---

① QIAN Y Y, XU C G. Why China's Economic Reforms Differ: The M-form Hierarchy and Entry/Expansion of the Non-State Sector. *The Economics of Transition*, 1993: 135 - 170.

② LIPSKY M. *Street-level Bureaucracy: Dilemmas of the Individual in Public Services*. New York: Russell Sage Foundation, 1980: 8.

感度等的影响，[①]以及具体业务流程的繁简程度、业务审批的专业化程度的约束。[②] 同时，还受到特定执行制度环境中的中央和地方政府利益的制约。街头官僚并非能够自主决定裁量权使用的空间，而是被动应付特定制度环境所做出的选择。[③]

街头官僚自由裁量权的行使被一贯性认为是执行偏差产生的重要因素，并且暗含了街头官僚必定会行使自由裁量权的前提假设，只是在不同的场域中，影响程度会不同。然而，基层食品监管者在一线直接与公众打交道，在特定风险预判的任务情境中，自由裁量权的行使出于主动规避风险的考虑之外，还受到监管任务的目标一致性的价值判断的影响，受制于特定的任务执行情境的约束。也就是说，不同任务情境中目标是否一致，成为街头官僚的自由裁量权是选择行使还是保留的重要因素。在三种特定的监管任务情境中，委托的监管任务目标与监管者的目标并非一致，此处称其为“一阶目标”。在下文将会继续讨论“二阶目标”(图 5－1）。

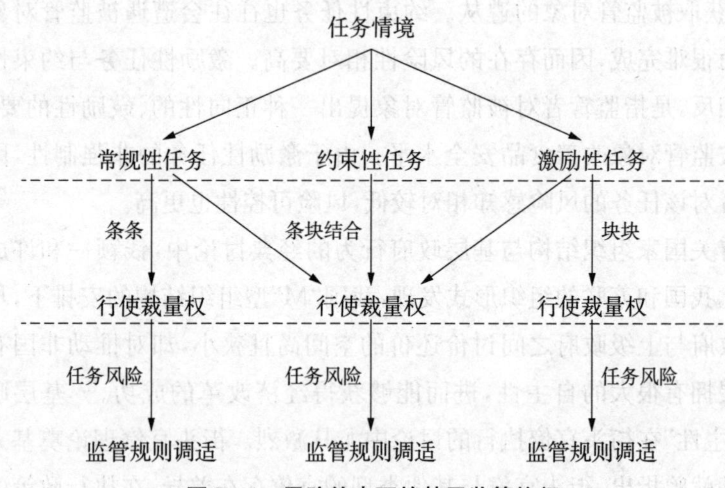

图 5－1　风险约束下的基层监管执行

① 陈那波，卢施羽．场域转换中的默契互动——中国“城管”的自由裁量行为及其逻辑．管理世界，2013(10)：62—80．

② 陈天祥，胡菁．行政审批中的自由裁量行为研究．中山大学学报(社会科学版)，2014，54(02)：152—166．

③ 朱亚鹏，刘云香．制度环境、自由裁量权与中国社会政策执行——以C市城市低保政策执行为例．中山大学学报(社会科学版)，2014，54(06)：159—168．

“一阶目标”关注监管者与科层组织内部所委托任务目标之间的一致性。理想中的具有独立性的监管机构应当是不受政治力量所干扰的。[①] 然而在我国特定的条块科层组织结构之中，监管机构独立性的存在空间尚小，而且受科层组织下派的任务构建，进而模糊了监管机构自身的任务和科层任务之间的边界，两者之间的目标出现了交叉。在特定的“常规性任务”中，因由机构职能设定，较少能够受到其他块块力量的干扰，因而“常规性任务”的目标与监管的内在目标是统一的，监管机构具有较强的自主性在“常规性任务”中行使自由裁量权。在“约束性任务”中，大多是由于属地政府的联合行动下发，属地政府在特定时代背景下的经济发展动机以及维护社会稳定的动机，而选择将监管作为地方治理的手段而非目标。监管机构的目标与地方政府之间的目标出现了冲突。属地监管的体制下，监管机构自主性受到地方政府释放空间大小的约束，越是在“约束性任务”执行环境中，监管机构自主性越受到压制，而选择保留裁量权的行使。与之相反，在“激励性任务”中，主要通过正向激励被监管对象的方式，提升整体的监管水平。这与监管的目标具有内在一致性。该项任务属于监管者的职责，并且具有一定的专业性。正是由于监管所要求的专业性，所以其他非食品监管领域的职能部门难以对监管者加以约束，而使得监管机构在行使自由裁量权的过程中减少外部约束性，监管者为了能够实现任务目标选择行使自由裁量权。

如果说“一阶目标”主要关注的是监管机构与科层内部之间的目标一致性，那么“二阶目标”则主要关注监管机构与被监管对象之间在目标的取向上是否具有同向性。监管执行发生在监管者和被监管者之间的互动过程之中，监管目标的实现并非仅仅靠单一的监管机构的努力，而是有赖被监管对象的配合。比较新潮的“回应性监管”理论认为，监管者对被监管对象的执行方式并非单向度的强制命令式，而应当是与被监管对象的双向维度的互动。具体来说，通过关注被监管对象的反应和态度，调整从“劝说”到“惩罚”的执行方式，对监管对象进行“差别性对待”。[②] 此外，在

① 刘亚平. 中国式“监管国家”的问题与反思：以食品安全为例. 政治学研究，2011(02)：69—79.

② 杨炳霖. 回应性监管理论述评：精髓与问题. 中国行政管理，2017(04)：131—136.

监管者与被监管者之间构建信任关系，开展真诚的对话。[①] 回归到我国具体的监管情境中，我国的食品生产经营者杂乱且发展水平参差不齐，食品安全水平的认知以及提升食品安全水平的能力在众多食品经营者之间也存在较大的差异。这些内部差异成为监管者在具体执行过程中不得不考虑的现实情境，而需要区别性地对不同特征差异的监管对象进行差异化的监管。其中，双方对食品安全水平重要性感知的差异成为影响互动的决定性因素。

在特定的任务情境下，"二阶目标"的一致或者冲突，决定监管者选择是按照规则执行，还是异化规则执行。对被监管者而言，盈利和声誉是企业最为看重的两大目标，尤其是对一些大型的且有知名度的企业来说，这两项决定了企业的生存。因而，面对监管者提出的改善食品安全水平的激励要求，会相对比较配合，双方目标具有同向性，乐于接受监管者所提出的要求。在这种情境中，监管者与被监管者之间的互动关系相对比较和谐，并且由于目标的一致性，也有助于培养两者之间的信任关系。反观约束性和常规性的任务情境，监管者的目标在于通过规范和约束被监管者来实现特定的监管任务。对被监管对象而言，要为此付出的成本是远远大于其获得的收益。甚至对一些小型的食品经营者而言，获得的收益还不足以承担所要付出的成本。因而，正是由于监管者与被监管者之间的目标非一致性，被监管对象更会选择抵制。如果监管者采取强制性的措施来获得被监管对象的遵从，则可能会引发更大程度的社会风险。

可以说，科层体制内的强制性压力调节了监管者的遵从行为。当没有受到来自科层中的强制性约束时，监管者通过权衡遵从规则的收益与风险，更愿意接受风险相对较低的变通规则执行，选择对于特定监管情境中的部分经营者采取默许经营的态度，选择对于需要共同完成任务目标的企业进行合作。而当受到来自科层中的强制性压力时，监管者又会选择遵从规则执行，由此基层监管者既呈现出对被将监管者柔性执行、严格执行或者强制执行的不同特征。

---

① 尼尔·冈宁汉姆，杨颂德. 建立信任：在监管者与被监管者之间. 公共行政评论，2011，4(02)：6—29.

二、内嵌性监管的特征：监管任务的行政化建构

（一）监管功能边界被分割

基层食品安全监管机构的专业化职能因为嵌入在整个政府组织之内，所以在执行过程中能够增强总体上的监管效能。但与此同时，由于政府组织内存在的机构分立、部分利益分割等碎片化问题，反过来又可能会削弱基层食品安全监管整体性，因为其他部门都会对基层食品安全监管执行形成一种约束性。正如从前文的分析之中，我们总结出了基层食品安全监管机构面临的来自“条条”市场监管总局的专项任务、“块块”属地政府的中心任务以及外部社会公众的委托任务（图 5－2）。不同任务连接的是基层监管执行机构与不同组织之间的关系。比如来自“条条”的专项化任务，是属于本部门职责内的自上而下制定的任务，对于基层食品监管者而言，是属于责任范围内的工作，且需要向上级负责，完成上级所提出来的考核要求。那么“条条”的专项化任务是具有极强的专业性的，由上级展开对下级职能部门的业务指导，上级业务职能部门通过行政规章、通知、意见等合法化手段指导下级职能部门开展专项化的业务活动。且对于基层监管者的激励也是极强的，能够使得下级部门在短时间内聚集组织内的力量，展开对监管业务的执行。但从时间上来说，上级部门给予下级部门充足的完成任务时间，且主要是常规性的任务，具有计划性，按照时间节点展开相应任务的执行，所以时间压力是较小，关键是要求基层监管者定期向上级及时报告业务开展的情况。

与此同时，我们也发现，基层监管者的任务执行在属地化管理背景之下，会受到来自“块块”部门的影响。当条条的专项化任务遇到了高压环境之下的块块委托的任务时，一方面，专项化任务嵌套进入综合化的属地任务之中，当专项化的任务被建构进入中心任务时，那么基层监管者面对的任务时间压力也会增大。产生的一种影响是再次从属地块块部门的角度赋予了任务的高权威性，尽管有可能在执行中心任务时，基层监管者并非主要的职能部门，但面临同样的任务执行情境，所以也会面临同样的任

务考核压力，成为完成中心工作的重要组成部门。所以基层监管者对于快速完成任务具有非常强的动机，也就会选择能够尽快完成任务目标的监管方式和监管策略。当然也存在另外一种影响，那就是作为基层监管者自身的本职性工作任务，抑或者是工作职能，在现实执行情境中受到了块块属地政府力量的约束。不是对任务的权威性的增强，而是对监管任务的替代，要求基层监管者首先回应属地政府的中心工作任务，那么这样就会削弱基层监管执行者对本职工作重要性的判断。所以说，当条条的专项化任务遇到高压环境中的块块任务时，原有单一化的监管任务被嵌套在了块块属地政府构建的中心任务之中。那么就需要基层监管者完成中心任务过程中，能够确保本职之内监管工作恰到好处的执行。因而可以说，在“内嵌性监管”之下，基层监管者面临的不同任务之间是相互嵌套一起的，可以说进行的是多任务的执行。

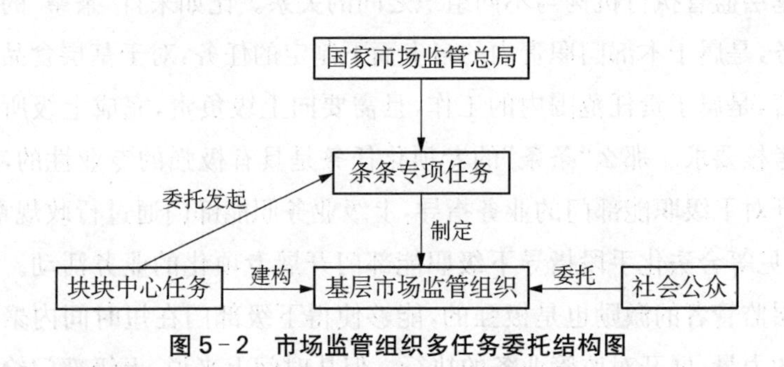

图5-2　市场监管组织多任务委托结构图

那么，面对多任务委托和多任务嵌套的情境之下，基层监管组织需要应对多情境中的任务，因而影响着组织注意力强弱的分配。基层监管组织将在不同任务情境下差异分配其组织注意力，比如依据任务来源的权威性以及任务执行后果的风险性不同（在这里，主要指的是问责的风险），对于一些权威性较高，且出于政治高压状态的监管任务，监管者会分配较多的组织注意力。对于一些权威性较低，且自由裁量空间较大的任务，则分配的注意力相对较低。当基层监管执行者对不同任务的执行进行了注意力分配，也就是对其监管功能边界进行了重塑。基层监管组织的任务执行作为组织功能的表达，对任务的不同程度执行，也就代表着监管职能的不同履行，所以专业化和整体性的基层监管职能会因嵌入在组织结构中，从而呈现监管力量聚集或者监管力量分割的两种不同状态。高压状态下围绕中心工作开展的监管将能够带来部门间的集聚。与此同时，由于食品安全监管是属于风险管理的领域，普遍会认为“要么不出事，要么就出大事”，所以面对这种不确定性带来的高风险性，监管系统中的各职能部门的监管压力较大，而且在各个部门之间会对相应的监管职责进行谈判与推诿，对于一些边界具有模糊性的监管职责，基层监管者之间的不断协调，这也就会带来监管力量的碎片化，也就会导致统一、高效且稳定的监管力量难以形成。

由此，我国的监管机构设置嵌入政府系统之中，基层监管执行呈现出的“内嵌性监管”内在逻辑，使得监管机构嵌入到多任务中，原先单一的专业化监管任务，被嵌套在条块结构下的不同任务之中，这样在利于发挥基层政府部门对监管的支持力量的同时，不可避免地会导致监管功能边界更加模糊和碎片化，那么也会带来监管组织的力量和组织功能被分割。

（二）监管目标被重塑

有关政府间组织结构的研究中曾经揭示出中国在改革之前存在以“块块”为基础的多层次、多区域的“M”型组织结构。在“M”型的层级组织结构中，尽管基层政府与上级进行谈判的权力空间较少，却拥有在发展国有企业之外鼓励私营经济发展的自主权，在有限的谈判能力与极大的自主权组合之下，削弱上级政府对地方的行政控制。[①] 块块属地政府具有一定的自主权，对本区域内的组织资源进行调配和组合，从而形成更有利于本辖区的发展生态。属地政府具有决定和调整本辖区内发展目标的自主权力，能够调动起不同职能部门以同样的发展目标作为开展本部门工作需要围绕的中心。所以，嵌入于政府组织结构的基层食品安全机构需要将政府组织的目标与自身的职能目标相结合起来。在很多情形之下，基层监管者执行本组织内的目标时，也会发生监管目标被科层组织目标所重塑的可能，尤其是需要对发展和安全之间，维稳与安全之间做到一

① Qian Y Y, Xu C G. Why China's Economic Reforms Differ: The M-form Hierarchy and Entry/Expansion of the Non-State Sector. *The Economics of Transition*, 1993: 135–170.

个相对的平衡。而这既是作为属地政府需要统筹的任务目标，也是作为具体职能部门的执行者所要关注的执行目标。也就是说，不仅仅是属地块块政府需要统筹起发展与安全，维稳与安全之间的关系，那么作为具体的食品安全监管任务执行者也需要能够进一步整合起两者之间的关系。我们在前文的分析中也可以发现，对于发展与安全之间的目标重塑，主要体现在那些具有较大规模的食品生产企业的监管。当面对规模较大，对本地区经济发展做出贡献的市场主体，监管者的目标与地方政府一致，以促进本地区的经济发展为主要目标，也就是提升大型餐饮企业的食品安全水平，从而能够间接地促进该企业的发展，为辖区创造更多的经济贡献。这背后的组织逻辑在于，由于基层监管机构嵌入地方政府结构，尽管其专项化的任务由中央自上而下垂直发布，但在地方政府充分发挥其自主性调整发展目标过程中，基层监管执行机构也需要将自身内部的组织力量与属地政府的总体目标之间进行平衡，尽管也会受到来自属地政府一定程度上的约束，但是整体上迈向两者之间相互调适和适应的方向发展，所以基层监管者会在本部门内的任务目标与属地政府目标之间进行再整合，能够使得任务执行目标与地方的实践过程相互适应。由此基层的食品安全监管任务目标也因为属地政府力量的支持获得了重塑，在属地政府规划辖区发展目标拥有自主性的前提之下，也将赋予食品安全监管职能部门目标的多维性。

对属地政府而言，辖区内一些大型企业不仅负有承载就业的功能，而且还能够为本地区经济增长产生带动作用，也就是能够通过企业的品牌效应提升地方的影响力，从而吸引更多的市场主体进入辖区内开展投资。那么，在属地政府倡导发展的统领性目标下，基层监管执行者在引导市场主体规范化经营的同时，愿意向其提供服务。监管者面对一些大企业，相对会更加重视企业与辖区经济发展之间的联系，所以也就会相对软化执行监管规则和监管要求。而当基层监管者将属地化的发展目标与约束性的监管目标相互融合一起，开展相应任务执行时，也就往往能够获得来自市场主体的肯定。比如随着城市举办展会活动的增多，那么一些大型餐饮企业也就会承担相应的服务工作，并且要求大型餐饮企业在协助本地区开办大型活动时，需要为与会人员提供安全且健康的饮食。那么在这个监管过程中，监管者主要体现的便是对大型企业的服务职责。并且在企业看来，监管部门能够帮助自身纠正一些不太规范的还需要提升的方面，所以认为监管者提供的是服务，而不是约束，那么也就往往会对监管者表达出感激之情。H区辖区内的一家大型酒店，就曾经为了感谢H区局在开展全球性大会期间对食品安全保障工作的服务，向H区局赠送了写有“悉心指导　严格把关　忠于职守　为民服务”的锦旗。H区局对此，不仅表达了酒店自身对落实食品安全主体责任的肯定和高度评价。而且也表示会继续强化服务意识，与广大企业一起，携手将食品安全管理工作上一个新台阶。[①] 那么在统筹发展与安全这一维度上，基层监管者与地方政府都具有相同的目标导向，尤其是对这些大型企业，地方政府和监管部门双方均会赋予较高的重视程度，以提高食品安全，在增强监管力度的同时，也强化对参与提供餐饮市场主体的服务意识。

对于维稳和安全之间的目标重塑，主要体现在那些中小型餐饮企业的监管。近年来“放管服”治理理念正在广泛获得推行，政府正不断创新各项政策加大对中小企业的扶持，在这样的维度上，政府扮演的是服务者的角色，要么通过变革自身组织，要么通过创新制度，来为企业发展创造更多的机会。但与此同时，具有食品安全监管职能的部门，实际上扮演的是规制者的角色，对于被监管的市场具有约束性和强制性的功能。那正因为宏观背景层次上的发挥服务性的功能和中观层次上的职责履行需要发挥约束性的功能之间的张力存在，所以对于基层监管执行者而言，如何在强制性角色和服务者角色之间划出清晰的边界，成为了一个更大的挑战，尤其是当面对那些亟需要提升食品安全的中小型餐饮企业时。

如果说大型餐饮企业监管的目标是兼顾安全与发展，那么对于广泛存在的中小型餐饮企业，监管者的目标则是兼顾维稳与安全。由于存在的数量众多，所以难以将类似于大企业的标准化方式，也用来获取中小型餐饮企业的遵从。因为若对于我国面临的千千万万中小型餐饮企业严格执行监管要求，那么就有可能会发生由于被监管者没法达到相应的要求

① 资料来源：“是谁，刷新了我对‘人民公仆’的全新认识？”H区食药监在微信公众平台发布的咨询，2019年3月25日.

而产生与政府之间的矛盾和冲突，甚至会认为是监管者不让其经营。毕竟在我国，中小型餐饮企业的经营者大多都只是以家庭为单位的，且主要通过开展经营活动获得收入的，如果过于严格要求被监管者，或者对其采取惩罚措施，那么有可能让他们失去的是家庭的生计。因而说，如果这是从被监管者的角度思考监管目标执行情况的问题，那么若从辖区内的总体治理目标来看，辖区内的稳定成为了与安全一同重要的任务目标。所以基层监管者出于避免可能产生不稳定的因素，在对中小型餐饮企业的监管，会允许在风险可控的情形之下，日常监管中会倾向于选择降低监管要求的执行方式，但却不能够逾越到食品安全的底线。然而在具体如何统筹稳定与安全两者之间的目标时，基层监管者也常常感到为难，尤其是会再面临来自属地政府的中心工作任务与监管目标相悖时，那么有些被默许经营的被监管者会被建构进入新的任务之中，按照中心工作任务要求，会面临被清理或取缔。从而基层监管者不得不权衡执法权力行使边界，甚至有时就必须采取强制性的手段。正如基层监管所的 X 科长所言：

“现在从市里到区里到街道都在搞河流污染整治，(街道政府)强制性要求我们，餐饮就不能做咯。做餐饮需要给他们发证，那么街道就强制性不给他发证，街道认为我们管许可的，在源头上就制止了他们。”①

那么可以说，在面对具有更大权威性的任务情境之下，基层监管执行者手中维稳与安全两个天平，会面临被打破的情形。但总体上，基层监管者尽管面临中心工作任务的高压情形，不得不在严格执行和社会稳定之间进行权衡。而基层监管者还会尽量选择限度内的执行方式，再次使得维稳和安全这两个天平重新达到相对平衡。对于此，食品监管基层所的 Z 科长深有体会：

“区委书记下了命令要取缔，你按照行政法授权是能够找到法条对其加以取缔的，但是你不能通过这个方法啊。如果你由于采取了按照正常的行政秩序来执行导致社会矛盾，那么区委书记还要来找你了。你如果还找来法规科，还问环保部门，人家说这个谁叫你们发证给人家，你说这

① 访谈对象：XZH20180509，H 区 NZ 街食药监管所 X 所长.

个怎么办。"①

可以看到的是，国家提出的食品安全监管要实现保障食品安全，让人们吃得放心，这一目标自上而下地深入贯彻到基层监管执行者的执行过程之中，而且综合化特征明显的背景下，基层对于实现食品安全监管的执行力并未减少，有的是不断增强。而且也正是由于基层监管将执行目标嵌入于属地政府的各项任务之中，与属地任务目标相互交融，所以能够在新的执行层次上确保目标的实现，尽管也存在某种程度上来自属地政府的约束，但是总体上能够在属地的推动下强化了基层监管目标的实现。

（三）监管规则被置换

李普斯基研究活跃在基层一线的街头官僚对规则的执行中发现，他们具有较大的自由裁量空间能够对规则执行做出相应的调整，甚至重新制定政策。② 正是由于基层监管执行是嵌入于科层组织结构之中，所以基层监管者对监管规则的遵从与使用，也会受到组织结构的约束。执法在一线的基层监管人员面对特定的任务执行情境以及异质化的监管对象，对规则进行自由裁量，对监管对象硬化或者软化规则。其中的原因在于，基层监管规则被自上而下压力型体制中的激励因素所置换。"内嵌性监管"下科层体制内的激励制度调节了规则置换方向。当服务于特定任务情境的过程中，由于不同的激励制度，监管者会策略性地调整监管规则的使用空间，在硬化规则与软化规则之间相互交替。在面对诸多市场主体，监管者对具体规则的裁量空间再次进行裁定，那么经过重新确认后的监管规则也就是对目标群体的新的约束，也成为了监管者为完成任务目标而所借用的依据。从某种程度上来说，科层组织内的激励因素发挥了对监管规则进行自由裁量的约束性以及塑造性的作用。由不同的科层组织所构建的任务情境，以及在特定的任务情境中的激励目标，影响监管者

---

① 访谈对象：ZQ20180509，H 区 NZ 街食药监管所 Z 书记.

② Lipsky M. *Street-level Bureaucracy: Dilemmas of the Individual in Public Services*. New York: Russell Sage Foundation, 1980: 8.

自由裁量空间的使用，进而导致其对规则进行再运用，对监管政策进行再执行。所以说，延续“内嵌性监管”产生的监管目标被重塑的特征，那么科层结构产生的约束性作用，会进一步影响到监管者对监管规则的遵从与使用。看似是监管者并未自觉地遵从监管规则而出现的监管执行偏差行为，实际上是在综合具体监管情境之下进行的执行调适，从而能够完成任务执行的目标。

（四）行政化建构的监管执行

基层监管机构作为国家在社会领域代理人，承接来自国家意图贯彻下的科层组织目标，进一步将其转化为本组织的任务。由行政系统构建的不同任务中，监管机构为贴合行政化的任务要求，服务于行政化的任务目标，在被建构的任务中，监管行为具有显著的不同特征，进而会产生不同的监管效果。

多任务环境中，当“任务目标”与“监管职责”之间冲突，监管者被迫在强压力下执行任务，产生过度监管。当“任务目标”与“监管职责”之间拟合，监管者自主安排监管资源，若感知存在的风险性较低，在社会公众利益与自身履责之间寻求平衡，对被监管者形成低度监管。若感知存在风险性较高，则选择按照规则进行常规监管。具体而言，从任务权威性排序来看，属地政府任务权威性大于条条职能部门。任务权威性与监管职责并非拟合，而是存在一定冲突，若高权威性的任务要求超出监管职责，面对较大执行压力，监管机构自主性空间较小，往往以高权威性的任务要求为执行目标，或以任务要求取代监管目标。此外，属地委托任务的多元化治理目标与监管机构单一化目标之间存在分殊，监管机构与属地其他职能部门一同联合完成属地政府委托任务。监管部门被联合进入属地中心任务治理的同时，高度关注被政府划定区域内的被监管者，对被监管的社会主体投入高密度监管资源。条条职能部门的上下级之间是业务指导关系，委托任务的权威性相比于属地政府较低，任务执行的时间压力较小，具有较大自主空间，可对是否履行职责进行自我判断后予以执行。

界定不同任务属性和监管职责边界基础上，基层监管者的行为逻辑表现出差异性。在属地政府委托任务中存在过度监管，其行为逻辑表现为“完成任务”，以完成属地政府任务为目的，将监管目标搁置，或者把监管规则作为达成属地政府任务目标的手段。在条条职能部门委托任务中，监管者进行常规化监管，遵循“不出事”行为逻辑，确保食品安全以及个人政治安全。若监管者采取低度监管，则遵循的“做过事”行为逻辑，即保留对被监管者的监管过程，在执行中进行工作留痕。三种不同行为逻辑既受不同委托任务的激励性和约束性特征影响，又是监管者平衡任务与职责之间冲突的结果。

在监管者执行过程中，三种不同维度下的任务来源在各种不同任务情境中会产生特定的任务感知，在任务激励结构、任务的压力结构、任务的具体特性、任务的执行特征都会对监管者具体执行行为产生相应的影响，如表 5－1 所示。

表 5－1　行政化建构中的监管任务比较

任务情境 任务来源	激励结构	压力结构	任务特征		执行特征	
			任务形态	任务考核	执行形态	潜在风险
块块属地政府	强激励	大时间压力	非常规	效率逻辑	联合	严重
条条职能部门	弱激励	小时间压力	常规	稳定逻辑	单体	较轻
外部社会公众	弱激励	小时间压力	常规	底线逻辑	单体	严重

首先，激励结构维度。嵌入在不同任务中的监管者，其面临的激励结构存在较大差异。块块部门的晋升强激励以及问责负向激励，约束监管者的裁量行为。条条职能部门的晋升弱激励以及问责负向激励，约束监管者执行任务的积极性。外部社会公众参与监管产生投诉任务，具有弱激励，监管者执行这类任务的敏感性稍微降低。但与此同时，政绩竞赛激励下的发展经济成为主要的任务情境，社会稳定要求下的社会建设不断占据地方政府的工作重心。近年来，回应百姓对公共安全的需求也开始被列入到政府工作序列中。地方政府执行任务的逻辑，从追求晋升逐步转变为避免问责。

其次，压力结构维度。三种不同任务环境对监管者的压力程度具有显著不同。块块属地政府的任务一般时间非常紧迫，时间压力较大。条条职能部门的任务和外部社会公众的任务一般时间压力较小，有较大的时间弹性。任务的压力大小关系着政府组织对各项任务的排序。而下级政府组织对压力大小的判断也取决于其对上级政府给予激励的强弱。上级部门给予的激励强度越大，感受到的任务压力就会越大，执行压力也会相应增大。属地政府对基层监管机构采取的行政控制，形成的是强激励伴随强监督，进而对下级监管部门具有强控制的力量，对任务完成要求的时效性较高，动员性较强，下级监管机构感受到的时间压力也较大。在条条职能部门下发的任务中，则以年初的任务计划为蓝本，分季度、分月度定期向上级部门汇报完成情况报表，下级部门可根据自身的工作实际进行任务排序。相对来说，职能部门委托的任务更具有时间灵活性。即使上级职能部门会发布突击性的专项监督检查，但主要日常监管中都保留有数据或者与监管对象保持较好的信息沟通，便能够迅速找出上级部门所需要的数据。因此，总体上，来自条线上业务职能部门的任务的处理时间相对更加宽裕。从外部公众参与的任务来源来说，主要是指公众办理开展食品经营活动相关的许可申请，以及在个人利益受损的情况下，求助政府实现对个人权益的维护。这一类任务的处理主要由监管部门与公众直接接触，监管部门具有较大的时间自主权，可以相对自由安排处理的时间，相对而言，时间压力更小或者并无时间压力。

再次，任务特征维度。来自"块块"属地政府的任务往往呈现出非常规的特征，来自"条条"职能部门和外部社会公众的任务则是常规化居多，监管者按照既定程序和方式执行任务。监管者面临不同的任务来源渠道，其任务考核逻辑出现显著不同。在块块的非常规任务下，依循效率的逻辑，在特定时间内尽快完成任务。而在条条的常规化任务下，监管者出于社会稳定的逻辑，确保自我管辖的区域不出现影响社会稳定的因素。而在社会公众所带来的任务，则是遵从底线的逻辑，保护自身安全底线。不得不指出的是，在基层监管部门看来，自身的安全往往被放置在首位，成为在任务执行中首要被考虑的因素。正如负责人事的L科长谈到：降低出现问题的风险，我觉得应该是两个层面吧，一个是形式上的，一个是实质上的。形式上的首先就是要规避问责，因为现在问责太多了，很多就给问责了。那规避问责的方式有哪些呢，首先，上面要求你去做的工作有没有做好，你做了你体现在哪里做的，比如说我们说的巡查，这家店我是来看过，我是来检查过啊，也有检查记录啊。我就觉得是责任导向，首先考虑安全问题，在安全问题基础上才会考虑你的整个其他方面。第二个就是实质性的，当然那种要求就更高了，我不但有去，而且就是发现什么问题，我就处罚他，我就发出整改通知书啊，该处罚的我就处罚他，用我的监管手段逼着他去改进，如果你不改进我就处罚你，现在大家这种形式下，首先解决的是安全问题，就我个人政治安全呐，首先要确保政治上是安全的，就是不要“不作为、无作为”这些啊，肯定就有政治上的东西，这两年大家要规避的。这两年搞了巡察之后啊，这种意识会更加强，纪委现在这种追责太多，所以大家要先规避政治风险，就体现在这里，该做的事情我也做了。”[①]那么在基层监管者看来，无论是执行何种委托任务，都需要能够确保自身具体执行任务过程中，既完成了任务，同时也是恰当地完成任务。

最后，在任务的执行特征方面。监管者或者独立开展执行任务，或者联合其他职能部门开展执行任务。在块块非常规任务中，监管者主要通过联合的方式执行任务，而在条条任务或者社会公众委托的任务中，监管者主要通过单一组织个体化的方式来开展。在具体特定的不同任务来源中，监管者对执行后果预期也不尽相同。相对熟悉的条条任务执行，监管者能够感知到的预期后果相对较轻。而对于块块和社会公众委托的监管任务，由于现实任务执行的情境非常规，所以监管者由于无法依照特定的执行程序，且执行结果的判定主要取决于外部块块政府以及社会公众，因而会对预期的监管后果感知认为是比较严重的。

简言之，基层监管执行的任务受到行政化建构，且并非基于纯粹的提升食品安全水平的目标，更多是迫于不同的考核压力而形成的完成任务。在建构中的任务执行中，监管者出于底线的避责思维，以及达标的任务考核的思维，还有竞争的出成绩的思维，不同程度地执行监管规则，调适对监管规则的执行，从而达到提升食品安全水平的核心目标。

---

① 访谈记录：LXJ20181213，H区食药监局人事科L科长.

三、内嵌性监管下的监管能力：增强抑或削弱

监管国家的建设，需要国家为市场、社会提供公正公平的运行准则，那么需要政府扮演一个具有“程序意识”和“规则意识”的裁判员角色。[①] 作为代理人的地方监管机构实现国家管理市场主体的目标，监管机构自身的能力大小直接关涉监管国家的建设。政策执行力是影响国家建设的重要因素，包括良好的制度设计、组织内外沟通、行政管理的效率等方面[②]，监管机构的能力建设亦成为监管型国家建设进程中的重要维度。监管机构能力包含众多维度的内容。比如，作为“政府能力”的监管能力，包括政府制定和执行政策的势能与效力，包含三个方面的内容：政府的权威性，即得到群众支持；政府的有效性，即贯彻政策、政令的程度；政府的适应性，即自我调适以适应周边环境的挑战。[③] 再如，作为“公共政策”的监管能力，从公共政策角度划分政府能力结构，包括监管政策问题认定能力、监管政策方案规划和选择能力、监管政策执行能力、监管政策评估能力以及监管政策调整能力。[④] 又如，作为“资源运作”的监管能力，张钢等人(2004)依据组织资源理论和动态能力理论，构建了基于组织资源的政府能力结构框架，包括资源获取能力、资源配置能力、资源整合能力以及资源运用能力。[⑤] 还如，作为“监管治理”中的监管能力，杜钢建(2000)评估政府的监管能力框架包括八个方面的维度：对监管者角色与目标的界定度；决定监管方案不受任意干预的自主度；利益相关方的参与度；监管者接受公众对监管决定提出异议的程度；监管决策的重要环节向社会公开的透明度；利益相关者对监管规则有效程度的可预期度；被监管

---

① Lu X B. From Player to Referee：The Rise of the Regulatory State in China. Taskforce on Institutional Design for China's Evolving Market Economy，policydialogue. org. 2006 - 8 - 9.

② 岳经纶，刘璐. 中国正在走向福利国家吗——国家意图、政策能力、社会压力三维分析. 探索与争鸣，2016(06)：30—36.

③ 谢庆奎. 论政府发展的涵义. 北京大学学报(哲学社会科学版)，2003(01)：16—21.

④ 王骚，王达梅. 公共政策视角下的政府能力建设. 政治学研究，2006(04)：67—76.

⑤ 张钢，徐贤春，刘蕾. 长江三角洲16个城市政府能力的比较研究. 管理世界，2004(08)：18—27.

者基本自由和权利得到保障的自由度；不同监管手段对被监管者不同限制程度的强硬度。①

（一）基层监管机构的能力

对于监管机构的监管能力评价的外延可以无限扩大，若围绕监管国家的专业性特征，那么监管机构的能力主要体现在凭借机构自身的专业性，独立于其他机构干预的程度。监管机构越是能够独立于其他机构的干涉，监管机构的独立性和执行监管政策的能力越强。现实中的监管机构因受到其他监管部门的约束，监管执行的独立性空间狭窄。此外，基层执行者面对复杂化的监管情境，对监管政策的再解释后的执行，则导致监管机构具有的监管能力削弱。

第一，专项化的市场监管职能履行被“块块”裹胁，市场监管者的独立执行空间被压缩。纵向政府间“职责同构”的结构性安排带来不同层级的政府在职能、职责和机构设置上的高度统一性，②确保执行的高效。尤其在计划经济特殊时期，“上下对口，左右对齐”的职责同构确保了中央对地方资源的汲取和对社会的控制，限制地方的自主权力。随着市场化改革和地方政府的自主性不断增强，职责同构在限制地方政府创新方面的弊端也逐步呈现。③ 科层化特征明显的政府系统内部，上级政府具有发布命令的权力，要求下级政府严格遵从履行。而针对自上而下的行政权威，下级政府未按照科层制中的命令链条严格执行，具有突破上级权威控制边界的自主性。周黎安（2014）提出在上级与下级之间存在一种介于“层级制”和“外包制”之间的发包关系④，上级地方政府作为发包方，拥有绝对的正式权威和剩余控制权，下级政府作为承包方，因拥有具体执行权和自由裁量权，从而获得了实际上的控制权。

此外，上下级之间组织的同构性安排和发包制关系，与我国独特的

---

① 杜钢建．政府能力建设与规制能力评估．政治学研究，2000(02)：54—62.
② 朱光磊，张志红．“职责同构”批判．北京大学学报（哲学社会科学版），2005(01)：101—112.
③ 张紧跟．纵向政府间关系调整：地方政府机构改革的新视野．中山大学学报（社会科学版），2006(02)：88—93.
④ 周黎安．行政发包制．社会，2014，34(06)：1—38.

"条块关系"相互作用,影响监管的执行。近年来,国家意在通过项目制的形式,强化对专项领域的治理。自上而下的项目制逐渐成为了国家治理的一种体制安排。条线上推行项目制度意在能够削弱"块块"地方保护势力。然而"条条"线上的项目制却难以独善其身,且乐于与地方"块块"相互融合交织,形成"新块块"。项目制下的"新条条"试图制约"旧块块"的扩张时,部门系统自身却被"旧块块"俘获,而且"旧块块"也试图利用项目培植自己的力量,形成具有更强实力的"新块块"。[①] 条条垂直化的市场监管职能面临被块块属地职能捕获的风险。在现实食品安全监管任务的执行中,"条条"对"块块"形成约束力,"块块"各部门之间的职责分工并不明确,又会导致各部门基于自身利益对条线上的任务进行重新分工。[②] 比如,当地方政府面临的治理任务相对复杂,则会选择协调多个执行部门,联合多部门参与行动。条条上的职能部门担心作为代理者的监管者会对监管任务形成忽视,采取发布多次监管任务的方式,监督任务的执行,避免被"块块"捕获。但是,"块块"不断通过联合任务的方式,意欲将"条条"建构其中,导致市场监管职能被建构在"块块"之中。

不仅如此,"条条"与"块块"分别对监管者展开激励,并且担心监管者与其他委托人之间的关系问题。在对代理人进行激励的情况下,通过专业化的任务设计激发代理人的使命感意识,要求代理者对任务产生内在认同,主动将任务归属为自我职责范围之内。[③] 作为代理人的监管者难以像面临单任务的情况下简单化执行,而在众多模糊化的目标之间进行排序和选择。委托人的强激励情况下,监管者的注意力会从其他任务中转移过来,不可避免地会导致监管执行发生顾此失彼的局面。

第二,基层监管中交易费用的产生降低监管的独立性。正因为受到多部门的任务委托,基层监管机构与不同部门之间开展大量的沟通协调,带来了监管交易费用的增加,表现在由监管权威零散化、监管制度不完备

① 渠敬东.项目制:一种新的国家治理体制.中国社会科学,2012(05):113—130.
② 史普原.政府组织间的权责配置——兼论"项目制".社会学研究,2016,31(02):123—148.
③ Dewatripont M, Jewitt I, Tirole. The Economics of Career Concerns, Part II: Application to Missions and Accountability of Government Agencies. *The Review of Economic Studies*, 1999,66(1):199-217.

而导致的监管交易费用。

一是监管权威零散化带来的讨价还价费用。监管机构承接和应对不同的任务陷入到组织力量分割，以及功能边界被其他多个部门割裂的状态。其他多个机构对监管权进行干涉，且对市场监管机构的行为做出代表本部门利益的干预进一步导致监管权威的碎片化。在各个部门任务的“竞争性委托”中，监管者由于掌握的监管权完整性不足，在各个部门间进行谈判和协调，联合各个部门形成监管力量。表现得最为明显的是，市场监管者需要依赖街道属地政府的力量，深入到出租屋，一同对监管对象施压，进而能够以强有力的政府权威迫使被监管者服从。为了使得监管力量更加壮大，协同联合农业局、城管局等多个部门进行干预，集中联合起分散在各个部门间的多种执法权力，一同对监管对象执法施压。在相互联动的行动团体形成之前，监管者与其他多个部门间通过沟通的方式加以协调，并且往往借助非正式的方式达成协调。比如监管机构以本部门的身份参加其他部门的联合活动，那么在下次的联合部门行动中，参加行动的可能性也会升高。但是由于部门利益壁垒的存在，不同职能部门之间存在的职责相互交叉，进一步加剧沟通协调费用的产生。理性的政府组织选择性地对那些于己不利的事项进行推诿，加剧各个部门之间讨价还价过程的产生，从而不断进行协商沟通，导致最终执行的监管政策更加碎片化，并且与原有的政策意涵产生偏离。

二是监管制度不完备和模糊性引起的交易费用。在现实监管的实践情形中，存在诸多监管制度与监管法律不适用的情形，监管执行者为此感到为难。因为依据现有的监管法令，诸多监管对象都无法达到监管制度所设定的规则，很多监管规则高于监管现实，处罚条款中存在众多并不符合现实的情形，以及监管标准制度设定与现实中的情况非适用性的情况。监管者为了尽量减少政治交易费用，选择采取非正式沟通的方式，协商决定对规则的裁量。此外，在缺乏上级部门统一制定监管制度的情形下，持续与监管机构内部的其他部门之间，与上级部门之间开展沟通，寻找到恰当的裁量空间，避免自身陷入到问责的困境，那么由此所产生的监管规则执行，不是用监管规则指导监管现实，而是裁量规则使用来适应执行的现实情境。

(二) 基层监管机构风险沟通的能力

基层监管行为的产生过程实际上是监管政策的执行过程，发生在政策执行过程中的基层监管者与被监管者的互动过程，实际上又是与社会主体进行风险沟通的过程。随着风险社会的到来，公众前所未有地感受到风险的无处不在。若未能够及时对风险进行干预，那么整个社会将会面临各种各样的危机，甚至是无法承受的后果。基层监管者的食品安全监管行为，某种程度上就是对潜在风险进行规制的行为，这个过程的完成需要社会主体的合作与配合，双方之间的互动也就可以视为是一个风险沟通的过程。

风险沟通经历了从技术视角向社会治理视角的转变，技术视角下的风险沟通被视为风险专家经由媒介向公众提供风险信息的活动，而风险社会理论中的风险沟通则是强调利益相关者之间平等、开放的交流，目的在于增进社会关系质量，增进相互信任。[①] 技术视角主要关注以信息作为载体的单向和双向沟通，专家向公众传递风险信息，以及公众向专家反馈信息，彼此之间对风险信息进行充分交换。风险沟通的实质就是风险的信息传递。[②] 社会治理视角对技术视角进行一定程度的批评，认为技术视角太过于强调专家技术在沟通过程中的主导性，并且将公众视为是被动接受信息，尽管公众能够向专家进行反馈，将接收到的信息重新输出，但是仍然是专家给出的定义的风险信息，而公众自身在风险沟通的角色以及主动性的地位并没有呈现出来。所以社会治理视角认为风险沟通应该是不同主体参与表达意见，能够推动彼此之间相互交流的过程。贝克认为，“风险的界定存在各种现代性主体和受影响群体的竞争和冲突的要求、利益和观点，它们共同被推动，以原因和结果、策动者和受害者的方式去界定风险。也就是在风险界定中，科学技术对理性的垄断被打破了”。由于“每一个利益团体都试图通过界定风险来保护自己，并通过这

---

① 强月新，余建清. 风险沟通：研究谱系与模型重构. 武汉大学学报(人文科学版)，2008(04)：501—505.

② Covello, V T, et al. Risk Communication: A Review of Literature. *Risk Abstracts*, 1986, 3(4): 171 - 182.

种方式规避可能影响到利益的风险”。[①] 所以建构风险本身就产生了风险冲突，由此需要通过风险沟通进一步消弭冲突，能够形成主体之间的信任的社会关系。如果说“单向告知”突出了技术专家和政治权威对风险沟通的管理和控制，“公众参与”则是以“风险治理”框架重构了风险沟通的价值与目标。而在“感知即现实”的情境之下，风险治理并不是依靠管理者单向度的努力就可以解决的问题，而是需要关注风险主体的反应，建立起与所有利益相关者的实质性对话。[②] 事实上，公众的风险认知是风险沟通的前提基础。甚至可以说参与主体的风险感知是风险沟通达成的前提。风险主体的风险感知存在偏差，以及不同主体对于风险的定义具有差异性、冲突性，因而需要通过风险沟通达到主体间对于风险感知的共识，并且转化为促进风险化解的共同努力。

如果我们依照风险沟通这一思路，则可以将基层监管者的具体监管行为过程视为一个向公众传递风险，并且能够采取措施控制风险的过程。监管者希望能够让被监管者认可公共部门所认为的潜在风险，进而能够主动采取措施加以改进，消解潜在的风险。当然，监管者采取相应监管行为的前提是自身对于风险的感知，既包括对风险大小的感知，也包括对风险类型的感知。监管者结合社会主体对风险的反应以及消解风险的能力选择相应的沟通策略。可以看到的是，那些与公共部门具有相同程度的风险感知，往往能够达成较好的风险共识，并且也更加积极主动参与到化解风险的行动之中。那些相对不能够达成较好的合作，甚至是采取抵抗的社会主体，主要原因是风险认知水平较低，或者说为了维持现有的利益，选择低估风险。监管者与被监管者之间关于风险认知存在差距，也就会给监管者带来困扰。一方是从全局性和整体性的角度来考虑风险，而另一方却是对风险视而不见，或者不能够采取正确的态度对待。破解监管者感到为难的这样一种情境，更需要监管者采取多样化的方式能够让不同主体拥有正确的风险感知，进而做出适应风险的恰到好处的选择，这

---

① [德]乌尔里希·贝克著，何博闻译. 风险社会. 南京：译林出版社，2004：28;31.

② 张洁，张涛甫. 美国风险沟通研究：学术沿革、核心命题及其关键因素. 国际新闻界，2009(09)：95—101.

就需要提高基层监管者的风险沟通能力。

风险沟通是公共安全管理的必要组成部分，良好的风险沟通可以实现信息准确传递，通过风险沟通寻求共识。当前人类社会面对的安全风险日益增多，给人民生命财产安全和公共秩序带来严峻挑战。对于风险的应对，直接考验着政府的基层治理能力。尤其是疫情暴发以来，人们更加深刻感受到风险的客观存在，风险的不确定性、扩散性、多样性和叠加性，加剧了风险治理的难度。风险的存在也会给公众百姓的生命财产造成更大威胁。所以作为公共部门，如何有效应对各类风险，与公众之间做好风险沟通，则是直接关系到社会公共秩序稳定和可持续发展的重要议题。如果当人们意识到风险存在，政府及时做好与公众沟通，那么就可以让公众做出合适的选择，从而避免公众面临风险时候的恐慌。所以增强政府与公众之间的风险沟通能力，则既可以让公众知晓当下是否会有风险、有何风险以及如何防范风险，能够让公众面对各种复杂风险的情形之下，做出理性判断和理性选择，不至于承受风险带来的损失。所以如何增强政府的风险沟通能力，也就成为了重要的命题。

可以看到的是，基层食品安全监管机构的风险沟通能力仍然存在进一步提升的空间。尽管基层监管者完成了技术视角下的风险沟通，即向公众传递有关风险的信息，但是这样的单向信息传递，并没有让公众接受风险。与此同时，实践过程中的监管者往往会是在形式上向社会主体交流风险，即将可能存在的风险点告知于社会主体，然而公众是否也同样感知到这样的风险却是未知的。因而有必要提高风险沟通的有效性，既能够从结果上确保沟通信息的一致性，同时逐步迈向社会治理视角下的风险沟通，即建立与参与主体之间相互信赖的关系。

就风险沟通能力而言，已有研究提炼出有效风险沟通的理论模型，认为具有系统性特征的风险沟通是由信息发布者、信息接收者以及风险沟通保障机制三者之间有机互动。从信息发布者来说，包括国际组织、各国中央和地方各级政府，他们既是决策部门又是信息发布者，需要在跨组织之间进行统筹协调和信息共享。从信息接收者而言，信息的沟通时效、沟通内容和沟通方式均会明显影响接收者对风险的认知以及之后采取的防护行为。从保障机制来说，具体采取的风险沟通措施需要一定的资源和保障机制，比如战略计划、专项财政支持等。[①] 由实践中的有效沟通来提升风险沟通能力，并且为提升风险沟通能力提供要素方面的指引。正如社会治理视角下的风险沟通是参与主体之间的互动与协商，所以风险沟通能力提升的问题也就转化为了如何提高多主体参与实现有效风险沟通的问题。已有研究提出，合作主体自身的特征和关系质量是显著影响风险沟通有效性的核心要素，尤其是从“关系”出发，发挥“关系质量”的黏合剂作用，是风险沟通有效性实现的关键。[②] 可以看到，现有研究在实证分析方法基础之上，提取出影响有效风险沟通的多种因素，既包括主体维度，也包括关系维度。除此之外，亦有研究者深入到地方政府风险沟通实践过程中，阐释了地方政府在面对一些突发事件情形之下，在不同处理阶段采取不同的风险沟通方式，比如在事件爆发以前采取的是以风险信息交流沟通为主要内容，但是在事件爆发以后采取的是以利益协调沟通为核心。进而认为风险沟通的过程本质即是通过风险信息交流和传递，通过利益协调的手段，实现多元主体在风险收益和可能损失之间权衡协商并达成共识的过程。[③] 风险沟通的目的在于能够达成多主体之间的共识，需要建立在彼此对于利益的协商和妥协基础之上。此外，提升风险沟通能力还可以从制度安排、导向规划、流程设计和绩效评估等方面来完善。具体而言，通过沟通成本来调节沟通质量；通过沟通导向来设置沟通边界；通过沟通的信息管理来把握有效信息。[④]

从风险沟通的原则上看，实现有效风险沟通还需要处理好及时、适度与平等三条原则之间的关系。建议管理机构要灵活运用沟通原则实现风险治理目标，需要改善风险评估，提高评估质量；区分受众层次，调整沟通方式；把握沟通原则，增进公众参与。[⑤] 对于如何完善风险沟通，既有从

---

① 桂天晗，钟玮.突发公共卫生事件中风险沟通的实践路径——基于世界卫生组织循证文献的扎根理论研究.公共管理学报，2021，18(03)：113—124.

② 刘波，杨芮，王彬.新时期如何实现有效的风险沟通——以地方政府大型公共项目为例.上海行政学院学报，2021，22(04)：53—71.

③ 詹承豫，赵博然.风险交流还是利益协调：地方政府社会风险沟通特征研究——基于30起环境群体性事件的多案例分析.北京行政学院学报，2019(01)：1—9.

④ 唐钧.风险沟通的管理视角.中国人民大学学报，2009，23(05)：33—39.

⑤ 张乐，童星.风险沟通：风险治理的关键环节——日本核危机一周年祭.探索与争鸣，2012(04)：52—55.

制度层面，也有从管理层面，亦有从关系层面提出改进方向和举措。从应对公共安全事件的政府风险沟通实践中，还可以看到的一个问题是，那些本该相互依赖的机构却出现不合作和不协调的沟通和应对行为，甚至会导致不同部门领导者之间产生相互矛盾的观点。在应对复杂的突发事件时出现严重的沟通错误，不同部门传播不一致、不正确和矛盾的信息。这些存在的沟通杂音会让公众认为政府系统的失效，从而极大破坏公众对政府的信任。因此，需要实现国家和社会部门之间的协作协调，这样一来促进主体间共享相关资源和专业知识，从而能够在实现协调的过程之中受益。①

从提升基层监管机构的食品安全风险沟通能力而言，认为可以从以下几个方面入手：第一，将多元化主体纳入到食品安全风险沟通之中。风险与每个人的距离都很近，但风险在每个人之间的分布并不均匀，由于个人抵御风险的能力存在差异，所以每个人对风险大小的感知亦有不同。基于此，需要进一步完善参与渠道，提供更加便捷、顺畅的参与路径。既能够确保官方的、权威的风险信息及时、准确地向公众和利益相关者传递，同时又能够将公众和利益相关者的担忧、疑虑向公共部门和专家传递。以此促进代表专业能力的技术专家和代表政治权威性的公共部门实现与公众之间信息的互通有无。针对现实中存在的沟通障碍，例如权威信息发布不及时，信息内容失误等等有关信息准确性的问题，则需要信息发布者对此加以进一步确认。此外，从信息发布者将食品安全风险信息向公众传递的渠道来看，目前来说是相对顺畅一些的，反倒是作为信息接收者的公众和社会主体，通过何种路径表达出风险的感知和担忧，则是需要更加关注的重点。当前网络社会发达，尤其随着自媒体的开放，人人都可以通过网络渠道进行发声，媒体就成为了公众向体制内传递风险信息的媒介，那么能够将这些信息向上收集起来真正进入到决策者讨论范围之内，也将会有助于提升公众参与食品安全风险沟通的积极性。

① Kim, D K D, Kreps, G L. An Analysis of Government Communication in the United States During the COVID-19 Pandemic: Recommendations for Effective Government Health Risk Communication. *World Medical & Health Policy*, 2020, 12(4), 398 - 412.

第二，营造良好的主体间关系。正如研究者们提出来的，风险沟通需要在多主体之间实现，而有效风险沟通的基础来自于主体之间的真诚与坦诚。也就是只有让沟通者之间形成相互信任的关系，彼此相互信赖，才能够确保风险沟通的顺畅性，也才会有可能达到沟通共识。实现基层食品安全监管风险沟通的有效性，无疑对于不同主体之间的合作共识达成具有积极作用。在能够建立相互信任基础之上的风险沟通，不仅利于达成与社会主体的共识，而且还能够获得监管对象的遵从。若社会主体与公共部门之间对于风险感知存在冲突，那更加需要通过建立彼此相互信任的关系，开展有效的风险沟通，直至缓和以及消除冲突，从而达成共识。为此，我们认为基层监管者需要关注和注意的是，在开展监管过程之前，不可缺少的是与作为对象的社会主体进行充分的沟通。也就是说，尽可能地通过多渠道、多方式让公众知晓关键风险点，并且也将公众对于这些关键风险点的认知重新纳入到考虑的范围。这样就不至于出现，向公众展示的是仅仅代表管理者一方所认为的风险，而忽视了公众的感受和认知。正因为，食品安全风险点确认的过程是多方利益角逐和博弈的，最终呈现出来的也应当是多主体参与之后的方案。这样建立在社会主体完全参与和讨论之后的风险点呈现出来之后，也就更加能够获得社会主体的认同，有关于干预风险的政策举措，也就更能够得到有效遵从。

第三，通过跨界协调与合作，提升食品安全风险沟通效能。面临复杂化的治理难题，打破组织之间的边界，又重新整合组织边界，是集聚不同力量解决问题的创新方式。基层食品安全监管中，无论是作为政府系统内部的行政组织，还是作为市场系统内的市场主体，以及作为社会系统内的社会公众，都是利益相关者。目前不同系统之间的协调与合作仍然存在进一步改善的空间。行政系统内部的不同部门组织由于存在不同的利益边界，会成为阻碍有效沟通实现的壁垒，最终在讨价还价之中达成妥协的方案。但这并非在超越部门利益基础上的以公共利益为方向的协商结果。为此需要在食品安全监管中不同的分管部门之间，明晰各个部门之间权责关系基础上，能够达成有效的协同，能够达成协调联动的机制，促进部门内有效风险沟通的开展。在更大的范围之内，在政府、市场、社会三者之间的协调合作，能够在听取其他组织的意见建议基础上，更好地改进本组织应对风险的效能。正如通过食品安全风险沟通，可以协调不同组织的资源，共同应对风险点。发挥政府的权威性资源，发挥市场的竞争性作用，以及社会的自主治理作用，综合协调作用，能够产生更大的监管合力，以及达到更有效的风险沟通效果。

第二节 “内嵌性监管”的影响：动态变化的监管互动

基层监管组织嵌入到科层组织结构之中，产生了“内嵌性监管”，这一特征产生了动态变化的监管互动。主要表现在监管方式的多变性、监管资源错配、相互信任的监管关系难以形成。具体而言：监管者在执行中交替使用运动式和常规化的监管方式，监管效果出现“短、平、快”的特征；监管者将大量监管资源向大型餐饮企业分配，而对大量存在的中小型餐饮企业进行选择性忽视，这导致了需要政府帮扶的中小型餐饮企业并未获得应有的监管资源，由此产生食品安全水平提升的限度，以及导致了在遵从能力强弱对比悬殊的目标群体之间的监管资源配置的差异；监管方式的多变性也塑造出了监管者与被监管者之间的关系差异，在信任与冲突之间摇摆不定，无法构建出稳定的信任型监管关系。

一、监管方式的变动性：运动式和常规式频繁交替

回应性监管理论提出，监管手段方式的运用伴随被监管者态度的不同出现显著差异。若被监管者配合度较高，那么运用温和的劝说的监管方式；若被监管者的配合度较低，则会采取强硬的惩罚的监管方式。回应性监管理论中揭示的监管者执行似乎是剥离了其他方面的影响因素，主要考虑监管者与被监管者之间纯粹的关系。并且假设监管机构是具有相对独立性的，能够自主决定监管的具体方式。然而，任何一个组织的边界实际上都是开放的，组织的具体行为产生过程以及行为结果均是与客观

环境之间相互交换形成的。基于我国现实中的基层监管实践过程可以透视出，除了受到被监管者是否配合这样的影响因素之外，基层监管执行实践过程中还存在体制性的更深层次的结构性影响因素，一并制约着基层监管行为。基层监管者由于自身的具体执行行为嵌入在这个结构之中，形成了“内嵌性监管”特征。根据对结构化科层组织的不同嵌入程度，监管方式随即也会出现特定的变动性。正如，基层监管执行嵌入到块块部门程度更深的时候，监管者的监管方式相对会强硬。也就是垂直化的监管执行受到科层组织结构的约束性影响越深，那么就会强化监管者的执行，若垂直化的食品安全监管任务受到块块部门的约束相对较弱，监管者往往以柔性的方式开展监管。换句话说，当监管机构未受到块块部门的影响，则主要采取常规化的监管方式；而当监管机构受到其他块块部门的影响时，监管机构会转而采取激烈的非常规的监管方式，也就是采取运动式的监管方式期望在短期内获得效果。这在基层监管实践中有所呈现。

笔者在参与式观察中发现，综合治理任务比较繁重的地区，基层监管机构嵌入块块属地治理的程度较深。区域的经济社会发展程度与综合治理任务之间具有关联性，一个地区的经济社会发展程度越高，那么产生的治理难度相对较小，而一个地区的经济社会发展程度越低，反而带来的治理难度较大。由于在经济社会发展转型过程中，矛盾和冲突会呈现出多元交织的情形，产生的治理矛盾和治理问题也会更多，综合治理任务也更加繁重。所以专业化的监管任务执行更容易嵌入到综合化治理任务完成过程之中。基层监管执行也会更深地嵌入到整个科层结构，以及经常被卷入到地方性的综合事务治理过程之中。正如前文中出现的 NZ 监管所，经济社会生态相较于其他辖区而言，城市化发展水平并不高，还处于从农村向城市发展的过渡阶段，存在众多的城乡接合部地区，产生的环境问题、社会稳定问题都较多。对于此，属地政府开展各种专项整治任务，联合多部门进行治理。主要通过由具有权威性的属地政府通过自上而下层层下发红头文件的方式，争取各个部门的组织注意力。同时为了能够较快达到治理效果，采取了运动式治理方式，加速了治理目标实现的过程。具体从食品安全监管机构而言，同各个部门一起采取联合执法，增强执法的权威性和威慑力。在这种紧急的联合执法情境之下，基层监管机构往往采取快速的行动，选择短时间内能够获得被监管者遵从的执法手段，所以强硬的监管方式成为首选。不同于NZ监管所的经济社会发展生态，CG监管所辖区内的经济社会发展水平较高，基本上已经是处于繁华的商业中心，经济社会各方面都发展得比较有序，而且社会主体和市场主体的自主意识和自主能力都较强，能够较好实现自我治理，不需要政府过多干预，只是在特定时期向社会主体或者市场主体提出一些指导性的意见，而且这些主体也相对能够较好地获得遵从。所以在常规情形之下，基层监管者可以将组织注意力集中在专项化的监管任务，可以减少受到来自块块部门的约束。但若是面临来自更高层级的任务委托，比如需要接受来自区局的综合性的整治任务时，常规化的监管任务执行同样会被打断，同样需要参与到由属地政府牵头的联合执法行动之中。只是说，具体采取的监管方式和监管行为策略方面，并不会采取强硬的监管，如果能够在柔和的监管执行方式下获得效果，便不会选择采取过于严肃和强硬的监管态度。

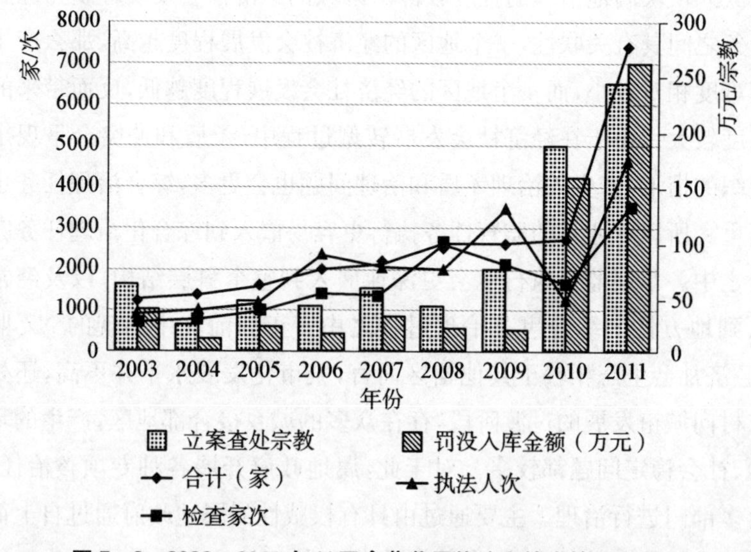

图5-3 2003—2011年H区食药监局执法和检查情况变化图

可以说，监管者的监管方式变化是伴随自身机构嵌入到科层组织结构之中而变化的。尤其是基层监管组织机构是具有典型的人格化特征，组织成员既具有感性也具有理性，受到特定情感驱使的监管者会选择变化相应的监管方式。随着对任务敏感度的判断，以及对市场主体的配合度的综合感知，监管手段出现显著性的变动特征。认为面临的属地综合性任务的紧迫性高于单一化的监管任务时，监管者对目标群体硬化执行监管规则，监管态度和监管行为也表现得较激烈，采取的是相对严厉的监管风格，对违法经营者的处罚力度也会增强。若监管者仅仅需要执行单一化的监管任务时，往往会采取教育型的监管风格，加强对经营者的培训。由此会看到，监管者在变动的任务情境中，选择性使用常规化的监管方式和运动式的监管方式。当我们从一个较长的时间跨度上来看监管者的行为方式时，亦可以发现，现实中的监管者倾向于采取执法和检查交替的监管方式。从图 5 - 3 中可以发现，2003 年至 2011 年间的 H 区食药监出动人员对市场主体检查的家次要远远少于执法人次。表明监管者倾向硬化执法权的行使，相对弱化了日常的温和监管方式。但是仅在 2008 年和 2010 年出现检查的次数却多于执法人次的情况，这分别与当时的毒奶粉事件有关。这也在某种程度上可以说明，在发生全国性的食品安全事件之后，自上而下地增强了政府部门的重视程度，无论是作为条条的食品安全监管部门，还是作为块块的属地政府，都给予高度关注和组织注意力，因而监管的强制性也就随之增强了。

二、监管资源配置差异化：食品安全水平提升的限度与超越

如果说，食品安全水平的提升理应是由各个市场主体的提升程度加总得到，那么监管资源最应该倾斜的对象是那些小型餐饮企业。由于这些餐饮企业的食品安全水平意识较淡薄，可以提升的食品安全空间还很大。如果通过强化监管引导，能够促使这些市场主体提高食品安全水平，那么无疑是能够助力提升整体性的食品安全水平的。然而，在现实中的监管资源分配却是并非如此的。面对数量众多且规范化水平参差不齐的市场主体，监管者选择性地将监管资源向一些规范化水平较高的企业倾斜，相反对于那些规范化程度较低且更需要被重视的经营主体，监管者反

而在监管动力上有所弱化。为什么规范化程度已经做得很好的餐饮企业,监管者还是会不断倾注更多注意力,增强对这些企业的重视程度?原因在于,这些餐饮企业与政府具有较强的合作关系,他们往往是政府外包大型盛会餐饮服务的承接主体。因而政府为了确保盛会举办期间不发生意外情况,所以加大对大型餐饮企业的监管力度,加强对被监管者的检查力度,并且提高要求,以此通过强化监管频次和监管力度,提升大型餐饮企业的食品安全意识,提高他们对于食品安全的重视度,要求务必确保餐饮服务提供方面的安全。

对于监管资源在大型餐饮企业与中小型餐饮企业之间的投放,基层监管者对此做出了一定的阐述,认为现有关于监管注意力的分配应该更加倾向于那些中小型餐饮企业的食品安全问题上。一位基层监管所所长谈到:"领导就是以一百分的标准去看人家,他的标准就特别高了。那我们就觉得的确需要保障,要我们做到完美的保障,那也不太可能做得到啊。我找一个A级的企业给他看,其实人家做得已经是非常好,他还在里面挑刺,那当然也的确有很多需要提升的地方,但是意义何在?就像鸡蛋里面挑骨头。但实际上没有多大的意义。那我们就觉得应该就是把那些差的水平提高。我们有一千多家的企业,把他们往上拉拉分拉到平均分70多分,这样看上去就靠谱嘛,这样就整体保障好。"①可以说,基层监管者的监管执行可以产生的监管效果是无限趋近于满分,在高标准和高要求下可以带来较高的监管效果。所以在这样一种导向下,基层监管者更加关注对大型餐饮企业的重视程度。但是掌握了基层监管实际情形的执行者更加明白,不断向这些规范化程度已经很高的大型餐饮企业提高监管要求,无疑会带来提升限度。因为大型餐饮企业目前的安全水平状态已经是在主体能力范围之内可以达到的了,如果再进行提高,那么有可能超出能力范围之外,打破盈利和安全之间的平衡。此外,在目前的监管力度之下,食品安全是能够被监管者掌控的,是能够对风险进行有效干预的。因此,在基层监管者看来,适合现有实际情况的监管水平才是最好的资源投入状态。另外,就中小型餐饮企业的监管而言,基层监管者认为这

① 访谈对象:CH20180907,H区CG街食药监管所C所长.

些才是需要被监管的重难点所在。正如该所长提到的，这些无论是从现实中的监管任务要求，还是总体上提升食品安全水平，都是需要监管者给予较多监管注意力的。但是实际上，对于这些食品安全水平相对较低的被管理者，基层监管者反而没有倾注更多的注意力资源。那么，为什么这些亟需要监管者关注的却反而没有得到更多的重视呢？那些本身规范化水平不高的中小型餐饮企业，监管者会仅仅限于提升要求而能够达到形式上的合法即可，准许食品经营者开展经营活动。然后通过日常的监督检查来增强提升食品安全的规范意识。实践中基层监管者往往采取介于忽视和强制之间的监管手段。因为在基层监管者看来，即使向管理对象提出较高的标准化规范要求，从客观能力上来说，他们仍然是难以达到的，这是由经营者目前自身具备的能力所决定的，也就是他们的能力限制了在更高水平上提升食品安全水平的可能性。此外，从整个市场竞争发展趋势上来看，这些中小型餐饮企业的经营规模并不大，在激烈的市场竞争中如果没有提升自身的经营水平和经营能力，那么将会面临被淘汰的风险。所以尽管目前来看，加大对这些中小型餐饮企业监管力度，能够提升整体性的食品安全水平，但由于经营主体的存续仍然是一个潜在的问题，所以监管者会考虑到即使将监管精力投放进去，那么也可能会由于激烈的市场竞争难以继续经营下去，普遍存在今年经营，明年不再经营的情况。所以监管者更多维持在一定范围内的监管水平，确保食品安全的底线。

表 5-2 是 H 区在餐饮领域食品安全监管任务执行完成的主要数据，数据覆盖的是 2015 年到 2018 年期间的情况。从餐饮服务单位的总体数量上来看，从 2015 年的 4243 家增长到 2018 年 8 月份的 8182 家，几乎增长接近 1 倍。从量化分级管理工作来看，量化分级的评定率 2015 年是 96.4%，2016 年、2017 年、2018 年均达到了 100%，同时也可以看到的是，食品安全 C 等级数量占所有餐饮服务单位总数的大多数，从 2015 年到 2018 年的占比分别为 81.97%、85.70%、63.29%、64.73%。此外，随着技术的广泛运用，“明厨亮灶”工程被运用到监管实践之中，历年来的完成情况呈现出逐年上升的趋势。与此同时也可以看到，参与完成“明厨亮灶”工程的经营主体基本上是一些大型的餐饮从业单位，比如学校的食

堂、集体用餐配送单位等等。从此表中也再次验证，监管者对于这些相对大型的餐饮企业及单位食堂、学校饭堂等投入更多资源。事实上，这些餐饮企业也正因为规模较大，所以覆盖的消费人群往往较多，承载着更多人群的食品安全，因而需要更多的重视。

表 5-2　2015—2018 年 H 区餐饮领域监管任务执行上报的数据

年度	餐饮服务单位(间)	量化分级管理工作				明厨亮灶情况
		量化分级评定率	A级	B级	C级	
2015	4243	96.40%	70	542	3478	已建成学校视频监控系统 376 间，占全区学校总数的 98%。
2016	7118	100%	124	894	6100	3 家集体用餐配送单位、10 家供餐人数 800 人以上的企事业单位食堂、199 家示范单位已 100% 实施“明厨亮灶”；4809 家社会餐饮服务单位完成“明厨亮灶”，占比 67.6%；学校食堂共有 390 家，皆 100%实施“明厨亮灶”
2017	7312	100%	197	2487	4628	3 家集体用餐配送单位、9 家供餐人数 800 人以上的企事业单位食堂、197 家示范单位和 85 家大型餐饮单位已 100%实施“明厨亮灶”；5275 家社会餐饮服务单位完成“明厨亮灶”，占所有社会餐饮单位的 81.4%；学校食堂共有 399 家，皆 100%实施“明厨亮灶”
2018（8 月 20 日）	8182	100%	213	2673	5296	3 家集体用餐配送单位、13 家供餐人数 800 人以上的企事业单位食堂、197 家示范单位和 124 家大型餐饮单位已 100%实施“明厨亮灶”；6428 家社会餐饮服务单位完成“明厨亮灶”，占所有社会餐饮单位的 84.9%；学校食堂共有 399 家，皆 100%实施“明厨亮灶”

由此看到基层监管者对于辖区内所有目标群体的差异化监管资源分配，会导致一定程度上的监管水平提升限度。这既体现在持续向大型餐饮企业提高监管要求，向其投入更多监管资源可能产生的限度，因为这些市场主体自身可能就已经达到了相当的规范化水平，而需要能够让监管

者也知晓。当然不可否认，随着技术手段的进步，食品安全监管会更加走向透明化、信息化，通过引进监管技术，可以进一步加强对其的标准化和规范化要求。不仅如此，监管人力资源的输出上也存在提升的限度。具体而言，日常监管中，“A”级餐饮企业一年只需要查看一次，而对于那些中小型的“C”级餐饮企业则需要每年查看四次。实际中的“C”级餐饮企业刚开始获准进入市场的经营资质和规范化水平参差不齐，经营者个人素质、经营场地规模、硬件设备上也存在差异，有些会高于进入门槛，而有些刚好达到门槛，甚至有些低于门槛要求，最后由监管者帮助引导改造后达到进入门槛。尽管从实际中来看，中小型餐饮企业接受到的监管检查频次增加了，受到的食品安全意识熏陶也增强了，但是他们对监管规则的遵从能力似乎并未有所提高。那么在没有充分提升食品经营者自身能力的基础上，也就无法进一步对其提出增强食品安全水平的要求。但是，从整个食品市场来说，由于多层次经济发展水平以及传统的独特饮食习惯，食品行业中存在大量中小企业，食品市场仍将由大量中小企业主导。[①] 而我们的监管尽管从制度规定，对大企业的检查力度可以相对降低，但是现实中的监管人员仍然是倾向于不断加大对大企业的监管，弱化对中小企业的监管。这既是由实际中食品市场结构所塑造的，也是由客观上的市场主体能力所决定的。尽管监管者有期待提升中小型餐饮企业的食品安全水平，但仍然受到实际各种情形的约束。当下，不断强调监管力量的下沉，如何既能够增强监管对象的规则遵从能力，又能够让监管资源充分发挥利用的最大化效果，实现监管水平提升空间的最优化。那么，就是需要能够尽量削弱食品市场结构带来的影响，以及从提升从业者的遵从能力上，完善提升食品安全水平的途径。

三、监管关系不稳定性：介于信任与对抗之间

达到理想中的监管效果是需要建立在监管者与被监管者之间相互信任的基础之上，从而形成共同提高食品安全水平的共识。而彼此相互信

① 刘亚平. 中国式“监管国家”的问题与反思：以食品安全为例. 政治学研究，2011(02)：69—79.

任的关系又是需要建立起平等交流的对话基础，能够针对共同的问题展开真诚的沟通，并且通过彼此的协同努力一起参与解决。现实中的基层监管实践过程让我们看到了多样化的监管关系，“内嵌性监管”也带来了监管者与被监管者之间非稳定的监管关系。在前文中，我们看到基层监管实践中，既有合作型的监管关系，也有对抗型的监管关系。这些不同监管关系的产生缘于特定的监管任务情境约束，以及特定的政策目标群体。就“合作型”目标群体来说，与监管者之间具有相对平等的地位，能够构建起平等的交流对话平台，从而形成一种友好协商的沟通氛围。就“抵抗型”目标群体来说，与监管者之间缺乏平等的对话基础，也就难以达成一种可以相互坦诚沟通的平台。在具体监管实践中，呈现出了监管者与不同监管对象介于信任与对抗之间的监管关系。

监管者与被监管者双方之间关系的产生又是取决于监管者所采取的监管方式。由于纳入监管的食品经营者市场主体数量庞大，因而需要结合监管的具体实际情形选择对监管规则的调适性遵从。时而对监管对象采取温和的方式，时而对监管对象采取强硬的监管态度。在监管者与被监管者之间由此形成了多变的关系。那么监管者对规则执行态度的非一致性，不仅会破坏监管规则本身的严肃性，而且也会导致被监管者对规则本身认知的偏误，对监管规则内容缺乏完整性的感知，进而弱化监管规则在管理对象心中的权威性。因为只有让被监管者完全知晓并且接受相应的监管规则，才有可能较好地执行监管规则，也才有可能较好地获取监管对象对规则的遵从。否则，没有让被监管者知晓和明确监管规则的前提下，要去约束和规制被监管者，那么将会遭遇被监管者的抵抗，尽管是一种无声的抵抗。比如被监管者选择采取隐蔽的方式，抵制监管要求，不配合执行监管要求。从表面上看两者之间的监管关系并没有任何冲突性，然而却埋下了被监管者不选择与监管者合作的隐患。此外，若监管者行使自由裁量权是朝向软化监管规则执行的方向，即尽管是发现了存在的问题，但是对被监管者采取宽容的态度。若监管者并未认同也并未内化监管规则，将会有可能导致被监管者继续无视监管规则。当被发现存在同样的问题时，仍然寄希望于相同的解决路径，而并非思考如何更好地履行监管规则，这样就难以增进被监管者对监管规则的遵从，也会导致被监管者对监管规则严肃性的忽视，更加不利于构建起相互信任的关系。

因此，尽可能将监管双方之间不和谐的监管关系进行调适，尽量朝着相互信任的监管关系发展，则是既能够提升监管效能，又能够营造和谐的监管关系的路径。正因为食品安全监管政策的有效执行，需要政策执行者与目标群体之间的相互信任。政策目标群体对政策执行者不信任，将会产生逆向反应，可能导致他们拒绝接受本来可以接受的政策信息。[①] 信任能够成为减少社会主体之间交往的复杂性，节约彼此的交流成本和沟通成本，发挥润滑剂的功能，减少社会运行的成本。我们也认为，在现有的食品安全监管政策执行过程中，发生监管者与被监管者难以对监管规则都遵从的主要原因是，目标群体对监管执行者缺乏信任，进而难以对监管产生认同感。目标群体尤其担心自身会受到来自监管人员的处罚，所以会对监管人员产生恶意。面对这种情况，如果监管人员不加以耐心解释，而是硬化规则执行，那么可能还会加剧监管对象的对抗心态。如果监管人员理解和同情底层百姓的生活，策略调适监管行为，进行沟通和指导，不仅能够搭建起相互信任的关系，而且可以获得较好的监管效果。可喜的是，我们从实际监管情境下看到了基层监管人员正在调适自身的政策执行行为，并且正在努力构建起与被监管者之间的相互信任的关系，尽管目前来看只是与小部分的被监管者达成了这样的关系，但是我们有理由相信，在不久的将来，将会能够实现监管双方的“监管型伙伴关系”构建，从而共同提升食品安全监管的效能。

第三节　“内嵌性监管”的深化：增强基层监管执行效果

总体而言，特定体制和结构性环境约束下的基层监管行为呈现出“内嵌性监管”特征，这为进一步提升基层监管执行效果提供了深化的空间。在此特征背景下，我们探讨增强基层监管执行效果何以能够的问题。首

① 丁煌.浅谈政策有效执行的信任基础.理论探讨，2003(05)：91—93.

先，界定基层监管执行效果的评价范围，而后分析影响执行效果的因素，最后再进一步提出增强基层监管执行效果的路径。

一、达到预期监管目标：基层监管执行效果的评价维度

基层监管执行的过程也就是政策执行的过程，有关监管执行的评价也可归纳到政策执行效果的评价。对于政策执行效果的评价，可以从两个方面展开，既包括政策执行者的执行程度也包括政策目标的实现程度。关于前者，最为经典的是查理德·马特兰德(1995)提出的政策执行“模糊—冲突”框架。从政策的模糊性和冲突性构建起了四种不同政策执行类型：行政性执行、政治性执行、试验性执行和象征性执行。四种类型的具体执行结果又受到不同因素的影响。行政性执行的效果主要受到“资源”的约束，在执行资源丰富的情境下，执行的效果会比较显著；政治性执行的效果由“权力”决定，执行者具有较强权力，往往能够增强执行效果；试验性执行的结果主要受到具体试验“情境”的影响；象征性执行结果则更容易受到“地方联结力量”的制约。[①] “模糊-冲突”的政策执行框架，更加细致地描绘出了具体政策执行中的多种模式特征，并且提取出若干针对特定政策执行效果的影响因素。可以说，政策执行结果是复杂的，并且是动态的，单一化或者静态化思维对政策执行效果的评价都将会不合时宜，因而需要动态化的评价方式。

关于后者，赵静(2022)综合选取了两个不同维度，分析政策执行协商产生的效果差异，同样选取了政策属性变量，分析了政策属性如何影响政策效果，也就是政策执行效果差异的影响因素。具体做法是从政策属性中提取出政策裁量性和政策反馈性两个不同变量，得出政策执行协商机制产生四种不同效果类型：政策结果调试、政策结果偏移、政策结果见效、政策结果失败。政策裁量性由政策属性决定，指的是执行者推行政策中能够和可以裁量的空间和事项。政策执行者能否有效获得反馈情况主

① MATLAND R E. Synthesizing the Implementation Literature: The Ambiguity-Conflict Model of Policy Implementation. *Journal of Public Administration Research and Theory*, 1995,5(2): 145 - 174.

要由政策属性决定。政策反馈性指的是执行者推行政策过程中获得目标群体的反馈，并与之协商的能力。两者相互组合，产生的第一种政策效果是政策结果调试，这种政策效果能够塑造具有较大容错空间的协商结构，充分吸纳目标群体反馈，弥补和修正决策质量不佳，但同时又会因过多妥协目标群体诉求，损耗初始政策目标，最终的政策效果呈现渐进调试。第二种是政策结果偏移，则是指执行者从本地利益角度调整对决策的落地方案，在可推行的目标群体中推动政策实施，最终的政策效果是政策结果偏离了原有目标。第三种是政策结果见效，则是执行者能够控制目标群体，从而能够达到想要的执行力度。影响政策效果的唯一因素便是执行者忠实执行政策的程度，即政策目标是否损害了执行者的潜在利益，以及最终的政策效果反应的是对政策目标的实现程度。第四种是政策结果失败，意味着政策对象可控性小、利益可嵌入少，执行协商能力在自利性和代理者之间都受到制约。由于执行能力不足或目标群体抵制，进而会导致政策目标损耗巨大，甚至在决策质量不好的情况下，有可能产生出最为糟糕的政策效果(表 5-3)。[①]

表 5-3　执行协商政策效果的综合解释：政策裁量与反馈模型

<table>
<tr><th colspan="2" rowspan="2">执行协商</th><th colspan="2">政策反馈性
(信息分散性，对象受控性)</th></tr>
<tr><th>反馈可得性(高)
信息集中，受控性高</th><th>反馈可得性(低)
信息分散，受控性低</th></tr>
<tr><td rowspan="2">政策裁量性
(政策潜在解，利益嵌入性)</td><td>裁量可行性(多)
潜在解多，利益嵌入多</td><td>政策结果调试</td><td>政策结果偏移</td></tr>
<tr><td>裁量可行性(少)
潜在解少，利益嵌入少</td><td>政策结果见效</td><td>政策结果失败</td></tr>
</table>

政策效果的产生需要依赖政策质量和政策执行的共同作用。[②] 政策

① 赵静. 执行协商的政策效果：基于政策裁量与反馈模型的解释. 管理世界，2022，38(04)：95—108.

② 胡春艳，张莲明. “好”政策的执行效果也好吗？——基于容错纠错政策的实证检验. 公共行政评论，2021，14(03)：4—23.

质量的不同与政策执行之间的不同组合，将会产生差异化的政策效果。可以说，政策质量是比政策属性更加具有价值判断的概念，但是相当程度上是代表着某部分群体的价值判断。或许对部分人认为是一项好的政策，但是对另外一部分来说则未必是好的政策。因而从政策质量的好坏出发来评价政策效果，存在特定的偏误。与此同时，若要达到好的政策质量，那么需要政策制定者能够拥有完全理性，这是相当困难的，更多情况下是基于有限理性制定出来的政策。因而，提升政策效果需要能够借助于执行阶段，对好的政策质量，政策执行可以为提升政策执行效果提供保障，对于不太好的政策质量，通过政策执行阶段可以达到修正政策本身的作用，从而可以达到较好的政策效果。从政策属性上来说，可以分离出政策属性的具体内容，从而可以相对客观地分析对政策效果的影响过程。然而，从政策属性到政策效果的逻辑链条中间，发挥重要作用的仍然是政策执行，通过特定的政策执行可以判断是否能够达到预期的政策目标。

事实上，基层食品安全监管者的特定执行行为也就是一项政策执行的过程。监管者是执行特定的监管政策，从而希望能够达到特定的政策预期目标。从政策质量本身角度而言，食品安全监管政策主要包括各项法律法规以及规章制度，是一种规制性的监管政策。如果是从公共利益角度而言，那会被认为是一项好的政策，但是若从经营者而言，则有可能不被认为是好的政策，因为遵照规制性要求会带来成本的增加。因而执行者获取目标群体的遵从与配合是政策目标实现的关键，也就是说目标群体的反馈性会深刻地影响到政策效果。那么如果需要达到特定的政策目标，获取目标群体的遵从就成为了关键内容。此外，从政策属性的角度而言，食品安全监管政策具有冲突性、也有模糊性，同时又有可裁量性和某种程度上并不能够产生作用的对象反馈性，因为对象的反馈性并不能够作用到对政策的修补上。我们更多看到的是，大多数基层监管都是发生在执行一线上，是由街头官僚开展对政策的执行，所以面临与具体监管情境相冲突的，或者是模糊的政策，街头官僚开展变通执行的策略，开展策略性的基层监管行为，从而能够完成自身任务目标以及尽可能达到政策目标效果。如果从完成任务的情况来看，街头官僚都能够完成大体上的任务要求，能够对上级的任务委托进行较好的执行。如果从达到的政策目标来看，目标群体短期内的政策遵从是可以的，但是并非可持续的，也就是目标群体没有从短期遵从变成长期遵从，这同样会带来政策效果的非可持续。

二、从内部行动者到外部互动：基层监管执行效果的影响因素

尽管执行者心目中都明白最终目标要求，但是在执行过程中就会有可能出现偏差，这已经是一种常见的执行现象，那么执行偏差作为一种政策执行效果的呈现，对其内部原因的探讨已经有过诸多的讨论。从公共政策执行研究的发展阶段来分析政策执行效果影响因素的话，“自上而下”政策执行模型认为政策执行结果是取决于制定者的政策设计。后来发展起来的“自下而上”政策执行模型则注意到自由裁量权的问题，认为政策执行者是能动的行动者，并且可以重新塑造政策。[①] 至此，学者们围绕政策执行影响因素展开分析。一方面，从行动者角度而言，政策执行者个人拥有的权力和能力成为重要因素。执行者拥有自由裁量权，能够重新调整政策，从而有选择地执行政策。[②] 此外，政策行动者拥有的能力大小直接影响政策执行的成效。若无法拥有能力应对执行过程中的各方面压力，就有可能导致政策失败的发生。[③] 当然，政策执行者作为行动者个体，无论是其职权大小和能力大小都受到组织内体制环境所塑造的结构性因素的制约。如陈家建等(2013)提出执行过程中多主体为各自利益展开的博弈，会导致政策失去原有的目标，最终会导致政策失败。[④] 科层组织内部不同机构相互重叠，如果彼此之间权责不清晰，那么也会阻碍政策的成功执行。[⑤] 另一方面，从政策执行互动角度来看，执行过程是由执行

① 涂锋.从执行研究到治理的发展：方法论视角.公共管理学报，2009，6(03)：111—120.

② Tummers L， Bekkers V. Policy Implementation， Street-Level Bureaucracy and the Importance of Discretion. *Public Management Review*，2014，4：527－547.

③ 杨帆，王诗宗.基层政策执行中的规则遵从——基于H市5个街道的实证考察.公共管理学报，2016，13(04)：53—64.

④ 陈家建，边慧敏，邓湘树.科层结构与政策执行.社会学研究，2013，28(06)：1—20.

⑤ Sabatier P， Mazmanian D. The Implementation of Public Policy：A Framework of Analysis. *Policy Studies Journal*， 1979， 4：538－560.

者和外部系统不断互动的空间环境中展开的。所以需要从执行者与外部其他主体之间的互动过程来阐释政策执行效果，也就是说外在于政策执行者本身的其他因素会影响政策执行效果。如果客观存在的外部因素是有利于政策执行的，那么政策执行者就可以把这些因素视为是潜在的资源，如果能够争取得到并且很好地加以利用，那么就能够正向作用于政策执行效果。如果外在于执行者存在的外部因素并不是有利于政策执行者的，如果不能够更好地加以规避和制约，那么将会负向影响政策执行效果。因而执行者对外部环境的策略运用将会影响到其政策执行的效果。正如已有研究中认为如果政策执行者能够充分调动其他外部相关部门的积极配合，那么将会产生较为理想的执行效果。[①] 若执行者能够获得来自社会网络中的支持，那么就能够助力于政策执行的成功。[②]

回到基层监管执行过程中，从执行机构内部来看，基层监管者行动的产生既缘于具体的监管制度，也缘于特定的监管执行结构。在不同的监管执行场景之中，食品安全监管政策目标以及具体做法是否能够达到，是由监管政策是否符合实践情境决定的。可以发现的是，在面对大型食品餐饮企业时，监管政策目标是能够被实现的，但是在面对小型餐饮企业时，那些制定的政策目标又是难以实现的。因而对于政策目标的制定也会因政策对象的不同表现出差异化。面对于能够达到监管目标的对象，政策执行者会完全执行，而面对未能够达到监管目标的对象，政策监管者选择性执行。戴治勇、杨晓维（2006）研究执法者在不同时期针对不同案件有选择性地采取不同的执法强度。既有执法不严，也有过度执法、以政策替代法律的问题，称为选择性执法现象，并将其认为是作为执法主体的政府面临情势变化，为降低包括间接执法成本和间接损害的总成本，运用剩余执法权以保证实现其政治、经济及社会目标的结果。[③] 在这个角度而言，选择性执行被认为是服务于政策目标的实现，以及降低执行成本而

① 郑石明，雷翔，易洪涛. 排污费征收政策执行力影响因素的实证分析——基于政策执行综合模型视角. 公共行政评论，2015，1：29—52.

② Zhu L. Voices from the Frontline：Network Participation and Local Support for National Policy Reforms. *Journal of Public Administration Research and Theory*，2016，2：284－300.

③ 戴治勇，杨晓维. 间接执法成本、间接损害与选择性执法. 经济研究，2006(09)：94—102.

来的。也就是说，对于选择性执行的价值判定，需要依据执行者的意图，是否在于达成政策目标以及能够节约执行成本的角度来做具体判定。此外，由特定的条块特征塑造的基层监管体制环境，对于食品安全监管政策的执行同样具有不同的影响。块块权威性作用下，反而能够激发出条条对任务的执行，从而能够达到预期要求的政策目标。在条条任务情境之下，基层监管者拥有的自由裁量权要比在条条任务情境之中更小，因而可以执行相应的监管政策。陈柏峰(2015)介绍了体制性因素对执法过程、执法行为的影响，以及执法者的行为选择是如何受到体制环境制约的。由于条块之间的分割，导致执法矛盾产生，同时也带来了诸多执法困境，甚至是执法效果的困境。如大量执法资源注入却收效甚微，违法行为仍然存在，执法机构内部存在“孤岛效应”，由于科层体系内部不同机构缺乏有效合作，难以使得法律和国家意志被贯彻，从而出现了执法损耗。[①] 基层执法机构受到党政体制的影响，或者说是党政体制塑造出了特定的执法过程。执法机构分别受到条条和块块两个维度的塑造，既表现为执法工作在条条中予以推进，但当出现难办的时候块块予以回应。[②] 由此说明了我国执法活动不可脱离条块制度的关系背景。刘杨(2019)也指出执法体制具有结构性的内部张力，但不同的是，这种张力会阻碍体制合力的形成，且条块冲突的存在，使得执法机构容易受到地方治理需求和偏好的影响，执法部门的职能行使受到地方党委和政府的压力，发生职能混乱，以及由于“条”部门被“块”的地方政府所节制，执法部门基本处于劣势，这些都导致执法地方化问题。[③] 条块之间的关系除了常态化情境下的分割化关系，同时还存在条块结合关系。曹正汉与王宁(2020)认为条块之间的结合由分别承担的任务冲突决定。在不同冲突程度的任务状态下，条块之间关系存在不同程度的冲突性，若彼此任务冲突上升，则推动条块结合程度下降，反之也会推动条块之间结合程度的上升。[④] 所以从体制性

① 陈柏峰.城镇规划区违建执法困境及其解释——国家能力的视角.法学研究，2015，37(01)：20—38.

② 陈柏峰.党政体制如何塑造基层执法.法学研究，2017，39(04)：191—208.

③ 刘杨.执法能力的损耗与重建——以基层食药监执法为经验样本.法学研究，2019，41(01)：23—40.

④ 曹正汉，王宁.一统体制的内在矛盾与条块关系.社会，2020，40(04)：77—110.

环境和结构化张力的角度来看，并不能单一化地认为会导致执行失败或者带来执行成功，而是需要回归到具体的实践执法场景背景之下。尽管无论是体制性的还是结构性的影响因素都是客观存在的，但是如果过多关注客观存在的体制环境，而忽视作为主体的执法者，那么将无法较为全面深刻剖析出执法者的具体行为。将体制环境视为研究对象，而忽视受体制所影响的执法者的反应与行为选择，那对现实情境的刻画是不深刻的。因而需要更多探讨的是，厘清执法者在特定不同情境之下的具体执法策略和执法行为，以及观察执行者如何在复杂的充满矛盾的环境之中运用策略完成目标。正如有学者提到"镜头下执法"，在面临由当事人和围观群众对执法人员和执法过程进行公开半公开录音录像时，执法人员产生的策略也将是不同的。①

尽管政策效果的达成仍然以执行者的执行情况作为关键，执行者面对的内部环境特征影响到具体执行效果。与此同时，作为外部环境而言的其他个体或者组织，仍然影响具体执行的情况。一方面，从执行者与其他部门的联合情况会影响到监管执行的效果。当然在大多数联合行动的情形之下，基本上能够实现食品安全监管部门与其他部门之间的联合，这也就增强了监管执法者的权威性，从而能够增强监管的威慑力量。但是这些联合行动大多数情况下是由辖区内政府作为牵头部门联合起来的，所以能够形成的联合力量往往比较强，同时也不具有稳定性和持续性，因为一旦治理任务完成，那么部门间的联合关系就会解散。如果曾经联合起来的部门在经解散之后再重新联合，那么就会相对比较困难。因为另外一个部门会认为这个并不是自身职责范围内的事项。所以争取到稳定的能够形成持久性合作的其他部门力量必定能够增强本部门的具体执法力量，那么就需要能够在形成联合力量的同时，实现联合关系的进一步巩固。既需要依靠地方政府有效协调起联合监管的协同过程，同时也需要能够搭建起联合的平台。依托特定的组织载体来进一步保障监管执行者协同其他部门力量的作用。另一方面，政策对象也就是目标群体同样约

① 邱雅娴."镜头下执法"现象的生成逻辑和警务应对策略.中国人民公安大学学报(社会科学版),2019,35(02)：111—119.

束政策执行的效果。其中主要取决于目标群体对政策的遵从程度，若遵从度较高，那么政策执行的效果就相对较高，若遵从程度较低，那么政策执行的效果就会相对较低。正如在具体监管实践情境之中的被管理对象，其实是作为政策的主要对象而存在。这些政策内容既有发展型的监管政策，也有约束型的监管政策。政策对象对于政策的认同程度并不一致，从而达到的政策效果也就必然会不一样。我们依据具体的监管情境，对目标群体做了特定的分类，既有遵从配合的，也有不遵从而抵制的，最终达成的效果，往往是那些配合监管情境中的效果要好过于不配合监管情境之中的效果。面对众多的经营企业，需要让企业发挥市场主体的作用，带动本地区经济的发展，与此同时，既需要对其进行扶持，也需要进一步加以完善监管，从而弱化企业违背监管规则的动机。不仅是通过强有力监管，让企业树立起不能够违法经营的理念，同时也需要在政策制度设计上让企业不敢违法，以及无漏洞可钻。除此之外，目标群体的遵从态度作为一种心理现象，执行者首先需要知晓政策对象的主观感知。无论目标群体是对政策本身还是对政策执行者的感知，关键需要获取政策对象的认同感，进而才能够有可能获得遵从，从而能够获得较好的政策执行效果。所以说政策对象对政策执行者或者政策本身的信任将会在很大程度上决定他们是否会采取遵从的态度，而这也就成为影响政策执行效果的关键。

三、行为策略与方式创新：基层监管执行效果的提升路径

影响监管政策执行效果的因素已经明晰出来，为了进一步提升基层监管执行效果，探索可以选择的提升路径。在已有讨论之中，面对体制性环境的约束，政策执行者采取特定的行动策略，化解刚性体制因素造成的约束。崔晶(2022)深入基层调研发现，为应对基层政策实施过程中存在的政策不接地气、政府部门不协同等困境，基层政策执行者会采取适应性执行策略，具体包括“基于公共服务意愿的努力完成＋拼凑应对”“先应对再整改＋借力上级督察”的适应性执行策略。这些策略能够缓解基层治理的组织困境，促进基层治理的灵活性和韧性，是一种更为积极主动的执

行策略。[①] 政策执行者个体的能动性和裁量权作为一项影响因素，可以是正向影响政策执行效果。关键取决于执行者如何使用以及因何使用自由裁量权。对于以完善公共服务和突出公共利益为出发点的能动性作用发挥，无疑是能够有效提升政策执行效果的。而如果是为了逃避责任采取的不积极主动行动，有可能会降低政策执行效果。所以如果从执行者个体行动策略角度来看，那么具体的提升路径主要包括：一是政策执行者需要明晰和坚定政策执行的核心价值。只有在正确的执行理念基础之上，才能正确引导执行者采取合适且恰当的行为。也能够确保执行者采取的策略行为不会偏离正确的轨道。所以执行者始终坚定公共利益，围绕公共价值进行的策略行动，可以较好地执行公共政策，并且能够达到公共政策目标。二是执行者行为策略选择是适宜的，也就是说选择的行为策略是能够符合实践情况，并且是能够让政策对象可以接受的行为策略。因为策略选择是否能够具有有效性，主要看的标准是能够达到使用者的目的，以及这样的策略运用是否是成功的，也就是策略本身是否能够实现。所以行为策略的使用，需要的是能够契合具体的实践情形，以及针对特定的对象选择采取适宜的策略。也就是选择的策略是不能够脱离实际情况，而且是强制性要求与政策内容相一致。

如果我们将行动策略选择放置在多层级结构之中进行考虑的话，可以理解为作为政策执行委托方的上级部门为了能够获得政策执行效果，采取特定的行为，对下级执行者进行控制和约束，产生了来自上级部门的行为策略。李辉(2022)认为上级部门通过“层层加码”的行动策略，能够反制政策执行衰减，增强政策执行的效能，并且剖析出了“层层加码”在其中发挥作用的五种特定作用机制。第一，“逐层清晰机制”，通过加码可以将政策目标清晰地分解，从战略层面的总体目标到管理层面的一般目标，再到操作层面的具体目标。第二，“能量追加机制”，认为主要通过综合运用多种“加码”方式，有助于政策执行过程中组织能量的综合追加。第三，“冗余预留机制”，指的是对上级下达的任务做适当的“加码”处理之后再

① 崔晶. 基层治理中的政策“适应性执行”——基于 Y 区和 H 镇的案例分析. 公共管理学报，2022,19(01)：52—62.

传递给下级，实际上为下级执行政策预留了讨价还价的冗余空间，从而确保每一级接受上级下达的任务时，能够保质保量地完成。第四，"注意竞争机制"，是针对下级在时间有限、注意力稀缺的情况下，难以兼顾所有上级（部门）派发的所有任务，而只能集中完成某些"重要"任务，策略性地忽视其他任务，所以，上级部门为了确保本级、本部门政策目标的实现，"加码"成为上级争夺下级注意力的有效手段。第五，"结果倒逼机制"，"层层加码"对不同层级实施有效控制，以对结果的高要求和强管控，激发执行部门的潜能，从而间接达到政策控制的效果。[①] 上级部门实现监控下级部门履行职能，监督下级完成政策目标。我国存在的多层级治理结构，几乎每一个上级都需要通过加码来确保下级部门是在履行本部门职责内的事务，所以向直属下级进行加码就构成了主要的操作方式。那么从上级的行为策略使用来增强政策效果方面，可以选择的提升路径在于：第一，出于理性人的考虑，作为代理方的执行者对于委托方的要求并非不折不扣地执行，而是会选择性执行，这也正是政策执行偏差的根源所在，即两者之间的信息不对称。所以上级部门通过强化控制的行为策略，加强对下级部门的制约。第二，与作为约束性的控制相反，上级行动者采取激励的措施，能够激发起下级部门的履行职责的积极性和主动性，以强化激励来提升政策执行的效果。其中的考核激励便是重要的一项举措。以此通过正向和负向的两个方面，能够达到提升下级政策执行的效能。

如果说执行主体的行为策略是应对体制环境采取的一条面向内部路径的话，那么如果我们将视角放在政府系统外部，还可以选择方式创新路径来提升政策执行的效果。第一种方式在于借助外界非政府力量来达到政策执行目标。鹿斌、沈荣华（2021）研究了村委会组织在政策执行中发挥"逆向动员"的作用，即在基层政策执行中，上下沟通、政民互动从而达到消解政策执行中消极因素的效果。村委会采取由下而上的行动策略，实现压力、问题向上转移，从而迫使上级政府或部门了解政策执行现状、

① 李辉."层层加码"：反制科层组织执行衰减的一种策略.中国行政管理：1－7[2022－05－12].http：//kns.cnki.net/kcms/detail/11.1145.d.20220331.1450.002.html.

明白政策执行痛点，反思并修改政策规定的条款内容，以达到对下级政策执行的理解与支持。[①] 同样是发挥中间组织作用的基本做法，我们还可以选择社会组织来达到相应的效果。刘志鹏等(2022)认为一项政策若是需要达到预期目标，则不仅需要关注政策执行主体，还需要关注政策目标群体。因为只有通过引导民众遵从政策、逐步消解政策冲突，才能够促进政策的顺利执行。然而在具体的政策执行过程中，政府为代表的政策执行主体经常使用传统的强制性手段，会导致效果并不理想，民众不一定选择遵从。然而，但社会组织参与之后，通过引入协议保护机制的方式，破解了这一难题。社会组织利用“理性人”的短期经济计算吸纳关键群体，又利用“行为人”的社会属性，带动其他普遍民众，以此实现民众政策遵从。[②] 由社会力量组成的组织已经逐渐在政策执行中发挥不可或缺的作用，社会组织具有不同于政府组织的天然优势。上述文献展现出来的就是社会组织在政策执行以及治理问题解决中发挥的不仅仅是“拾遗补缺”的作用，而是一些更加具体，更加实际的作用。所以，充分发挥社会组织的功能成为提升政策效果的一条新路径：第一，向社会组织开放更大的参与空间以及提供更加广泛的参与平台。尽管社会组织发展水平存在差异，不同社会组织的功能和作用发挥程度不同。但仍然不缺乏一些发展能力较强的社会组织，通过发挥专业优势，在政府和社会公众之间搭建起沟通和对话的桥梁，从而在化解冲突中利用其独特的优势发挥作用。所以地方政府可以适当地向社会组织开放参与空间，以及与社会组织之间开展对话，交流政策实施过程中遇到的难题与困难，从社会组织角度试图寻找到新的破解方式。第二，提供更多参与机会的同时，培育参与能力。社会组织理应是作为一种力量参与到治理实践之中，所以能够发挥参与作用的前提是社会组织自身拥有的能力。能力越强，社会组织参与到治理场景中的机会就越多，参与的程度也越深，达到的参与效果越显著，磨合政策执行中产生的冲突性作用效果就越明显。所以既需要能够主动吸

① 鹿斌，沈荣华. 逆向动员：基层政策执行中的行动策略——基于苏南CT村“四好农村路”政策执行过程研究. 中国行政管理，2021(10)：123—129.

② 刘志鹏，康静，果佳. 社会组织：民众政策遵从的催化剂——以宁夏云雾山自然保护区为例. 公共管理学报，2022，19(02)：106—116.

引社会组织参与，同时也需要能够进一步为完善社会组织的参与提供更多途径和资源，此外还需要准确定位和分析社会组织在参与过程中的作用发挥空间。让社会组织在特定的空间内发挥其特定的作用，从而与政府主体一同形成政策执行合力。

第二种方式是通过手段创新提升政策执行的效能。新技术手段的运用为一些难题的破解寻找到新的解决路径，在政策执行领域也不例外。张楠迪扬(2022)通过对北京市12345市民服务热线的研究，认为其在破解政策执行中“信息不对称”的问题提供了新的解决思路，能够有效提升全市范围内各级政府的回应能力。因为服务热线构建了信息发现机制、信息下达机制、信息上传机制、压力感知机制，当这四个机制同时发挥作用的时候，政府对市民诉求实现了近乎“全响应”的回应效果。通过服务热线，联动社会力量，在行政执行系统外部搭建信息循环机制，形成“政策执行靠内部、信息发现和回馈两端靠社会”的信息闭环机制。[①] 信息技术作为一种手段，不仅搭建起政府内部之间的信息流通渠道，而且连接起了政府与公众之间的联系互动，从而保障信息在传递过程中的有效流动，以信息流动来促进政策的有效执行。运用数字技术手段，也必将对传统政策执行范式产生冲击，打破原有的部门间壁垒将成为可能。技术手段承载的信息共享也将会使得部门间的沟通更加便捷，能够更加快速展开沟通和交流，从而更有助于形成部门内的组织合力，为此，通过技术化手段来提升政策执行效能，让技术实现赋能政府运行，成为一条重要的可选择路径。

综上而言，从执行者内部视角的行动策略和执行者外部视角的方式创新，能够为我们提供一个可供选择的提升基层监管执行效果的框架。一方面，基层监管者出于适应治理情境的因素考虑，对于刚性的监管规则和监管要求选择调适性执行，这样可以在一定程度范围内获得政策对象的接受，从接受政策执行者转向接受政策本身。另一方面，当监管者采取的行动策略无法奏效的情况之下，转而向组织外部力量求助。比如通过借助于食品行业协会、基层自治组织等社会力量，一同向政策对象开展策略性的

① 张楠迪扬.“全响应”政府回应机制：基于北京市12345市民服务热线“接诉即办”的经验分析.行政论坛，2022，28(01)：78—86.

动员行动，以此消除政策对象可能存在的不信任和疑虑。最后一个方面，技术实际上作为一个保障性因素，通过数字技术手段，加强基层食品安全监管者与经营者之间信息沟通，确保沟通及时性和有效性，进而能够逐步向管理对象传播食品安全知识，并将其内化为经营者心中的重要理念。

第六章　结　语

第一节　主要结论

食品安全监管作为政府的一项重要职能，其职能履行依赖于基层监管者的有效执行。从我国食品安全监管体制安排上来看，我国的食品安全监管机构并没有采取独立性的设置方式，而是因地制宜地采取嵌入地方机构的设置。这体现了我国食品安全监管机构设置区别于西方国家的独特性。与此同时，食品安全监管机构采取的以专业性嵌入综合性的设置方式，进一步深刻影响到基层监管者的具体监管行为选择，而具体监管行为也因受到特定的食品安全监管设置方式的影响，呈现出显著的调适性遵从的特征。具体而言，行政组织的"条块"结构不仅成为地方政府执行监管政策的制度特征，而且对监管执行产生了既有约束性也有促进性的双重作用。尽管这会削弱食品安全监管执行的中立性，但也增强了基层监管政策执行的适应性。本书主要以基层监管者为研究对象，以监管行为作为分析单位，深入分析监管者的具体监管行为特征，得出以下几点结论。

一、分析情境维度下的基层监管执行

Tirole(1994)曾指出，政府组织与企业组织不同，因处于多任务环境之中，面临着不同的任务来源渠道，不同任务的衡量标准以及对任务执行

的结果判定都呈现出不同。[1] 基层监管执行者作为国家力量在地方的代理人，既受到条块科层结构约束的影响，又受到属地政府的行政控制，还受到上级职能部门的业务约束。基层监管者并非独立化执行监管，而是受到来自宏观方面的科层组织，中观层面的监管任务特征以及微观层面的监管目标群体的复合性情境的影响。监管行为产生于这些因素的综合性作用，并在各个因素的约束性影响中寻求平衡。本书归纳和提炼出了基层监管执行者面临的目标群体类型，认为具有“合作型”“抵抗型”“服从型”“应付型”等不同遵从特征。那么针对目标群体的不同遵从度特征，监管者在不同激励特征下的任务情境中，开展差异化执行，进而能够获取监管对象的遵从和监管目标的实现。

二、面向目标群体的食品安全监管行为策略

面对多任务委托和单一化资源的市场监管执行者，在不同的任务与目标群体之间进行策略性组合，进而分配监管组织的注意力。委托任务的复杂性和目标群体异质性的综合作用下，形塑出了监管者执行过程中调适性遵从的行为策略。任务敏感性的高低与目标群体的遵从度的强弱不同对比组合下，监管执行行为分别呈现出了四种调适的不同结果，即协商式监管、强制式监管、关照式监管、督促式监管，四种监管行为分别带来了差别化的监管绩效。高任务敏感度与目标群体的高遵从度下，监管行为呈现出协商式的特征，监管者与被监管者能够较好地遵从监管规则，且能够较好地执行标准化制度。在相同高任务敏感度下，若目标群体的遵从度较低，监管行为呈现出强制式的特征，获取被监管者的被动遵从。而当任务的敏感度较低，目标群体的遵从度较高时，监管行为呈现出关照式的特征。反之，若任务的敏感度较高，目标群体的遵从度较低时，监管行为呈现出督促式的特征，重视对被监管者日常经营过程的检查，强化对被监管者遵从监管规则的引导。

---

① Tirole J. The Internal Organization of Government. *Oxford Economic Papers*(New Series), 1994. 46(1): 1-29.

三、探究监管行为产生的体制根源

基层监管机构嵌入条块结构中，使得食品安全监管执行受到整个政府组织体系的重塑，出现了监管权威分散化，监管职责碎片化的问题。与此同时，地方政府的权威性，也进一步强化了基层监管能力。当面临具有高度权威性的任务时候，原先并未遵从监管规则的目标群体被重新建构进入任务之中。具体来说，在日常监管中，监管者选择对被监管对象“睁一只眼，闭一只眼”，当具有更高权威性的属地政府任务来临的时候，监管者选择采取实质性的监管措施，硬化执行监管规则。进一步剖析监管者的行为策略，我们认为调适性遵从策略的产生，根源在于基层监管机构嵌入更加庞大的科层组织结构之中，形成“内嵌性监管”，带来了基层监管组织的功能边界被不断分割，基层监管的目标被科层化目标所重塑，基层监管的规则被科层激励所置换。在不断变化的监管任务与科层组织任务之间的权威性强弱的变化中，监管行为呈现出了明显的调适性。

我国基层监管执行者对不同监管遵从取向的被监管者采取不同的监管手段，并非如回应性监管理论中所认为的依据的是监管对象的具体情况，而是由特定条块结构中的组织任务的约束性所决定的。我国监管执行者的行为变异，不同于西方国家建立在被监管对象的配合程度基础之上，而是主要来自于科层体制内的不同任务建构的权威性。在不同任务环境中监管者面临的任务情境不同，在条条委托的任务、块块委托的任务，以及社会公众委托的任务之间不断切换监管执行方式，分配监管组织注意力。对基层监管者而言，完成任务是最为重要的，当没有外在压力的激励作用下，监管者会相对选择轻松的执行方式，简约化执行。当监管组织面临的外部压力值较高，监管机构会相对付出更多的注意力。而当监管机构自行设置完成任务的程序规则时，则能够具有较高的自主权和裁量权。在面对不同任务压力值的情境中，监管执行者的监管动机在避责的底线逻辑、完成任务的达标逻辑、考核胜出的竞争逻辑之间不断变换选择，进而呈现出不同的监管行为特征。

第二节 进一步的讨论

市场监管的本质在于获得监管者与被监管者对规则的遵从。囿于客观存在的结构性因素的制约，监管行为呈现出了变异性，既体现在监管者自身对规则遵从的变异性，同时还体现在监管者对被监管者的行为的差异性。基于上述我国基层监管执行中呈现的特征，试图针对现实监管情境中的监管标准执行、监管机构的自主性以及目前的监管改革做进一步讨论。

一、技术与监管："技术治国"下的监管标准化执行

伴随大数据的逐步推广，监管信息化建设成为创新监管方式的重点。完善建立行政许可审批系统、食品日常监管系统、食品抽检与分析系统、餐饮服务监管系统、食品检验检测系统、风险监测系统，逐步形成基于风险管理的食品监管体系。2022 年 4 月，国务院发布了《关于加快建设全国统一大市场的意见》，要求全面提升市场监管能力，完善"双随机、一公开"监管、"互联网＋监管"，利用大数据的技术手段，推进智慧监管。以信息化建设为载体，开发食品安全信息系统，建立标准化的农贸市场配套快检室，建设"明厨亮灶"，实施远程监控。政府通过向市场购买"网络订餐智慧监管系统"等信息服务，完善线上监管。

通过技术手段方面的创新，为解决已有难题提供了新的思路。通过借助图表、数据、图像信息化手段开展社会治理，在国家的现代化治理中逐渐常态化，形成"技术治国"的治理形态。在治理社会之中，依赖技术化的工具手段绘制和收集大量的数据，呈现出可视化的图表、图像等结果。官僚体系依据信息化技术手段下制图结果，展开对具体化的治理对象的计算、控制和监管[①]。"技术治国"背景下，国家制定一整套的方法、技术、方案和数据，对社会的细节和社会关系进行深入干预，在基层领域，通过

① 杜月. 制图术：国家治理研究的一个新视角. 社会学研究，2017，32(05)：192—217.

区域化的分割方式，对开放化的街区进行编码，实现了国家的在场，同时也强化国家在社会中的权力，借助技术化手段，建立各个领域的信息数据库，强化国家权力的渗透[①]。技术化手段的推行和运用，为国家掌握市场、社会的信息提供了可能，并且能够增强国家在介入和完善社会治理、市场治理方面的能力。

迈克尔·曼(2005)区分了两种国家权力，强制性权力和基础性权力。前者指的是国家精英绕过社会，并未与社会力量进行协商，直接采取行动的权力。后者指的是国家通过制度安排与制度结构渗透进入社会，协调社会生活。[②] 国家通过技术手段强化对社会渗透，增强基础权力的同时，强制性权力也随之增长。比如向社会全面推开的标准化制度文本，由政府部门、专家、社会精英共同参与制定。国家制定全面和严格的食品安全生产标准，借助标准化的技术手段，实现对社会主体的治理和约束。正如福柯谈到国家对社会的规训中所说的："个人按照一种完整的关于力量与肉体的技术而小心地编制在社会秩序中。"[③]标准化监管制度实际上是国家权力对社会的一种约束与控制，将社会纳入既有设计中的轨道内。也如斯科特(2004)在阐述那些试图改善人类状况的项目为何会失败的讨论中所揭示的，国家安排的工程、规划以及制度，在试图改善人们生活的同时，无法否认不是另外一种强化控制的形式。国家对社会进行标准化、简约化、清晰化之后，使得社会更加简洁和充满秩序，进而为充满权力的国家能够进行强制性实施[④]。如今，信息技术的不断兴盛，国家借助于技术化信息手段，开始向诸多食品经营者和流通者普及"明厨亮灶"，将无法可视化的操作过程，借助现代化信息网络技术，形成图像，能够加强对整个制作过程的监控。国家既是为了能够让消费者感知到产品的制作过程，

① 吕德文. 治理技术如何适配国家机器——技术治理的运用场景及其限度. 探索与争鸣，2019(06)：59—67.

② [英]迈克尔·曼著，陈海宏等译. 社会权力的来源(第二卷)——阶级和民族国家的兴起(上)(1760—1914). 上海：上海世纪出版集团，2005：68—69.

③ 米歇尔·福柯著，刘北威，杨远婴译. 规训与惩罚：监狱的诞生. 北京：生活·读书·新知三联书店，2003：243.

④ [美]詹姆斯·C·斯科特著，王晓毅译，胡搏校. 国家的视角-那些试图改善人类状况的项目是如何失败的. 北京：社会科学文献出版社，2004：4.

增加透明度，达到政府与其他社会主体分享监管权的合作监管目的，同时也为了能够强化对生产主体具体行为过程控制，通过掌握经营者生产信息，便于强化约束。另外，标准化的检查表格是监管检查中常用的技术手段，由国家统一制定监管的检查表格，面向社会中的所有食品经营者使用，这相当于国家制定了统一化的标尺，将不同的社会主体统一纳入相同的标准中。

标准化的监管同样也无法避免技术治理中存在的特定问题。以精确性、专业性、客观性著称的技术手段会对现实的测量产生偏误。也就是说我们从图像中观察到的并非客观事物本身。更有可能的是，国家制定的标尺并非建立在客观的社会事物本身基础上，有可能制定的标准化具有非适用性。可能的原因在于，标准制定的过程与现实事物之间的脱节，或者是由于客观性的技术性手段带来的收集信息时候产生的偏误。在对标准化的执行过程中产生的困境，基层监管所的 LZR 所长深有体会：

我作为监管人员，就是查看生产出来的流入市场，而不是进去检查生产。就是国家各方面的食品、药品这些都没有放松。现在说实在的，包括国家标准，我不是反对国家标准啊，有的时候立了国家标准，企业用的国家标准是升级了的，但是我们套用的国家标准反而是降级的，管理上降下来，滞后了。我们是执法者，他经常变，变得不太接地气。这对国家法治建设来说，真不是好事。上面领导是知道这个事情的，但是我们这个执法办法是依据标准的，涉及民生事情太大。很简单，我们是执行，但是有时候上面不决策，让我们凭空掌握。按照我们的法律法规，食品法是最严的，你想随便挑一个都有问题。有些职业打假人投诉那些没有中文标签标识的啊，那我们怎么办，罚他 1 万么，那些小企业能够赚得 1 万块吗？直接把他罚了，其实我没关系的，但是现在生存能力又丧失了。而且很多人水平都不一样，我们执法者要平衡。①

标准化作为国家渗透进入社会的媒介，带来国家权力的增长以及监管权威性增强的同时，是否能够带来国家监管能力的提升，仍然是存疑的。刘鹏等学者对我国社会性监管机构的监管能力进行了测量，将监管

① 访谈记录：LZR20180822，H 区 CG 食药监管所 L 副所长.

能力具体化为监管机构建设、监管工具使用以及监管政策质量三个维度，其中，监管工具的使用还包括了对政策评估工具的分析[①]。标准化的技术手段，同样是一项监管政策工具。而政策工具是否有效，是否能够对监管对象产生依从，也是关于监管能力的一个重要维度。正如 Selznick 认为的，监管主体与监管对象之间也应当纳入监管能力的组成之中，监管能力的组成还应当关注监管行为对监管对象的监控上。[②] 也就是说，国家通过技术化的标准化方式，试图达到监管的目的，那么是否能够带来监管绩效的产生，还有赖于是否能够获得监管对象的遵从，否则监管的标准化只会是国家的一厢情愿，而无法真正获取被监管者的遵从。最终的标准化建设并非建立在已有条件下能够达到的基础上的，而仅仅是国家意志嵌入下的由不同的计量技术、统计数据中得出的标准。

那么，如何才能够让技术服务监管，产生特定的监管绩效，在有关“技术与组织”的文献讨论中，提出了情境因素的重要性。技术是否能够带来组织绩效的提高，在技术生产边界相对模糊化的组织中，情境对发挥技术效率具有重要的影响。[③] 情境因素的多变性，对组织的技术工具使用具有较大的影响，反之，组织对技术手段的使用，更需要密切关注到情境因素的多重性。标准化监管制度的本质特征在于规则的同一性，规则的同一性作用发挥更需要密切关注不同监管对象的特殊情境，进而逐步弥补监管的标准化与被监管者的异质性之间的张力。标准化实施对象的内部存在结构的复杂度以及对规则的遵从度的差异。目标群体的行为能否得到改变，主要体现在其对监管规则要求所能够适应的程度。为此，实现标准化有效实施的过程中，仍需要对异质化的目标群体采取适合情境的监管行为。

---

① 刘鹏，刘志鹏. 社会性监管机构监管能力的测量与评估——基于对三个监管部门的比较分析. 武汉大学学报(哲学社会科学版)，2016，69(04)：32—40.

② Selznick P. Focusing Organizational Research on Regulation//Noll R. Regulatory Policy and the Social Sciences. Berkeley，CA：University of California Press，1985：363. 转引自：刘鹏、刘志鹏. 社会性监管机构监管能力的测量与评估——基于对三个监管部门的比较分析. 武汉大学学报(哲学社会科学版)，2016，69(04)：32 - 40.

③ 邱泽奇. 技术与组织：多学科研究格局与社会学关注. 社会学研究，2017，32(04)：167—192.

二、监管执行者的自主性：作为国家在基层代理人的视角

市场监管组织作为在基层社会中代表国家的力量，在探讨其与市场主体之间的关系时，亦可以将其纳入国家与社会之间关系的范畴之内，国家拥有相对于社会的自主性。Nordlinger(1981)认为民主国家具有"显著的自主性"，并将国家自主性分为三种形式：第一种，最弱的形式。即国家官员以自己的偏好行事且不与社会偏好产生分歧。政治精英或行政官僚能够以自主的方式行事，并与社会偏好保持一致。第二种，中间的形式，即国家官员以有效的社会行动改变社会偏好，即说服社会群体中的多数与统治精英的需要保持一致；第三种，最强的形式，即国家官员以自己的偏好行事，同时统治精英的喜好与社会偏好存在明显的差异。① 国家具有独立于社会的自主性，并且具有对社会强制性的权力。国家拥有潜在独立于社会经济利益和结构的自主性，具有超越各种利益集团角逐的竞技场的功能，能够在许多方面采取强制手段管理居民。因此，国家是一种行政和强制组织，国家拥有相对于社会的自主性，即国家以行政权威构建一套相互协调的行政、治安和军事组织，从社会索取资源，并通过利用这些资源来创立和维持强制组织和行政组织。② 国家自主性表现为国家对社会较强的汲取和控制能力，能够"吸纳"社会力量。然而，国家的自主性无法将社会单独孤立起来，彼此之间存在相互嵌入的关系，Evans(2000)将国家与社会(市场)之间的关系描述为"镶嵌自主性"，认为欠发达国家的工业化得以实现，缘于国家机构在经济发展中扮演了举足轻重的地位，国家官僚制度包含或者镶嵌在无形的社会之中，实现了与社会的集合。只有官僚自主性与社会镶嵌性相结合，国家才能够发展。国家与社会互动中，保持自主性的同时，还需要与市场保持适当的距离。③ 以国

---

① Nordlinger E A. *On the Autonomy of the Democratic State*. Cambridge Mass: Harvard University Press, 1981: 11,19.

② 斯考切波著，何俊志，王学东译. 国家与社会革命：对斯考切波法国、俄国和中国的比较分析. 上海：上海世纪出版集团，2007：30,33.

③ 埃文斯，鲁施迈耶，斯考克波著，方力维，莫宜端，黄琪轩等译. 找回国家. 上海：上海三联书店，2000：5.

家为中心的自主性的讨论忽视了社会(市场)的力量,甚至将社会(市场)视为对国家不具有影响的常量。然而现实中的社会(市场)力量也在国家不断释放的空间中获得了发展,逐渐成为了能够与国家互补的一种力量。正如 Migdal(2013)发展出"社会中的国家"的分析范式中所体现的,既需要看到国家对社会的影响,但也不能忽视社会对国家的影响。国家的自主性应当与社会保持一定的距离,若国家与社会之间的距离程度相对较低,则会直接影响国家的供给秩序的能力,给国家造成损害,甚至不利于社会的转型。①

市场监管组织作为执行国家市场监管目标的履行者,自主性表现为独立执行相关政策而不受市场干预的自主程度和执行监管政策的完成程度,既体现在监管者能够多大程度上自主实现对监管规则使用的裁定,以及能够在多大程度上确保对政策执行的完成性。此外,市场监管组织到底能够拥有多大程度上独立于市场的自主性,以及拥有多大程度上独立于决策者的自主性,则是我国监管体系建设中不可回避的问题。一方面,独立于市场的自主性,关系着监管机构是否能够避免被市场俘获,不至于产生监管捕获问题。另一方面,独立于决策者的自主性,则是涉及到政府系统内如何对监管者进行监管的问题。监管执行者的调适性遵从行为逻辑在面向政府系统内部体现出较强的自主性。首先,基层监管者获得来自上级授予的自主裁量空间较大。由于食品安全领域的监管属于风险性的行政任务,只要不出事的情况下,监管者自身相对安全,一旦出事,直接面临被问责。因而食品安全监管链条上的监管者自上而下地选择将监管权责向下转移,向下释放的监管裁量空间较大。相互临近的两个层级政府之间,上级准许下级部门具有较大的自由裁量空间,下级对具体监管情境中的目标群体,拥有相对较大的自主权。其次,在以完成任务为导向的数字化考核体系安排下,监管执行者因拥有对数据真实性的控制权而产生自主性。笔者参与式观察期间发现,数据每日、每周、每月、每季度的填报是监管执行者向上级汇报任务执行情况的主要方式。上级发布专项化

① 乔尔·S·米格代尔著,李杨,郭一聪译.社会中的国家:国家与社会如何相互改变与相互构成.南京:江苏人民出版社,2013:254.

的任务，要求下级将任务执行后的数据以及图像上报，这也是对任务执行过程的监控手段。但是基层监管者也告诉笔者，他们内部将这些数据戏称为“神仙数据”，他们自己也无从得知这些数据具体代表的是什么，在尊重已有现实情况的基础上，再加上主观性估算而得到。在调研期间也有协管员告知笔者，这些照片也并非当时执行情况的真实反映，而是将之前的照片加以修改作为当前上报的资料。再次，相对拥有较大的自主性，受到结构性约束较小的监管机构在绩效产出方面较高。在上级的评价中，对CG监管所的监管绩效评价要高于NZ监管所的监管绩效评价。笔者认为，这缘于两者之间的自主性空间大小不一致。CG监管所受到属地政府的任务约束性较小，拥有较大的自主权决定本辖区的监管事务。而NZ监管所不仅承接到的联合行动任务较多，自主性空间较小，而且监管所领导者的自主意识也较弱。

综上论述，如何对监管者进行有效监管成为国家对代理人实现监督需要面对的首要问题，同时也是国家顶层设计的监管政策是否能够得到有效执行所无法忽视的重要问题。国家在赋予代理者自主性的同时，如何实现对代理者的强有力监督，更是加强我国今后的监管体系建设中亟待解决的问题。黄冬娅和杨大力(2016)提出的“考核式监管”[①]，正是国家实现对代理人监控的主要手段。与此同时，在政府系统内部建立一套清晰的监督标准，组建独立且具有权威性的监督部门对监管者进行有效的监督，在某种程度上能够对监管者的自主性形成一定的约束。同时建立以“民主问责”和“公众参与”为导向的考核评价体系，避免监管者为应付数字化的考核采取投机的行为，增进监管执行过程的透明度。

在某些情况下，监管者是服从政府部门意志的，在另外一些情况下，监管者在指导市场参与者方面的自由裁量权又过高了。[②] 监管者在任务框架的执行范畴内，对监管规则拥有裁量权的同时，面对目标群体同样具

① 黄冬娅，杨大力.考核式监管的运行与困境：基于主要污染物总量减排考核的分析.政治学研究，2016(04)：101—112.

② 经济合作与发展组织编，陈伟译，高世楫校.OECD国家的监管政策——从干预主义到监管治理.北京：法律出版社，2006：123.

有较大的自主性。监管者对规则的裁量就是作为自主性的表现。基层市场监管组织有否排除外在其他组织力量的干扰,有效地完成国家市场监管的目标,则是自主性的另一种体现。在被监管对象不愿意遵从的前提下,监管者获取被监管者的被动遵从,这同样作为在面对市场主体时的自主性的表现。但是可以发现,调适性遵从行为逻辑下的监管者的自主性具有变异性。正如在现实中监管者面对高压性的监管任务时,对于相对大型的餐饮企业采取宽松策略,并且为其提供相应的监管指导,这本身是作为扶持和发展大型餐饮企业的表现。然而,笔者在参与式观察中也发现了一种基层监管生态,有些大型的餐饮企业通过送礼以及托关系等方式对监管者进行公关,从而换取在日常监管中的便利。那么在面对日益高压的问责背景之下,监管者自觉保持"亲清"的政商关系。但也不得不重视的是,在日益强调监管大企业,以市场竞争机制实现食品企业之间的优胜劣汰,通过大企业的示范作用带动小企业的规范化发展的监管策略导向下,如何避免监管者被大企业所捕获,使得监管机构能够具有自主性充分实现监管功能的发挥,仍然是一个困扰顶层制度设计者的问题。

三、改革与挑战:新时代监管体制与监管型国家建设

波兰尼在《大转型》中曾说道,市场作为一个更为广阔的经济的一个部分,同时也是一个更加广阔的社会中的一部分,市场并非目的本身,而应当是被视为实现更高层次的福祉的基本手段。[1] 国家对市场的适当干预和介入,是为了约束市场失灵发生的一种必要性的存在。市场化改革以来,国家试图重建一个以市场为主导的经济发展模式,改革政府机构,确立政企分开制度,推动我国的监管改革,促进市场的发展,构建监管型国家。监管型国家作为一种国家治理模式,协调市场调节与政府控制之间的关系。发挥市场调节的基础性地位的同时,设立相对独立、专业的监管机构作为国家展开对市场调节作用发挥再控制的代理人。[2] 改革开放

---

① [匈牙利]卡尔·波兰尼著,刘阳、冯钢译.大转型:我们时代的政治与经济起源.杭州:浙江人民出版社,2007:8.

② 刘鹏.比较公共行政视野下的监管型国家建设.中国人民大学学报,2009,23(05):132.

四十年以来,调整监管机构的设置一直都是我国市场监管体制改革的重心。在1992年确立计划经济向社会主义市场经济体制转轨的目标之后,"政企合一"的市场管控的模式出现了松动,国家开始培育市场的力量。最为典型的做法就是设立了一系列市场监管机构。由于这一时期我国计划性管理的色彩还比较浓厚,对市场监管的意识还比较模糊,基本上采取传统计划经济时期的前置审批方式,政府扮演既是"裁判员"又是"运动员"的角色,尚未实现政府与市场的分离。尽管在政企分开的理念下设立监管机构,但行业主管部门管理企业的现象仍然存在。2001年我国加入世界贸易组织,我国市场经济发展新格局重新打开了,在此背景下我国新一届政府机构改革将"服务型政府"作为主要的建设目标,要求加强监管改革,规范企业经营和向公众提供安全的食品。这一时期的市场监管体系建设以促进市场规范化为主要目标导向,通过大部制改革,协调食品链条上各个监管机构之间的职责以加强监管能力建设,强调多部门介入形成对食品生产商的强监管。此阶段的政府与市场之间界线逐渐清晰,传统计划性、强制性的监管手段逐渐淡化,转而通过标准设立和确定法律依据的形式,采取柔性化的监管手段强化监管。此外,作为强制性前置审批的发证监管模式,难以确保生产商在获得准入审批之后进行持续合规经营。因此,这一阶段的政府开始逐步强调过程监管,不仅加强准入控制,更要求加强对过程的监管。在政府系统内部开展的改革做法是,通过倡导党政分开原则,逐步实现监管机构在机构职能、人员配置方面尝试与党委部门分离,增强监管机构的中立性(见表6-1)。

表6-1 改革开放四十年来市场监管体制变革演进阶段划分

维度 阶段	目标导向	动力机制	监管方式	监管能力变化	监管边界变化
监管职能初显(1992—2001)	培育市场	机构设立	计划性管控	较弱	与市场混合,依赖政治力量
监管机构调整(2002—2012)	规范市场	职责协调	标准确立与过程监管	增强	与市场分离,尝试与政治分开
监管执行强化(2013至今)	释放市场活力	权力整合	合作监管与智慧监管	增强	与市场分离,增强独立力量

如果说前两个阶段的市场监管体制改革主要依循自上而下的方式调整政府内部各机构之间的职责，尝试理顺各监管机构之间的关系，协调各监管机构之间的职能，从而形成了不同监管机构之间分分合合的改革波动的状态。那么，在“简政放权，增强服务”的新一轮改革背景下，新时代市场监管体制的改革开始不断从重视机构调整转向监管执行的强化。一方面，强化综合执法体制改革，下沉监管资源到基层，联合各个部门强化基层执法力量。另一方面，强调政府对市场既要当好“裁判员”，又要当好“支持者”的角色，既要实现有效监管，又要激发市场主体的活力。第三，在监管方式上，不再依靠有限的单一化政府的力量，而是整合基层监管力量，达成多部门之间的合作监管，甚至要求将社会力量纳入监管体系建设之中，形成食品安全监管的社会共治。第四，监管能力建设上，依托大数据和信息化技术手段，在人员配置、监管技术设备、监管信息资源共享方面，政府不断强化监管的专业化能力建设。

从市场监管体制改革历程来看，国家自上而下建立标准化的制度措施，集中大量的监管官僚机构进入地方，力图消除“地方保护主义”。同时，国家实行政企分开，让企业脱离政府部门的同时，建立专业化的市场监管机构强化对企业的监管。国家通过机构改革，建立管理制度和执行严格的监管制度，对经济和社会事务进行管理。但在监管改革中，不可避免地面临着挑战，比如中央试图通过监管改革强化监管，却意外出现了“软中央集权”的情况，由制度碎片化带来腐败问题，甚至是监管机构与地方结合形成新的联邦主义。[①] 食品安全监管无论分属于多个不同部门，还是集中在一个部门内，形成互补式“有限准入”和垄断式“有限准入”的两种监管结构，仍然还是基于一种“发证式监管”的理念，不可避免地仍然会带来“管不胜管、防不胜防”的监管困局。[②] 监管改革看似是一个政府内部进行机构改革的过程，然而却同样并非靠政府一己之力，就能够带来监管效果的产生，而是需要社会力量的参与，市场主体的参与才能够逐步达成。

---

① Mertha，A C. China's "Soft" Centralization：Shifting Tiao/Kuai Authority Relations. *The China Quarterly*，2005(184)：791 - 810.

② 刘亚平. 中国式“监管国家”的问题与反思：以食品安全为例. 政治学研究，2011(02)：79.

我国的市场监管体制改革与国家建设进程相同步。我国国家建设在市场化改革和社会发展中一同前进，国家在市场化运动与社会自我保护运动两个相互冲突的张力中展开国家建设。国家不得不在效率和平等、个人自由和社会责任之间进行平衡。这实际上要求国家在不同的利益，甚至是冲突的利益需求之间进行平衡，这个过程中需要从根本上重构国家与市场、社会之间的关系，需要建立一种力量的均衡。[①] 正如现代国家的治理也可以被视为是国家如何为社会订立规则并获取服从的问题，包含获取代理人服从，以及获取社会服从两个方面的问题，不仅包括了对下沉的国家机构和人员的监督，而且还包括对民众日常行为的管理。[②] 我国的监管型国家建设更需要被放置在更大的市场、社会的运行体系中来展开，在协调国家与市场、社会的关系过程中完善监管。正如胡颖廉(2011)对中国药监十年的发展历程中所提到的，处于经济转型期的独立监管机构，能力提升并非能够带来绩效的增长，而需要将监管机构进一步嵌入到市场特征、民众诉求，以及行政体制改革中，才能够形成更加清晰的改革全貌，[③]进而加快我国监管型国家构建的进程。

未来监管体制改革中更需要值得关注的是，回应性监管理论为我们提供了“监管治理”的思路，即拥有监管正式权威的政府与其他利益主体分享监管权力，将企业、行业协会、社会公众等纳入多元化的监管治理主体讨论之中。尽管不同于西方国家的强大的企业间联合力量能够对政府的监管进行有效的补充。我国食品领域的监管对象主要是千千万万的中小型企业，企业自身的发展并不足以形成自我监管，但是市场主体的食品安全意识已经慢慢开始提升，而只是在充分发挥企业自律方面，更需要政府力量的引导和帮扶。我们有理由可以相信，在不久的未来，多主体参与监管治理的格局将会渐渐呈现。

---

① 马骏.经济、社会变迁与国家重建：改革以来的中国.公共行政评论，2010，3(01)：3—34.

② 黄冬娅.多管齐下的治理策略：国家建设与基层治理变迁的历史图景.公共行政评论，2010，3(04)：113—114.

③ 胡颖廉.监管型国家的中国路径：药监领域的成就与挑战.公共行政评论，2011，4(02)：93—94.

第三节 可能的创新点与研究的不足

一、可能的创新点

第一，从地方政府执行微观视角，构建我国食品安全监管领域基层监管行为的分析框架。食品安全监管领域的研究方兴未艾，涌现出大量优秀的研究成果。现有研究中，大多采取宏观视角方式，从监管体制变革、监管机构改革的历史变迁总结我国市场监管的演变轨迹和内在逻辑，具有极强的时代纵深感和历史冲击感。也有部分采取中观层面的视角，对某省的市场监管体制改革做法进行具体的探讨。然而，对我国市场监管中的中国故事的把握还需要放置在具体的监管情境之中加以讨论，而市场监管的具体情境过程更需深入到真实的监管现场才能够捕捉得到。本书基于这样的研究旨趣，以监管行为作为主要的分析单位，构建起调适性遵从的解释框架，对于基层监管执行中呈现的行为变异现象予以解释。基层监管者的执行受到政府内部以及外部市场主体的双重约束，任务敏感性感知和目标群体异质性成为影响监管执行者的主要因素，两个因素在不同情境组合下，监管执行呈现出了协商式、强制式、关照式、督促式四种不同的监管行为。本书从微观层面的监管执行视角分析了监管行为特征，对现有的监管研究进行一定的补充。

第二，在监管者与被监管者的“你中有我，我中有你”的研究场景中，串联起两者之间的关系，突破单纯从监管机构本身研究监管的局限性。已有对市场监管的研究囿于研究视角的限制性，无法直接触及到现实中的被监管者。尽管亦有研究引入被监管对象的宏观方面的统计数据作为描述，然而并不能呈现出监管双方的相互交流的现实过程。本书立足街头巷尾中的真实监管情境，考察和分析监管者与各个不同监管对象之间的交流特点，提炼和总结具有鲜活特征的监管过程，呈现监管的真实性和在场性。

第三，分析基层监管执行者的行为逻辑，打开监管过程的黑箱。具有多层级的条块结构特征的政府组织体制，任何监管行为的产生都难以脱离政府组织体制性因素的约束性影响，比如来自党委、条条、块块的干预。本书将监管机构的行为放置在组织结构中加以讨论，分析了党委任务、条条任务、块块任务下的不同监管行为特征，进而形成特定的监管行为策略，分析了特定监管行为产生的组织性约束，同时还进一步分析在不同任务约束下的监管者自由裁量空间的大小以及行使方式，增强了基层监管行为研究的丰富性。

二、研究的不足

第一，案例适用性方面。本书的调查对象处于我国经济发展水平较高的华南沿海地区，食品安全监管机构的资源储备，能力建设强于其他欠发达地区，可能会因监管机构能力的差异出现不同。另外，本书提炼的四种不同监管行为模式主要基于笔者田野观察的基础上提炼而来，可能会由于调研地点的单一性，忽略对其他类型监管行为的讨论。在后续的研究中，扩大调研地点范围，对不同经济发展水平的监管机构进行调查，进而提炼出相应监管行为特征差异。

第二，案例研究结论推广方面。本书主要以基层监管者作为研究对象，以食品安全监管为研究领域，以监管行为作为分析单位，采用案例研究的方法，分析监管者在不同监管任务情境中的具体监管行为的差异。以区食品监管部门作为调研对象，构建出在不同任务情境中的四种监管行为，试图还原基层食品监管过程的全貌。本书的案例选择是以食品为例，但对于监管行为的讨论却是基于具有普遍性特征的政府组织结构中展开的，可以向药品、安全生产等其他具体的市场监管领域推广。但在具体监管领域中的推广，同样需要关注到具体监管领域的特殊性与专业性。

第三，由于本书的数据采集时间恰逢国家进行改革开放以来的第八轮机构改革，笔者进入现场时，中央已经完成了机构改革，退出现场时，G省一级的机构改革也接近尾声，而区一级的改革是在笔者退出现场后的三个月内完成。因而，本书中出现的一些机构名称可能与当前现实中不符，组织机构间的正式关系也会发生一些调整，比如食品监管部门与工商部门合并之后,食品经营者不需要在工商部门先取得前置审批。因此,机构改革变动也可能在现实中成为影响监管行为的自变量,书中尚未对其进行分析。在今后,试图采取对比实验的方法,针对改革前后的监管行为再做进一步讨论,进而对监管行为的稳定性加以检视。

第四,作为对基层监管行为的一项探索性研究,从监管机构对任务的敏感性与目标群体的异质性两个变量提炼出四种不同的监管行为,以监管执行者为中间桥梁,意在打通政府内部的科层组织与社会领域的市场主体之间的联系。为了便于分析,书中设了假定,即监管者自由裁量权的空间较大,能够在不同任务中自主选取相应的监管对象,特定类型的监管对象在面临监管者时的遵从度并没有发生变化。任务敏感性实际上作为调节变量,目标群体的遵从度作为自变量。然而,复杂的监管世界中,不同遵从类型的监管对象之间会发生相互转化,对此书中也有相应的论述,囿于笔者现有的研究能力和逻辑建构能力的不足,难以针对变异中的被监管对象进行深入分析。在今后,试图进一步探究当监管者同时面临多任务委托情境以及变异中的目标群体时的监管行为,进而能够呈现基层监管的全貌。

第五,本书聚焦监管者行为的研究,对被监管者的分析尚有不足,互动过程的呈现并不明显。由于书中以地方监管机构作为研究对象,以监管者的行为作为观察的视角,分析监管者的遵从行为的变异。一项完整且有效的监管行为,应当是获得监管者与被监管者双方共同"遵从"。在现实监管情境中,的确存在如下三种情况:双方共同遵从的情境,监管者遵从而被监管者不遵从的情境,被监管者不愿遵从而监管者遵从的情境。三种不同的遵从情况为何会发生?主要影响因素是什么?如何促成双方对监管规则的共同遵从?成为下一步值得展开研究的内容。

第六,不同监管行为下的监管绩效测量的不足。书中对不同监管行为下的监管绩效进行了初步的讨论,主要围绕特定监管行为带来的监管后果,却较少展开对数据层面的分析。那么,在未来的研究中,希望能够结合覆盖全国范围内的食品监管方面的宏微观数据,尝试继续采取统计数据与调查数据相互结合的方法,对监管绩效展开进一步研究和评估。

一、英文类文献：

［1］Allingham M G，Sandmo A. Income Tax evasion：A Theoretical Analysis，*Journal of Public Economics*，1972(1)：323－338.

［2］Ayres I，Braithwaite J. *Responsive Regulation：Transcending the Deregulation Debate*. New York：Oxford University Press，1992：35－39.

［3］Braithwaite J，Makkai T，Braithwaite V A. *Regulating Aged Care：Ritualism and the New Pyramid*. Massachusetts：Edward Elgar Publishing，2007.

［4］Braithwaite J. Relational Republican Regulation. *Regulation & Governance*，2013(7)：124－144.

［5］Brehm J O，Scott G. *Working，Shirking，and Sabotage：Bureaucratic Response to a Democratic Public*. Michigan：University of Michigan Press，1997.

［6］Covello，V T，et al. Risk Communication：A Review of Literature. *Risk Abstracts*，1986，3(4)：171－182.

［7］Davis，Culp K. *Discretionary Justice：A Preliminary Inquiry*. La Louisiana State Unicersity Press. 1969.

［8］Dewatripont M，Jewitt I，Tirole. The Economics of Career Concerns，Part II：Application to Missions and Accountability of Government Agencies. *The Review of Economic Studies*，1999，66(1)：199－2170.

［9］Frye T，Shleifer A. The Invisible Hand and the Grabbing Hand. *American Economic Review*，1996，87(2)：354－358.

［10］Garcia M，Marian，Verbruggen P，Fearne A. Risk-Based Approaches to Food Safety Regulation：What Role for Co-Regulation?. *Journal of Risk Research*，2013，16(9)：1101－1121.

［11］Gilardi F. The Same，But Different：Central Banks，Regulatory Agencies，and the Politics of Delegation to Independent Authorities. *Comparative European Politics*，2007(5)：303－327.

［12］Glaeser，Edward L，Shleifer A. The Rise of the Regulatory State. *Journal of*

Economic Literature. 2003,41(2): 401-425.

[13] Gossum P V, Arts B, Verheyen K. From "smart regulation" to "regulatory arrangements". *Policy Sciences*, 2010,43(3): 245-261.

[14] Granovetter M. Economic Action and Social Structure: The Problem of Embeddedness. *American Journal of Sociology*, 1985,91(3): 481-510.

[15] Gunningham N. Integrating Management Systems and Occupational Health and Safety Regulation. *Journal of Law and Society*, 1999,26(2): 192-214.

[16] Gunningham N, Rees J. Industry Self-Regulation: An Institutional Perspective. *Law & Policy*, 1997,19(4): 363-414.

[17] Gunninghan N, Sinclair D. Regulation Pluralism: Designing Policy Mixes for Environmental Protection. *Law&Policy*, 1999,21(1): 49-76.

[18] Gunningham N. *Enforcement and Compliance Strategies*. //Baldwin, R., Cave, M. and Lodge, M. The Oxford Handbook of Regulation, Oxford Handbooks in Business and Management, Oxford: Oxford University Press, 2010: 120-145.

[19] Hanf, Kenneth. *Enforcing Environmental Laws: The Social Regulation of Co-Production*. // Hill. New agendas in the study of the policy process. Hemel Hempstead: Harvester Wheatsheaf, 1993: 88-109.

[20] Hart O, Moore J. Property Rights and the Nature of the Firm. *Journal of Political Economy*, 1990,98(6): 1119-1158.

[21] Hawkins, Keith. *Environment and Enforcement: Regulation and the Social Definition of Pollution*, Oxford: Clarendon Press, 1984.

[22] Holden, Mark. Fda-Epa Public Health Guidance on Fish Consumption: A Case Study on Informal Interagency Cooperation in Shared Regulatory Space. *Food & Drug Law Journal*, 2015,70(1): 101-142.

[23] Holmstrom B, Milgrom P. Multitask Principal-Agent Analyses: Incentive Contracts, Asset Ownership, and Job Design. *Journal of Law, Economics & Organization*, 1991(7): 24-52.

[24] Hood, Christopher, James O, Scott C, Jones G W, Travers T. *Regulation inside Government: Waste Watchers, Quality Police, and Sleaze-Busters*. Oxford: Oxford University Press, 1999.

[25] Howlett, Michael, Ramesh M, Perl A. *Studying Public Policy: Policy Cycles and Policy Subsystems*. Oxford: Oxford University Press. 2009.

[26] Kim, D K D, Kreps, G L. An Analysis of Government Communication in the United States During the COVID-19 Pandemic: Recommendations for Effective Government Health Risk Communication. *World Medical & Health Policy*, 2020,12(4), 398-412.

[27] King, Andrew A, Lenox M J. Industry Self-Regulation without Sanctions: The Chemical Industry's Responsible Care Program. *Academy of management*

journal, 2000,43(4): 698 - 716.

[28] Laffont J J, Martimort D. Separation of Regulators against Collusive Behavior. *The Rand journal of economics*, 1999,30(2): 232 - 262.

[29] Laffont J J, Tirole J. The Politics of Government Decision-Making: A Theory of Regulatory Capture. *The Quarterly Journal of Economics*, 1991, 106 (4): 1089 - 1127.

[30] Lake D A. Anarchy, Hierarchy, and the Variety of International Relations. *International Organization*, 1996,50(1): 1 - 33.

[31] Lipsky M. *Street-Level Bureaucracy*. New York: Bussell Sage Foundation, 1980.

[32] Lipsky M. *Street-Level Bureaucracy: Dilemmas of the Individual in Public Services* (30th Anniversary Expanded Edition). New York: Russell Sage Foundation, 2010.

[33] Liu N N, Lo C W H, Zhan X Y, Wang W. Campaign-Style Enforcement and Regulatory Compliance. *Public Administration Review*, 2015,75(1): 85 - 95.

[34] Lo C W H, Fryxell G E, Rooij B V, Wang W, Li P H Y. Explaining the Enforcement Gap in China: Local Government Support and Internal Agency Obstacles as Predictors of Enforcement Actions in Guangzhou. *Journal of environmental management*, 2012(111): 227 - 235.

[35] Lu X B. *From Player to Referee: The Rise of the Regulatory State in China*. Taskforce on Institutional Design for China's Evolving Market Economy, policydialogue. org, 2006 - 8 - 9.

[36] Maggetti M, Verhoest K. Unexplored Aspects of Bureaucratic Autonomy: a State of the Field and Ways Forward. *International Review of Administrative Sciences*, 2014,80(2): 239 - 256.

[37] Majone G. The Rise of the Regulatory State in Europe. *West European Politics*, 1994,17(3): 77 - 101.

[38] Martinez M G, Fearne A, Caswell J A, Henson S. Co-Regulation as a Possible Model for Food Safety Governance: Opportunities for Public-Private Partnerships. *Food Policy*, 2007,32(3): 299 - 314.

[39] MATLAND R E. Synthesizing the Implementation Literature: The Ambiguity-Conflict Model of Policy Implementation. *Journal of Public Administration Research and Theory*, 1995, 5(2): 145 - 174.

[40] May P. Compliance Motivations: Perspectives of Farmers, Homebuilders and Marine Facilities. *Law and Policy*, 2005,27(2): 317 - 347.

[41] May P J, Winter S. Regulatory Enforcement and Compliance: Examining Danish Agro-Environmental Policy. *Journal of Policy Analysis and Management*, 1999,18(4): 625 - 651.

[42] McAllister L K. Dimensions of Enforcement Style: Factoring in Regulatory

Autonomy and Capacity. *Law & Policy*, 2010,32(1): 61－78.

[43] McLaughlin M. *Implementation as Mutual Adaptation: Change in Classroom Organization*//Williams W, Elmore R F. Social Program Implementation: Quantitative Studies in Social Relations. New York: Harcourt Brace Jovanovich, 1976: 167－180.

[44] Mertha A C. China's "Soft" Centralization: Shifting Tiao/Kuai Authority Relations. *The China Quarterly*, 2005(184): 791－810.

[45] Moran M. Understanding the Regulatory State. *British Journal of Political Science*, 2002,32(2): 391－413.

[46] Nee V. A Theory of Market Transition: From Redistribution to Markets in State Socialism. *American Sociological Review*, 1989,54(5): 663－681.

[47] North D C. A Transaction Cost Theory of Politics. *Journal of Theoretical Politics*, 1990(2): 355－367.

[48] Nordlinger E A. *On the Autonomy of the Democratic State*. Cambridge Mass: Harvard University Press, 1981.

[49] O'brien K J, Li Lianjiang. Selective Policy Implementation in Rural China. *Comparative Politics*, 1999,31(2): 167－186.

[50] Oi J C. The Role of the Local State in China's Transitional Economy. *The China Quarterly*, 1995(144): 1132－1149.

[51] Oi J C. Fiscal Reform and the Economic Foundation of Local State Corporatism in China. *World Politics*, 1992,45(1): 118－122.

[52] Olson M. Substitution in Regulatory Agencies: Fda Enforcement Alternatives. *The Journal of Law, Economics, and Organization*, 1996,12(2): 376－407.

[53] Parker C. Twenty Years of Responsive Regulation: An Appreciation and Appraisal. *Regulation & Governance*, 2013(7): 2－13.

[54] Peacock A T, Ricketts M, Robinson J, Brett R. *The Regulation Game: How British and West German Companies Bargain with Government*. Oxford: Blackwell, 1984.

[55] Pearson M M. The Business of Governing Business in China: Institutions and Norms of the Emerging Regulatory State. *World politics*, 2005, 57 (2): 296－322.

[56] Pearson M M. Governing the Chinese Economy: Regulatory Reform in the Service of the State. *Public Administration Review*, 2007,67(4): 718－730.

[57] Peltzman S. Toward a More General Theory of Regulation. *The Journal of Law & Economics*, 1976,19(2): 211－240.

[58] Qian Y Y, Xu C G. Why China's Economic Reforms Differ: The M-form Hierarchy and Entry/Expansion of the Non-State Sector. *The Economics of Transition*, 1993: 135－170.

[59] Radaelli C M, Meuwese A C M. Better regulation in Europe: between public

management and regulatory reform. *Public Administration*, 2009,87(3): 639 - 654.

[60] Sabatier P, Mazmanian D. The Implementation of Public Policy: A Framework of Analysis. *Policy studies journal*, 1980,8(4): 538 - 560.

[61] Scott C. Analysing Regulatory Space: Fragmented Resources and Institutional Design. *Public law*(summer), 2001: 329 - 353.

[62] Scott C. *Regulation in the Age of Governance: The Rise of the Post-Regulatory State*//Jordana J, Faur D L. The politics of regulation: Institutions and regulatory reforms for the age of governance. Massachusetts: Edward Elgar Publishing Limited, 2004: 145 - 176.

[63] Steurer R. Disentangling Governance: A Synoptic View of Regulation by Government, Business and Civil Society. *Policy Sciences*, 2013,46(4): 387 - 410.

[64] Tam W, Yang D L. Food Safety and the Development of Regulatory Institutions in China. *Asian Perspective*, 2005,29(4): 5 - 36.

[65] Tang S Y, Lo C W H, Cheung K C, Lo J M K. Institutional Constraints on Environmental Management in Urban China: Environmental Impact Assessment in Guangzhou and Shanghai. The China Quarterly, 1997(152): 863 - 874.

[66] Tirole J. The Internal Organization of Government. *Oxford Economic Papers* (New Series), 1994. 46(1): 1 - 29.

[67] Tsai K S. Capitalists without a Class: Political Diversity among Private Entrepreneurs in China. *Comparative Political Studies*, 2005,38(9): 1130 - 1158.

[68] Tummers L, Bekkers V. Policy Implementation, Street-Level Bureaucracy and the Importance of Discretion. *Public Management Review*, 2014, 4: 527 - 547.

[69] Walder A G. Local Governments as Industrial Firms: An Organizational Analysis of China's Transitional Economy. *American Journal of sociology*, 1995,101(2),263 - 301.

[70] Wang H, Mamingi N, Laplante B, Dasgupta S. Incomplete Enforcement of Pollution Regulation: Bargaining Power of Chinese Factories. *Environmental and Resource Economics*, 2003,24(3): 245 - 262.

[71] Wang S G. Regulating Death at Coalmines: Changing Mode of Governance in China. *Journal of Contemporary China*, 2006,15(46): 1 - 30.

[72] Zhu L. Voices from the Frontline: Network Participation and Local Support for National Policy Reforms. *Journal of Public Administration Research and Theory*, 2016, 2: 284 - 300.

[73] Zukin S, Dimaggio P. *Structures of Capital: The Social Organization of the Economy*. United London: Cambridge University Press, 1990: 1 - 36.

二、中文类文献：

[1] 艾云.上下级政府间"考核检查"与"应对"过程的组织学分析——以A县"计划生育"年终考核为例[J].社会,2011,31(03)：68-87.

[2] 埃文斯,鲁施迈耶,斯考克波著,方力维,莫宜端,黄琪轩等译.找回国家[M].上海：三联书店,2000.

[3] 包群,邵敏,杨大利.环境管制抑制了污染排放吗？[J].经济研究,2013,48(12)：42-54.

[4] 曹正汉,王宁.一统体制的内在矛盾与条块关系[J].社会,2020,40(04)：77-110.

[5] 曹正汉,周杰.社会风险与地方分权——中国食品安全监管实行地方分级管理的原因[J].社会学研究,2013,28(01)：182-205.

[6] 陈柏峰.党政体制如何塑造基层执法[J].法学研究,2017,39(04)：191-208.

[7] 陈柏峰.城镇规划区违建执法困境及其解释——国家能力的视角[J].法学研究,2015,37(01)：20-38.

[8] 陈家建,边慧敏,邓湘树.科层结构与政策执行[J].社会学研究,2013,28(06)：1-20.

[9] 陈家建.督查机制：科层运动化的实践渠道[J].公共行政评论,2015,8(02)：5-21.

[10] 陈玲,薛澜."执行软约束"是如何产生的？——揭开中国核电谜局背后的政策博弈[J].国际经济评论,2011(02)：147-160.

[11] 陈那波,蔡荣."试点"何以失败？——A市生活垃圾"计量收费"政策试行过程研究[J].社会学研究,2017,32(02)：174-198+245.

[12] 陈那波,黄冬娅.社会转型与国家建设：已有文献及新的研究方向[J].北京社会科学,2013(04)：74-80.

[13] 陈那波,卢施羽.场域转换中的默契互动——中国"城管"的自由裁量行为及其逻辑[J].管理世界,2013(10)：62-80.

[14] 陈天祥,付琳.政府煤炭安全生产监管绩效评估体系探讨——来自山西省J市的调研[J].湘潭大学学报(哲学社会科学版),2009,33(05)：18-23.

[15] 陈天祥,胡菁.行政审批中的自由裁量行为研究[J].中山大学学报(社会科学版),2014,54(02)：152-166.

[16] 陈向明.质性的研究方法与社会科学研究.北京：教育科学出版社,2000.

[17] 崔晶.基层治理中的政策"适应性执行"——基于Y区和H镇的案例分析[J].公共管理学报,2022,19(01)：52-62.

[18] 戴治勇.选择性执法[J].法学研究,2008,30(04)：28-35.

[19] 戴治勇,杨晓维.间接执法成本、间接损害与选择性执法[J].经济研究,2006(09)：94-102.

[20] 丹尼尔·F·史普博著,余晖、何帆、钱家骏、周维富译.管制与市场[M].上海：格致出版社,1999.

[21] 道格拉斯C.诺斯等著,刘亚平编译.交易费用政治学[M].北京：中国人民大学

出版社，2011.
[22] 丁煌. 浅谈政策有效执行的信任基础[J]. 理论探讨，2003(05)：91-93.
[23] 杜钢建. 政府能力建设与规制能力评估[J]. 政治学研究，2000(02)：54-62.
[24] 杜月. 制图术：国家治理研究的一个新视角[J]. 社会学研究，2017，32(05)：192-217.
[25] 吕德文. 治理技术如何适配国家机器——技术治理的运用场景及其限度[J]. 探索与争鸣，2019(06)：59-67.
[26] 风笑天. 社会学研究方法(第二版)[M]. 北京：中国人民大学出版社，2005.
[27] 顾昕，方黎明. 自愿性与强制性之间——中国农村合作医疗的制度嵌入性与可持续性发展分析[J]. 社会学研究，2004(05)：1-18.
[28] 龚强，雷丽衡，袁燕. 政策性负担、规制俘获与食品安全[J]. 经济研究，2015，50(08)：4-15.
[29] 桂天晗，钟玮. 突发公共卫生事件中风险沟通的实践路径——基于世界卫生组织循证文献的扎根理论研究[J]. 公共管理学报，2021，18(03)：113-124.
[30] 韩巍. 治理结构、利益与激励：中国政府安全生产管理价值的制度基础[J]. 中国行政管理，2016(10)：135-139.
[31] 韩志明. 街头官僚的行动逻辑与责任控制[J]. 公共管理学报，2008(01)：41-48.
[32] 韩志明. 街头官僚的空间阐释——基于工作界面的比较分析[J]. 武汉大学学报(哲学社会科学版)，2010，63(04)：583-591.
[33] 韩志明. 街头行政：概念建构、理论维度与现实指向[J]. 武汉大学学报(哲学社会科学版)，2013，66(03)：35-40.
[34] 贺东航，孔繁斌. 公共政策执行的中国经验[J]. 中国社会科学，2011(05)：61-79.
[35] 何显明. 市场化进程中的地方政府行为自主性研究[D]. 复旦大学，2007.
[36] 何艳玲，汪广龙. 不可退出的谈判：对中国科层组织"有效治理"现象的一种解释[J]. 管理世界，2012(12)：61-72.
[37] 何艳玲. 理顺关系与国家治理结构的塑造[J]. 中国社会科学，2018(02)：26-47+204-205.
[38] 何艳玲，李妮. 为创新而竞争：一种新的地方政府竞争机制[J]. 武汉大学学报(哲学社会科学版)，2017，70(01)：87-96.
[39] 何艳玲，钱蕾. "部门代表性竞争"：对公共服务供给碎片化的一种解释[J]. 中国行政管理，2018(10)：90-97.
[40] 何艳玲. 中国土地执法摇摆现象及其解释[J]. 法学研究，2013，35(06)：61-72.
[41] 胡颖廉，李宇. 监管型国家制度变迁的动因和特征[J]. 中国行政管理，2012(08)：59-63.
[42] 胡颖廉. 监管型国家的中国路径：药监领域的成就与挑战[J]. 公共行政评论，2011，4(02)：70-96.
[43] 胡颖廉. 剩余监管权的逻辑和困境——基于食品安全监管体制的分析[J]. 江海

学刊,2018(02):129-137.

[44] 胡颖廉.统一市场监管与食品安全保障——基于"协调力-专业化"框架的分类研究[J].华中师范大学学报(人文社会科学版),2016,55(02):8-15.

[45] 胡重明.任务环境、大部制改革与地方治理体系的反官僚制化——对浙江省地方食品药品监管体制改革的考察[J].中国行政管理,2016(10):26-32.

[46] 胡春艳,张莲明."好"政策的执行效果也好吗?——基于容错纠错政策的实证检验[J].公共行政评论,2021,14(03):4-23.

[47] 黄冬娅.多管齐下的治理策略:国家建设与基层治理变迁的历史图景[J].公共行政评论,2010,3(04):113-114.

[48] 黄冬娅,杨大力.考核式监管的运行与困境:基于主要污染物总量减排考核的分析[J].政治学研究,2016(04):101-112.

[49] 卡尔·波兰尼著,刘阳、冯钢译.大转型:我们时代的政治与经济起源[M].杭州:浙江人民出版社,2007.

[50] 蒋绚.集权还是分权:美国食品安全监管纵向权力分配研究与启示[J].华中师范大学学报(人文社会科学版),2015,54(01):35-45.

[51] 强月新,余建清.风险沟通:研究谱系与模型重构[J].武汉大学学报(人文科学版),2008(04):501-505.

[52] 杰弗里·菲佛,杰勒尔德·R·萨兰基克著,组织外部控制:对组织资源依赖的分析[M].北京:东方出版社,2006.

[53] 经济合作与发展组织编,陈伟译,高世楫校.OECD国家的监管政策——从干预主义到监管治理[M].北京:法律出版社,2006.

[54] 李军林,姚东旻,李三希,王麒植.分头监管还是合并监管:食品安全中的组织经济学[J].世界经济,2014,37(10):165-192.

[55] 李新春,陈斌.企业群体性败德行为与管制失效——对产品质量安全与监管的制度分析[J].经济研究,2013,48(10):98-111.

[56] 李元珍.央地关系视阈下的软政策执行——基于成都市L区土地增减挂钩试点政策的实践分析[J].公共管理学报,2013,10(03):14-21.

[57] 李智永,景维民.政府经济人视角下市场监管中的政企合谋[J].经济体制改革,2014(06):37-41.

[58] 练宏.注意力竞争——基于参与观察与多案例的组织学分析[J].社会学研究,2016,31(04):1-26.

[59] 林闽钢,许金梁.中国转型期食品安全问题的政府规制研究[J].中国行政管理,2008(10):48-51.

[60] 刘波,杨芮,王彬.新时期如何实现有效的风险沟通——以地方政府大型公共项目为例[J].上海行政学院学报,2021,22(04):53-71.

[61] 刘军强,鲁宇,李振.积极的惰性——基层政府产业结构调整的运作机制分析[J].社会学研究,2017,32(05):140-165+245.

[62] 刘军强,谢延会.非常规任务、官员注意力与中国地方议事协调小组治理机制——基于A省A市的研究(2002~2012)[J].政治学研究,2015(04):84-97.

[63] 刘录民. 我国食品安全监管体系研究[D]. 西北农林科技大学，2009.
[64] 刘鹏. 混合型监管：政策工具视野下的中国药品安全监管[J]. 公共管理学报，2007(01)：12-24.
[65] 刘鹏，刘志鹏. 社会性监管机构监管能力的测量与评估——基于对三个监管部门的比较分析[J]. 武汉大学学报(哲学社会科学版)，2016，69(04)：32-40.
[66] 刘鹏. 运动式监管与监管型国家建设：基于对食品安全专项整治行动的案例研究[J]. 中国行政管理，2015(12)：118-124.
[67] 刘鹏. 中国食品安全监管——基于体制变迁与绩效评估的实证研究[J]. 公共管理学报，2010，7(02)：63-78.
[68] 刘鹏. 中国市场经济监管体系改革：发展脉络与现实挑战[J]. 中国行政管理，2017(11)：26-32.
[69] 刘鹏. 比较公共行政视野下的监管型国家建设[J]. 中国人民大学学报，2009，23(05)：127-134.
[70] 鹿斌，沈荣华. 逆向动员：基层政策执行中的行动策略——基于苏南CT村"四好农村路"政策执行过程研究[J]. 中国行政管理，2021(10)：123-129.
[71] 刘亚平，蒋绚. 监管型国家建设的轨迹与逻辑：以煤矿安全为例[J]. 武汉大学学报(哲学社会科学版)，2013，66(05)：67-74.
[72] 刘亚平，苏娇妮. 中国市场监管改革70年的变迁经验与演进逻辑[J]. 中国行政管理，2019(05)：15-21.
[73] 刘亚平，文净. 超越机构重组：走向调适性监管[J]. 华中师范大学学报(人文社会科学版)，2018，57(01)：10-16.
[74] 刘亚平，杨大力. 食品安全的社会性监管与地方分权[J]. 法律和社会科学，2015，14(02)：136-153.
[75] 刘亚平. 美国食品监管改革及其对中国的启示[J]. 中山大学学报(社会科学版)，2008(04)：146-153.
[76] 刘亚平. 中国食品监管体制：改革与挑战[J]. 华中师范大学学报(人文社会科学版)，2009，48(04)：27-36.
[77] 刘亚平. 中国式"监管国家"的问题与反思：以食品安全为例[J]. 政治学研究，2011(02)：69-79.
[78] 刘杨. 执法能力的损耗与重建——以基层食药监执法为经验样本[J]. 法学研究，2019，41(01)：23-40.
[79] 刘志鹏，康静，果佳. 社会组织：民众政策遵从的催化剂——以宁夏云雾山自然保护区为例[J]. 公共管理学报，2022，19(02)：106-116.
[80] 罗伯特·K·殷著，周海涛主译. 案例研究：设计与方法(第3版)[M]. 重庆：重庆大学出版社，2004.
[81] 马骏. 交易费用政治学：现状与前景[J]. 经济研究，2003(01)：80-87.
[82] 马骏. 经济、社会变迁与国家重建：改革以来的中国[J]. 公共行政评论，2010，3(01)：3-34.
[83] 马骏，温明月. 税收、租金与治理：理论与检验[J]. 社会学研究，2012，27(02)：

86 - 108.
[84] 马力宏. 论政府管理中的条块关系[J]. 政治学研究,1998(04): 71 - 77.
[85] 马英娟. 监管型国家的崛起与中国行政法学面临的新课题[A]. 中国法学会行政法学研究会. 行政管理体制改革的法律问题——中国法学会行政法学研究会2006年年会论文集[C]. 中国法学会行政法学研究会: 中国法学会行政法学研究会.
[86] 马英娟. 大部制改革与监管组织再造——以监管权配置为中心的探讨[J]. 中国行政管理,2008(06): 36 - 38.
[87] 马英娟. 监管的语义辨析[J]. 法学杂志,2005(05): 111 - 114.
[88] 马英娟. 中国政府监管机构构建中的缺失与前瞻性思考——兼议政府监管领域"大部门体制"的改革方向[J]. 河北法学,2008(06): 80 - 87.
[89] 迈克尔·曼著,陈海宏等译. 社会权力的来源(第二卷)——阶级和民族国家的兴起(1760—1914)上[M]. 上海:上海世纪出版集团,2005: 68 - 69.
[90] 米歇尔·福柯著,刘北威,杨远婴译. 规训与惩罚: 监狱的诞生[M]. 北京: 三联书店,2003.
[91] 米切尔·黑尧著,赵成根译. 现代国家的政策过程[M]. 北京: 中国青年出版社,2004.
[92] 尼尔·冈宁汉姆,杨颂德. 建立信任: 在监管者与被监管者之间[J]. 公共行政评论,2011,4(02): 6 - 29.
[93] 倪星,王锐. 从邀功到避责: 基层政府官员行为变化研究[J]. 政治学研究,2017(02): 42 - 51+126.
[94] 倪星,郑崇明. 非正式官僚、不完全行政外包与地方治理的混合模式[J]. 行政论坛,2017,24(02): 40 - 46.
[95] 倪星,原超. 地方政府的运动式治理是如何走向"常规化"的?——基于S市市监局"清无"专项行动的分析[J]. 公共行政评论,2014,7(02): 70 - 96+171 - 172.
[96] 欧阳静. 运作于压力型科层制与乡土社会之间的乡镇政权——以桔镇为研究对象[J]. 社会,2009,29(05): 39 - 63.
[97] 乔尔·S·米格代尔著,李杨,郭一聪译. 社会中的国家: 国家与社会如何相互改变与相互构成[M]. 南京: 江苏人民出版社,2013.
[98] 戚建刚,刘菲. 论竞争性食品安全监管执法制度[J]. 武汉大学学报(哲学社会科学版),2016,69(03): 113 - 121.
[99] 戚建刚. 我国食品安全风险监管工具之新探——以信息监管工具为分析视角[J]. 法商研究,2012,29(05): 3 - 12.
[100] 邱雅娴. "镜头下执法"现象的生成逻辑和警务应对策略[J]. 中国人民公安大学学报(社会科学版),2019,35(02): 111 - 119.
[101] 邱泽奇. 技术与组织: 多学科研究格局与社会学关注[J]. 社会学研究,2017,32(04): 167 - 192.
[102] 渠敬东. 项目制: 一种新的国家治理体制[J]. 中国社会科学,2012(05):

113 - 130.
[103] 全世文，曾寅初. 我国食品安全监管者的信息瞒报与合谋现象分析——基于委托代理模型的解释与实践验证[J]. 管理评论，2016，28(02)：210 - 218.
[104] 任燕，安玉发，多喜亮. 政府在食品安全监管中的职能转变与策略选择——基于北京市场的案例调研[J]. 公共管理学报，2011，8(01)：16 - 25.
[105] 荣敬本、崔之元等. 从压力型体制向民主合作体制的转变：县乡两级政治体制改革[M]. 北京：中央编译出版社，1998.
[106] 史普原. 政府组织间的权责配置——兼论"项目制"[J]. 社会学研究，2016，31(02)：123 - 148.
[107] 斯考切波著，何俊志，王学东译. 国家与社会革命：对法国、俄国和中国的比较分析[M]. 上海：上海世纪出版集团，2007.
[108] 孙立平，郭于华. "软硬兼施"：正式权力非正式运作的过程分析——华北 B 镇收粮的个案研究[J]. 载《清华社会学评论》特辑，2000.
[109] 孙立平，王汉生，王思斌，林彬，杨善华. 改革以来中国社会结构的变迁[J]. 中国社会科学，1994(02)：47 - 62.
[110] 唐钧. 风险沟通的管理视角[J]. 中国人民大学学报，2009，23(05)：33 - 39.
[111] 涂锋. 从执行研究到治理的发展：方法论视角[J]. 公共管理学报，2009，6(03)：111 - 120.
[112] 王彩霞. 政府监管失灵、公众预期调整与低信任陷阱——基于乳品行业质量监管的实证分析[J]. 宏观经济研究，2011(02)：31 - 35.
[113] 王汉生，王一鸽. 目标管理责任制：农村基层政权的实践逻辑[J]. 社会学研究，2009，24(02)：61 - 92.
[114] 王俊豪. 政府管制经济学导论[M]. 北京：商务印书馆，2001.
[115] 王骚，王达梅. 公共政策视角下的政府能力建设[J]. 政治学研究，2006(04)：67 - 76.
[116] 王霄晔，任婧寰，王哲，翁熹君，王锐. 2017 年全国食物中毒事件流行特征分析[J]. 疾病监测，2018，33(05)：359 - 364.
[117] 王耀忠. 食品安全监管的横向和纵向配置——食品安全监管的国际比较与启示[J]. 中国工业经济，2005(12)：64 - 70.
[118] 乌尔里希・贝克著，何博闻译. 风险社会[M]. 南京：译林出版社，2004.
[119] 吴元元. 双重博弈结构中的激励效应与运动式执法——以法律经济学为解释视角[J]. 法商研究，2015，32(01)：54 - 61.
[120] 吴元元. 信息基础、声誉机制与执法优化——食品安全治理的新视野[J]. 中国社会科学，2012(06)：115 - 133.
[121] 谢康，赖金天，肖静华，乌家培. 食品安全、监管有界性与制度安排[J]. 经济研究，2016，51(04)：174 - 187.
[122] 谢康，杨楠堃，陈原，刘意. 行业协会参与食品安全社会共治的条件和策略[J]. 宏观质量研究，2016，4(02)：80 - 91.
[123] 谢庆奎. 论政府发展的涵义[J]. 北京大学学报（哲学社会科学版），2003(01)：

16 - 21.
[124] 颜昌武,刘亚平. 夹缝中的街头官僚[J]. 南风窗,2007(09):20 - 22.
[125] 杨炳霖. 回应性监管理论述评:精髓与问题[J]. 中国行政管理,2017(04):131 - 136.
[126] 杨大瀚,魏淑艳. 中国政府监管失效的因素模型构建研究——基于扎根理论的分析[J]. 东北大学学报(社会科学版),2016,18(04):381 - 387.
[127] 杨宏山. 创制性政策的执行机制研究——基于政策学习的视角[J]. 中国人民大学学报,2015,29(03):100 - 107.
[128] 杨宏山. 政策执行的路径—激励分析框架:以住房保障政策为例[J]. 政治学研究,2014(01):78 - 92.
[129] 叶娟丽,马骏. 公共行政中的街头官僚理论[J]. 武汉大学学报(哲学社会科学版),2003(05):612 - 618.
[130] 尹振东. 垂直管理与属地管理:行政管理体制的选择[J]. 经济研究,2011,46(04):41 - 54.
[131] 郁建兴,徐越倩. 从发展型政府到公共服务型政府——以浙江省为个案[J]. 马克思主义与现实,2004(05):65 - 74.
[132] 岳经纶. 中国社会政策的扩展与"社会中国"的前景[J]. 社会政策研究,2016(01):51 - 62.
[133] 岳经纶,刘璐. 中国正在走向福利国家吗——国家意图、政策能力、社会压力三维分析[J]. 探索与争鸣,2016(06):30 - 36.
[134] 张紧跟. 纵向政府间关系调整:地方政府机构改革的新视野[J]. 中山大学学报(社会科学版),2006(02):88 - 93.
[135] 詹姆斯·C·斯科特著,王晓毅译,胡搏校. 国家的视角-那些试图改善人类状况的项目是如何失败的[M]. 北京:社会科学文献出版社,2004.
[136] 詹姆斯·汤普森著,敬乂嘉译. 行动中的组织——行政理论的社会科学基础[M]. 上海:上海人民出版社,2007.
[137] 张红. 走向"精明"的证券监管[J]. 中国法学,2017(06):149 - 166.
[138] 张静. 法团主义[M]. 北京:中国社会科学出版社,1998.
[139] 张静. 基层政权:乡村制度诸问题[M]. 上海:上海人民出版社,2006.
[140] 张洁,张涛甫. 美国风险沟通研究:学术沿革、核心命题及其关键因素[J]. 国际新闻界,2009(09):95 - 101.
[141] 张乐,童星. 风险沟通:风险治理的关键环节——日本核危机一周年祭[J]. 探索与争鸣,2012(04):52 - 55.
[142] 张楠迪扬. 食品追踪机制的制度建构:香港经验的启示[J]. 中共浙江省委党校学报,2014,30(01):42 - 49.
[143] 张楠迪扬. "全响应"政府回应机制:基于北京市 12345 市民服务热线"接诉即办"的经验分析[J]. 行政论坛,2022,28(01):78 - 86.
[144] 张书维,许志国. 行为公共管理学视角下政府决策的互动机制——基于环境型项目的分析[J]. 中国行政管理,2018(12):59 - 65.

[145] 张晓涛，孙长学. 我国食品安全监管体制：现状、问题与对策——基于食品安全监管主体角度的分析[J]. 经济体制改革，2008(01)：45 - 48.
[146] 詹承豫，赵博然. 风险交流还是利益协调：地方政府社会风险沟通特征研究——基于30起环境群体性事件的多案例分析[J]. 北京行政学院学报，2019(01)：1 - 9.
[147] 赵静. 执行协商的政策效果：基于政策裁量与反馈模型的解释[J]. 管理世界，2022，38(04)：95 - 108.
[148] 植草益著，朱绍文、胡欣欣等译校. 微观规制经济学[M]. 北京：中国发展出版社，1992.
[149] 折晓叶，陈婴婴. 项目制的分级运作机制和治理逻辑——对"项目进村"案例的社会学分析[J]. 中国社会科学，2011(04)：126 - 148.
[150] 郑石明，雷翔，易洪涛. 排污费征收政策执行力影响因素的实证分析——基于政策执行综合模型视角[J]. 公共行政评论，2015，1：29 - 52.
[151] 周黎安. 行政发包制[J]. 社会，2014，34(06)：1 - 38.
[152] 周黎安. 中国地方官员的晋升锦标赛模式研究[J]. 经济研究，2007(07)：36 - 50.
[153] 周雪光. 组织社会学[M]. 北京：社会科学文献出版社，2003.
[154] 周雪光，艾云. 多重逻辑下的制度变迁：一个分析框架[J]. 中国社会科学，2010(04)：132 - 150.
[155] 周雪光，练宏. 政府内部上下级部门间谈判的一个分析模型——以环境政策实施为例[J]. 中国社会科学，2011(05)：80 - 96.
[156] 周雪光，练宏. 中国政府的治理模式：一个"控制权"理论[J]. 社会学研究，2012，27(05)：69 - 93.
[157] 周雪光. "逆向软预算约束"：一个政府行为的组织分析[J]. 中国社会科学，2005(02)：132 - 143.
[158] 周雪光. 权威体制与有效治理：当代中国国家治理的制度逻辑[J]. 开放时代，2011(10)：67 - 85.
[159] 周振超，李安增. 政府管理中的双重领导研究——兼论当代中国的"条块关系"[J]. 东岳论丛，2009(03)：134 - 138.
[160] 朱光磊. 中国政府治理模式如何与众不同——《当代中国政府"条块关系"研究》评介[J]. 政治学研究，2009(03)：127 - 128.
[161] 朱光磊，张志红. "职责同构"批判[J]. 北京大学学报(哲学社会科学版)，2005(01)：101 - 112.
[162] 朱亚鹏，刘云香. 制度环境、自由裁量权与中国社会政策执行——以C市城市低保政策执行为例[J]. 中山大学学报(社会科学版)，2014，54(06)：159 - 168.

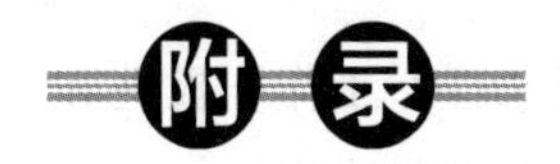

附录一　H区食药监局座谈会访谈提纲

1. H区食药监局的基本情况？比如在产业结构、业态特征、监管对象总量和分布等方面的特征及其变化是如何的？

2. 开展对食品监管的过程中形成的监管模式、监管举措、监管方法分别有哪些？对不同经营主体（企业、个体户、无证经营者）和经营业态（以门面为代表的传统业态，以网络销售为代表的新兴业态）的监管方式有何不同？制度安排有何不同？投诉举报奖励制度的建设和实施情况如何？

3. 食品安全监管抽检工作开展如何？本地区食品药品安全监管检验检测制度与能力建设如何？有哪些问题和困难？检测结果及其主要用途？面对检测任务，一般哪些会交由检测大队，哪些交由外部的检验机构？第三方检验检测机构是如何发挥对食品安全的监管作用的？

4. 发现违法违规案件的处理流程如何？行政执法案件，总体上是上升了还是下降了？案件类型主要集中于哪些方面？投诉举报的总量变化情况？大概什么时候开始大量增加？主要集中在什么领域？是否发生过重大的食品安全事件？破获重大食品安全案件？有哪些典型性的例子？是否存在行政复议或行政诉讼的情况？

5. 食品药品安全监管协调机构（如食品药品安全监管办）建设情况如何？发挥的作用如何？

6. 本地区食品药品安全监管公开信息有哪些平台和渠道？食品信息披露与风险评估制度开展情况如何？

7. 本地基层监管资源(人员、设备等)配备情况怎样？工作积极性和工作绩效如何？基层执法人员在哪些情况下可以自行裁量决定？

8. 近年来，与其他职能部门联合行动、专项行动的开展情况？联席制度、协调制度有哪些？食药监局机构的独立性如何？

9. 您如何看待“食品安全社会共治”问题？企业如何落实企业主体责任？食品药品行业诚信与信用制度的建设和实施情况？本地区有哪些行业协会？能否起到监管作用？具体在哪些方面？

10. 您是如何看待此次机构改革，尤其是组建市场监管机构，您认为会对未来食药安全监管带来什么影响？

附录二　NZ(CG)食药监管所访谈提纲

一、监管所相关负责人

(1) 监管所基本情况，包括成立背景与成立时间、人员结构、人员变动情况、机构设置、职能安排、监管覆盖范围。

(2) 监管所所在街道基本情况，包括社区分布及其基本情况、人口特征、人口结构、产业结构、集体经济状况。

(3) 监管对象基本情况，包括主要分类与分布、基本特征、网格化监管情况。

(4) 对监管对象采取的分类化监管举措、做法、手段及所取得的成效分别是什么？

(5) 监管所与其他职能部门、地方政府存在的分工与合作有哪些？

(6) 组织开展监管和执法相关工作中存在的难点、困境与问题有哪些？

二、监管所具体工作人员

（1）监管所的主要监管任务有哪些？基本来源有哪些？通过哪些渠道获知这些任务？您觉得目前的人员和资源配置与这些任务能够相匹配吗？

（2）上述任务来源中，哪些任务比较频繁，平时您是如何协调和处理这些任务的？

（3）这些任务的具体考核情况如何？哪些考核压力大些？哪些考核压力相对小些？

（4）上级职能部门指导与街道办两条线在日常工作开展中是否会遇到矛盾的情况？一般情况下，如何协调？您认为现有资源配置能够按时完成监管任务么？

（5）在日常监管和执法活动中，您主要遇到过哪些监管对象？监管对象配合程度如何？如果有遇到不配合的情况，您又是如何解决的呢？

（6）您认为组织开展的业务培训、技能培训、素质培训的频率及专业性如何？培训效果是否明显？

附录三　受访人员名单

访谈编码	访 谈 对 象
XZH20180509	H 区 NZ 街食药监管所 X 所长
ZQ20180509	H 区 NZ 街食药监管所 Z 书记
LXJ20180509	H 区食品药品监督管理局人事科 L 科长
RHA20180509	H 区 NZ 街监管所 R 组长
DBX20180509	H 区 NZ 街食药监管所 D 协管员
XGH20180510	H 区 NZ 街监管所法制员 X 组长
YXJ20180511	H 区南洲水厂食堂负责人 Y 科长

续表

访谈编码	访 谈 对 象
YGJ20180511	H 区 NZ 街食药监管所 Y 组长
CH20180515	H 区 CG 街食药监管所 C 所长
ZL20180515	H 区 RB 街食药监管所 Z 所长
ZXS20180516	H 区 NZ 街 HY 大酒楼 Z 经理
HLB20180516	H 区 NZ 街 WJ 美食餐馆 H 老板
YXY20180518	H 区 NZ 街食药监管所内勤人员
CJM20180521	H 区 NZ 街工商所 C 副所长
KK20180521	H 区 NZ 街城管科 K 科长
WHS20180725	H 区食品药品监督管理局食品科 W 科长
XSQ20180725	H 区食品药品监督管理局综合协调科 X 科长
LCQ20180725	H 区食品药品监督管理局纪检监察室 X 科长
CMS20180725	H 区食品药品监督管理局药械科 C 科长
LWB20180725	H 区 SY 街食药监管所 L 副所长
LZR20180822	H 区 CG 街食药监管所 L 副所长
CH20180823	H 区 CG 街食药监管所 C 所长
FZL20180824	H 区 CG 街食药监管所食品监管组 F 组长
ZQZ20180824	职业投诉人 Z 群众
ZT20180824	H 区食品药品监督管理局执法大队 Z 队长
WL20180905	H 区 CG 街食药监管所食品组 W 组长
YBB20180906	H 区 CG 街监管所巡查组 Y 组长
TJP20180906	H 区 CG 街监管所药品监管组 Y 组长
CH20180907	H 区 CG 街食药监管所 C 所长
LXJ20181213	H 区食品药品监督管理局人事科 L 科长
ZAY20190220	H 区 CG 街道牛杂店 Z 老板娘

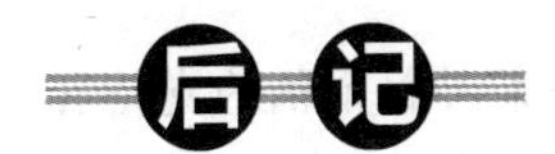

后记

地方政府一直是讲述中国地方治理故事的主角，对地方政府行为的研究也是诠释国家治理特色的重要窗口。面对复杂的社会主体，作为监管者的地方政府，不仅需要不断完善自身的建设，还需要不断平衡自身与不同利益主体之间，甚至是利益相互冲突的主体之间的关系，这需要千千万万基层监管者的智慧和才能的发挥，这对其而言并非件容易的事情。在全国范围内轰轰烈烈开展“放管服”改革的时代背景下，本书通过对基层监管者具体执行过程的深入观察，进一步分析多重任务情境中的监管行为和监管策略，希望能够对增进食品安全监管领域的研究以及为食品安全监管实践的改善尽一份微薄之力。

从书稿成文到正式出版，凝结的是许多老师和亲友的关怀与帮助，在此向他们致以诚挚的谢意：最想感谢的是恩师陈天祥老师。如果不是陈老师一直以来的鼓励和鞭策，这本书将不可能完成。陈老师博学、睿智、宽容，特别包容学生的想法，总会鼓励学生继续前行，并且在大方向上把关，避免我们走弯路。求学三年多来，陈老师每次都是当天回复邮件，发回的稿件都写上满满的批注。有些是指出不良写作习惯，有些是一针见血指出文章的致命错误，有些是提醒不该停留在浅尝辄止层面。陈老师对学生也非常关心，每一次见面都会亲切地询问生活上有没有什么困难，并且帮我联系调研地点。老师治学严谨的学术态度和真诚待人的生活作风，深刻影响着我的职业生涯。此外，还要感谢我的硕士生导师蒋永甫老师，在自身繁重的科研任务中，不忘关心我的论文进展，并且经常提醒在学习之余也要懂得生活，保重好身体。在这里，还要感谢接受我调研和采访的H区基层食品安全监管人员，他们愿意听我絮叨，并为我提供了宝贵的实践素材。

最想要感恩的是我的家人，书稿的成型离不开家人们无私的支持和帮助，他们替我承担了大部分家务，让我有时间可以从事自己喜欢的事情，这份爱是无私的也是伟大的。

2022年5月21日

于宁波

图书在版编目(CIP)数据

调适性遵从：基层食品安全监管行为策略研究/应优优著.—上海:上海三联书店,2022.9

ISBN 978-7-5426-7817-1

Ⅰ.①调… Ⅱ.①应… Ⅲ.①食品安全-监管制度-研究-中国 Ⅳ.①TS201.6

中国版本图书馆CIP数据核字(2022)第153173号

调适性遵从：基层食品安全监管行为策略研究

著　　者 / 应优优

责任编辑 / 郑秀艳
装帧设计 / 一本好书
监　　制 / 姚　军
责任校对 / 王凌霄

出版发行 / 上海三联书店
(200030)中国上海市漕溪北路331号A座6楼
邮　　箱 / sdxsanlian@sina.com
邮购电话 / 021-22895540
印　　刷 / 上海惠敦印务科技有限公司

版　　次 / 2022年9月第1版
印　　次 / 2022年9月第1次印刷
开　　本 / 640mm×960mm　1/16
字　　数 / 240千字
印　　张 / 17.25
书　　号 / ISBN 978-7-5426-7817-1/TS·52
定　　价 / 78.00元